U0302890

高等教育信息安全系列规划教材
高等教育信息安全人才培养丛书
高等教育信息安全校企合作教材

信息安全基础

贾如春 著

电子工业出版社
Publishing House of Electronics Industry
北京·BEIJING

内 容 简 介

本书全面介绍了信息与信息安全知识、密码学、网络协议安全、局域网安全、网络安全管理、物理安全和安全评估、无线局域网安全与管理、电子货币支付安全、计算机病毒、防火墙攻防技术和工具、操作系统安全管理、数据安全、信息安全法律法规等内容。本书不仅能够为初学信息安全技术的学生提供全面、实用的技术和理论基础，而且能有效培养学生信息安全的防御能力。本书内容注重实用，结构清晰，力求激发读者学习信息安全技术的兴趣。

本书可作为高校计算机相关专业，特别是信息安全管理、网络安全运维等专业有关课程的教学用书，也可作为从事网络安全管理、安全运维工作的专业技术人员的技术培训或工作参考用书，还可作为信息安全爱好者的参考资料。

图书在版编目（CIP）数据

信息安全基础 / 贾如春著. —北京：电子工业出版社，2020.5

ISBN 978-7-121-34605-7

Ⅰ. ①信… Ⅱ. ①贾… Ⅲ. ①信息安全-高等学校-教材 Ⅳ. ①TP309

中国版本图书馆 CIP 数据核字（2018）第 142693 号

责任编辑：贺志洪

印　　刷：北京七彩京通数码快印有限公司

装　　订：北京七彩京通数码快印有限公司

出版发行：电子工业出版社

　　　　　北京市海淀区万寿路 173 信箱　　邮编　100036

开　　本：787×1092　1/16　印张：20　　字数：512 千字

版　　次：2020 年 5 月第 1 版

印　　次：2024 年 8 月第 6 次印刷

定　　价：54.00 元

凡所购买电子工业出版社图书有缺损问题，请向购买书店调换。若书店售缺，请与本社发行部联系，联系及邮购电话：（010）88254888，88258888。

质量投诉请发邮件至 zlts@phei.com.cn，盗版侵权举报请发邮件至 dbqq@phei.com.cn。

本书咨询联系方式：（010）88254609，hzh@phei.com.cn

前　言

本书是随着网络空间安全一级学科的设立而编写的，全书系统、科学地介绍了信息安全的基础理论和应用。安全是互联网发展的前提和基础，网络安全已成为国际社会的焦点问题，美、英、法、德、俄等国家都已制定了网络安全战略，把网络安全提升到了国家安全战略的高度，《中华人民共和国网络安全法》的发布与施行，更是让我国的"第五空间"安全向前迈了一大步。

本书由信息安全教学一线的多位有经验的教师与多家信息安全公司深度合作，并在参考国内外众多优秀教材的基础上编写而成。每章开始以知识导读的方式让学生熟悉知识背景和相关领域，让学生知道通过本章学习能解决什么实际问题，做到有的放矢，激发学生的学习热情；职业目标，使学生更有目标地学习相关理念和技术操作。本书为"高等教育信息安全人才培养丛书"之一，书中观点得到奇虎360、启明星辰、安恒、亚信、蓝盾、红亚、永信至诚、易霖博等国内多家知名网络安全公司和研究机构的充分认可。书中内容由浅入深，适合于不同层次的学生使用，可作为高校计算机相关专业，特别是信息安全管理、网络安全运维等专业有关课程的教学用书，也可作为从事或即将从事网络安全管理、安全运维工作的专业技术人员的技术培训或工作参考用书。

本书作为"高等教育信息安全人才培养丛书"之一，由众多开设网络空间安全、信息安全、信息对抗等专业的高校和国内外知名企业共同编撰而成，充分体现了产教深度融合、校企协同育人，实现了校企合作机制和人才培养模式的协同创新模式。

本书的特点如下：

（1）本书采用知识导读、案例引导的写作方式，从工作过程出发，突破传统以知识点的层次递进为理论体系的传统模式，将职业工作过程系统化，以工作过程为基础，按照工作过程来组织和讲解知识，培养学生的职业技能和职业素养。

（2）本书根据读者的学习特点，将案例适当拆分，知识点分类介绍。考虑到因学生基础参差不齐而给教师授课带来的困扰，本书在写作的过程中将每章内容划分为多个任务，每个任务又划分为多个小任务，以"做"为中心，"教"和"学"都围绕着"做"展开，在学中做，做中学，完成知识学习及技能训练，从而提高学生的自我学习、自我管理和系统学习知识的能力。

（3）本书的可操作性可保证每个项目/任务都能顺利完成，增加了学习的趣味性、实用性。本书的讲解贴近口语，让学生感到易学、乐学，在宽松环境中理解知识、掌握技能。

（4）紧跟行业技能发展。计算机技术发展很快，本书着重于当前主流技术和新技术讲解，与行业联系密切，使所有内容紧跟行业技术的发展。

本书符合高校学生认知规律，有助于实现有效教学，提高教学的效率、效益、效果。本书打破传统的学科体系结构，将各知识点与操作技能恰当地融入各个项目/任务中，突出了现代职业产教融合的特点。

由贾如春老师负责全书规划及统稿，由龙天才担任主审。

由于编写时间仓促，信息化技术发展迅猛，所以书中有不足和疏漏之处在所难免，敬请广大读者批评指正，以便再版时修订，在此表示衷心的感谢。

编　者

2020 年 4 月

目　录

第1章　信息安全概论

 知识导读

　　随着计算机技术的飞速发展，以及 5G 的市场化应用，信息化网络已经成为社会发展的重要保证。信息网络涉及国家的政府、军事、文教等诸多领域，许多信息是政府宏观调控决策、商业经济、能源资源数据、科研数据等重要决策依据。其中有很多是敏感信息，甚至是国家机密，难免会吸引来自世界各地的各种人为攻击（例如，信息泄漏、信息窃取、数据篡改、数据删添、计算机病毒等）。网络信息安全关系国家安全主权、社会稳定、民族文化继承和发扬的重要问题。随着全球信息化步伐的加快，已经上升为我国发展的战略高度，信息安全对抗越演越烈归根到底就是信息安全人才的竞争。信息安全基础是一门涉及计算机科学、网络技术、通信技术、密码技术、信息安全技术、应用数学、数论、信息论等多种学科的综合性学科，也是入门者的必经之路。

 职业目标

学习目标：
- 理解信息安全的基本概念
- 了解信息安全的体系结构
- 了解信息安全存在的隐患
- 了解信息安全攻击形式
- 了解信息安全基本属性
- 理解信息安全管理体制

能力目标：
- 掌握信息安全常用技术
- 掌握信息安全加密原理
- 掌握信息安全验证系统

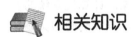 **相关知识**

1.1　信息安全概念

　　信息安全是指信息网络的硬件、软件及其系统中的数据受到保护，不受偶然的或者恶意的原因而遭到破坏、更改、泄露，系统连续可靠正常地运行，信息服务不中断。信息安全作为一门学科涉及的范围广，是一门交叉复合型极强的学科，涉及计算机科学、网络技术、通信技术、密码技术、信息安全技术、应用数学、数论、信息论等多领域多种学科。

1.2 网络安全概念

1.2.1 网络安全的定义

狭义来讲，网络安全是通过采用各种技术和管理措施，使网络系统正常运行，从而确保网络数据的可用性、完整性和保密性。但网络安全的具体含义会随着"角度"的变化而变化。从用户（个人、企业等）的角度来说，它是个人隐私或商业利益的信息在网络上传输时受到机密性、完整性和真实性的侵犯；从网络管理者的角度，它是对本地网络信息的访问、读、写等操作控制的威胁，从而致使和防御网络黑客的攻击；从安全保密的角度来讲，它是对国家、社会产生的危害；从网络安全意识形态来讲，它是保持社会稳定、绿色网络环境健康发展的持续。

1.2.2 网络安全的重要性

（1）计算机存储、处理的可能是有关国家安全的政治、经济、军事、国防的情况及一些部门、机构、组织的机密信息，也可能是个人的敏感信息、隐私，因此容易成为敌对势力、不法分子的攻击目标。

（2）计算机系统功能的日益完善和运行速度的不断提高，系统组成越来越复杂，系统规模越来越大，特别是 Internet 的迅速发展，存取控制、逻辑连接数量不断增加，软件规模空前膨胀，任何隐含的缺陷、失误都能造成巨大损失。

（3）人们对计算机系统的需求不断扩大，需求在许多方面都是不可逆转、不可替代的，而计算机系统使用的场所正在转向工业、农业、野外、天空、海上、宇宙空间、核辐射环境等发展，环境的复杂致使出错率和故障的增多必将导致计算机系统可靠性和安全性的降低。

（4）计算机系统的广泛应用，各类应用人员队伍迅速发展壮大，教育和培训却往往跟不上知识更新的需要，操作人员、编程人员和系统分析人员的失误或缺乏经验都会造成系统的安全性不足。

（5）计算机网络安全问题涉及许多学科领域，既包括自然科学，又包括社会科学。就计算机系统的应用而言，安全技术涉及计算机技术、通信技术、存取控制技术、校验认证技术、容错技术、加密技术、防病毒技术、抗干扰技术、防泄露技术等，因此是一个非常复杂的综合问题，并且其技术、方法和措施都要随着系统应用环境的变化而不断变化。

（6）从认识论的高度看，人们往往首先关注系统功能，然后才被动地根据现象来注意系统应用的安全问题。因此广泛存在重应用、轻安全、法律意识淡薄等现象。计算机系统的安全是相对于不安全而言的，许多危险、隐患和攻击都是隐蔽的、潜在的、难以明确却又广泛存在的，这也使得目前不少网络信息系统都存在先天性的安全漏洞和安全威胁，有些甚至产生了非常严重的后果。

1.2.3 网络安全的基本要素

（1）机密性（保密性）：是指不能非授权访问，通过访问控制来阻止非授权用户获取机密信息，保证信息在非授权访问的过程中确保信息不暴露给未授权的实体或进程。

（2）完整性：只有得到允许的人才能修改实体或进程，并且能够判别出实体或进程是否已被修改。完整性鉴别机制，保证只有得到允许的人才能修改数据，以防数据被篡改。

（3）可用性：得到授权的实体可获得服务，攻击者不能占用所有的资源而阻碍授权者的工作。采用访问控制机制，阻止非授权用户进入网络，使静态信息可见，动态信息可操作，以防中断。

（4）可鉴别性（可审查性）：对危害国家信息（包括利用加密的非法通信活动）的监视审计及控制授权范围内的信息流向及行为方式。使用授权机制，控制信息传播范围、内容，必要时能恢复密钥，实现对网络资源及信息的可控性。

（5）不可抵赖性：是指出现安全问题时提供调查的依据和手段，使攻击者、抵赖者、破坏者"逃不脱"，建立有效的责任机制，防止用户否认其行为，做到可追溯，这一点在电子商务中是极其重要的。

1.3　信息安全的发展历程

1. 通信保密阶段

通信保密阶段始于 20 世纪 40～70 年代，又称为通信安全时代，其重点是通过密码技术解决通信保密问题，保证数据的保密性和完整性，主要安全威胁是搭线窃听、密码学分析，主要保护措施是加密技术，主要标志是 1949 年 Shannon 发表的《保密通信的信息理论》、1997 年美国国家标准局公布的数据加密标准（DES）、1976 年 Diffie 和 Hellman 在 *New Directions in Cryptography* 一文中所介绍的公钥密码体制。

2. 计算机安全阶段

计算机安全阶段始于 20 世纪 70～80 年代，重点是确保计算机系统中硬件、软件及正在处理、存储、传输的信息的机密性、完整性和可用性，主要安全威胁扩展到非法访问、恶意代码、脆弱口令等，主要保护措施是安全操作系统设计技术（TCB），主要标志是 1985 年美国国防部（DoD）公布的可信计算机系统评估准则（TCSEC，橘皮书），其中将操作系统的安全级别分为 4 类 7 个级别（D、C1、C2、B1、B2、B3、A1），后补充红皮书 TNI（1987年）和紫皮书 TDI（1991 年）等，构成彩虹（Rainbow）系列。

3. 信息技术安全阶段

信息技术安全阶段始于 20 世纪 80～90 年代，重点是需要保护信息，确保信息系统及信息在存储、处理、传输过程中不被破坏，确保合法用户的服务并限制非授权用户的服务，以及必要的防御攻击的措施，强调信息的保密性、完整性、可控性、可用性等。这个阶段主要安全威胁发展到网络入侵、病毒破坏、信息对抗的攻击等，主要保护措施包括防火墙、防病毒软件、漏洞扫描、入侵检测、PKI、VPN、安全管理等，主要标志是提出了新的安全评估准则 CC（ISO 15408、GB/T18336）。

4. 信息保障阶段

信息保障阶段始于 20 世纪 90 年代后期，重点放在保障国家信息基础设施不被破坏，确保信息基础设施在受到攻击的前提下能够最大限度地发挥作用，强调系统的鲁棒性和容灾特性，主要安全威胁发展到集团、国家的有组织地对信息基础设施进行的攻击等，主要保护措施是灾备技术、建设面向网络恐怖和网络犯罪的国际法律秩序与国际联动的网络安全事件的应急响应技术，主要标志是美国推出的"保护美国计算机空间"（PDD-63）体系框架。

1.4 信息安全的隐患因素

在网络高速发展的今天，人们在享受网络便捷所带来的益处的同时，网络的安全也受到越来越多的威胁。网络攻击行为日趋复杂，各种方法相互融合，使网络安全防御更加困难。黑客攻击行为组织性更强，攻击目标从单纯的追求"荣耀感"向获取多方面实际利益的方向转移，网上木马、间谍程序、恶意网站、网络仿冒等现象日趋泛滥。

智能手机、平板电脑等无线终端的处理能力和功能通用性提高，5G 即将投入使用，移动终端网络攻击已经开始出现，并将进一步发展，总之，网络安全问题变得更加错综复杂，影响在不断扩大，网络安全如果不加以防范，会严重地影响到整个网络的应用。

1.4.1 隐患原因

（1）开放性的网络环境：Internet 的开放性，使网络变成众矢之的，可能遭受各方面的攻击；Internet 的国际性使网络可能遭受本地用户或远程用户、国外用户或国内用户等的攻击；Internet 的自由性没有给网络的使用者规定任何的条款，导致用户"太自由了"，自由地下载，自由地访问，自由地发布；Internet 使用的"傻瓜"性使任何人都可以方便地访问网络，基本不需要技术，只要会移动鼠标就可以上网冲浪，这都给我们带来很多的隐患。

（2）协议本身的缺陷：包括网络应用层服务的隐患、IP 层通信的易欺骗性、针对 ARP 的欺骗性。

（3）操作系统的漏洞：包括系统模型本身的缺陷、操作系统存在 Bug、操作系统程序配置不正确。

（4）人为因素：缺乏安全意识，缺少网络应对能力，有相当一部分人认为自己的计算机中没有什么重要的东西，不会被别人黑，存在这种侥幸心理，重装系统后觉得防范很麻烦，所以不认真对待安全问题，造成的隐患就特别多。

（5）设备不安全：对于我们购买的国外的网络产品，到底有没有留后门，我们根本无法得知，这对于缺乏自主技术支撑，对依赖进口的国家而言，无疑是最大的安全隐患。

（6）线路不安全：不管是有线介质（双绞线、光纤）还是无线介质（微波、红外、卫星、WiFi 等），窃听其中一小段线路的信息是可能的，没有绝对安全的通信线路。

1.4.2 攻击分类

1. 主动攻击

主动攻击包含攻击者访问他所需信息的故意行为，比如远程登录到指定机器的端口找出公司运行的邮件服务器的信息；伪造无效 IP 地址连接服务器，接受到错误 IP 地址的系统浪费时间去连接非法地址。攻击者在主动地做一些不利于公司系统的事情，主动攻击包括：拒绝服务、信息篡改、资源使用、欺骗等。

2. 被动攻击

被动攻击主要进行的是收集信息而不是进行访问，而数据的合法用户对这种活动一点也不会觉察到。被动攻击方法包括嗅探、信息收集等。

从攻击的目的来看，可以有拒绝服务攻击（DoS）、获取系统权限的攻击、获取敏感信息的攻击；从攻击的切入点来看，有缓冲区溢出攻击、系统设置漏洞的攻击等；从攻击的纵向实施过程来看，又有获取初级权限攻击、提升最高权限的攻击、后门攻击、跳板攻击等；从攻击的类型来看，包括对各种操作系统的攻击、对网络设备的攻击、对特定应用系统的攻击等。

1.4.3　缺陷分类

1. 技术缺陷

现有的各种网络安全技术都是针对网络安全问题的某一个或几个方面来设计的，它只能相应地在一定程度上解决这一个或几个方面的网络安全问题，无法防范和解决其他问题，更不可能提供对整个网络系统的有效的保护。如身份认证和访问控制技术只能解决确认网络用户身份的问题，但却无法防止确认用户之间传递的信息是否安全的问题，而计算机病毒防范技术只能防范计算机病毒对网络和系统的危害，但却无法识别和确认网络上用户的身份等。

现有的各种网络安全技术中，防火墙技术可以在一定程度上解决一些网络安全问题。但防火墙本身存在局限性。其最大的局限性就是防火墙自身不能保证其准许放行的数据是否安全。同时，防火墙还存在着以下一些弱点：

（1）不能防御来自内部的攻击。来自内部的攻击者是从网络内部发起攻击的，他们的攻击行为不通过防火墙，而防火墙只是隔离内部网与因特网之间的主机，监控内部网和因特网之间的信息安全，而对内部网内部的情况不作检查，因而对内部的攻击无能为力。

（2）不能防御绕过防火墙的攻击行为。从根本上讲，防火墙是一种被动的防御手段，只能守株待兔式地对通过它的数据包进行检查，如果该数据包由于某种原因没有通过防火墙，则防火墙就不会采取任何的措施。

（3）不能防御完全新的威胁。防火墙只能防御已知的威胁，但是人们发现可信赖的服务中存在新的侵袭方法，可信赖的服务就变成不可信赖的了。

（4）防火墙不能防御数据驱动的攻击。虽然防火墙扫描分析所有通过的信息，但是这种扫描分析多半是针对 IP 地址和端口号或者协议内容的，而非数据细节。这样一来，基于数据驱动的攻击，比如病毒，可以附在诸如电子邮件之类的东西上面而进入你的系统中并发动攻击。

（5）入侵检测技术也存在着局限性。其最大的局限性就是漏报和误报严重，它不能称为一个可以信赖的安全工具，而只是一个参考工具。

2. 配置缺陷

对于交换机和路由器而言，它们的主要作用是进行数据的转发，因此在设备自身的安全性方面考虑得就不是很周全。在默认的情况下，交换机和路由器的许多网络服务端口都是打开的，这等于为黑客预留了进入的通道。

3. 策略缺陷

计算机信息安全问题主要在于信息技术和管理制度两个方面，所以相应的安全防范策略也必须从这两个方面入手，形成技术与管理、操作与监管并行的系统化安全保障体系。

4. 人为攻击

人为攻击是指通过攻击系统的弱点，以便达到破坏、欺骗、窃取数据等目的，使得网络信息的保密性、完整性、可靠性、可控性、可用性等受到伤害，造成经济上和政治上不可估量的损失。

人为攻击又分为偶然事故和恶意攻击两种。偶然事故虽然没有明显的恶意企图和目的，但它仍会使信息受到严重破坏。恶意攻击是有目的的破坏。恶意攻击又可分为被动攻击和主动攻击两种。被动攻击是指在不干扰网络信息系统正常工作的情况下，进行侦收、截获、窃取、破译和业务流量分析及电磁泄露等。主动攻击是指以各种方式有选择地破坏信息，如修改、删除、伪造、添加、重放、乱序、冒充、制造病毒等。

1.4.4 攻击形式

现在攻击个人计算机的木马软件有很多，功能更强大，使用更智能，危害也更大，因此要想使自己的计算机安全，就要扎好自己的"篱笆"，看好自己的"门"。计算机也有自己的门，我们称它为端口。

在 Internet 上，各主机间通过 TCP/TP 协议发送和接收数据包，各个数据包根据其目的主机 IP 地址来进行互联网络中的路由选择。可见，把数据包顺利地传送到目的主机是没有问题的。我们知道大多数操作系统都支持多程序（进程）同时运行，那么目的主机应该把接收到的数据包传送给众多同时运行的进程中的哪一个，端口机制便由此被引入进来。

本地操作系统会给那些有需求的进程分配协议端口（Protocal Port，即我们常说的端口），每个协议端口由一个正整数标志，如：80，139，445 等。当目的主机接收到数据报后，将根据报文首部的目的端口号，把数据发送到相应端口，而与此端口相对应的那个进程将会领取数据并等待下一组数据的到来。

1. 端口

在网络上冲浪、聊天、收发电子邮件，都必须要有共同的协议，这个协议就是 TCP/IP 协议。任何网络软件的通信都是基于 TCP/IP 协议的。如果把互联网比作公路网，计算机就是路边的房屋，房屋要有门才可以进出，TCP/IP 协议规定，计算机可以有 256×256 扇门，即从 0 到 65535 号"门"，TCP/IP 协议把它叫作"端口"。当你发电子邮件时，E-mail 软件把信件送到了邮件服务器的 25 号端口，当你收信时，E-mail 软件是从邮件服务器的 110 号端口这扇门进去取信的，你现在能看到的朋友给你写的东西，是因为进入了服务器的 80 端口这扇门。新安装好的个人计算机打开的端口号是 139 端口，因此上网时，就是通过这个端口与外界进行联系的。

黑客通过端口进入计算机，也是基于 TC/PIP 协议通过某个端口进入个人计算机的。如果计算机设置了共享目录，那么黑客就可以通过 139 端口进入计算机，除了 139 端口，如果没有别的端口是开放的，黑客还可以通过特洛伊木马进入计算机。

2. 特洛伊木马

特洛伊木马是一种典型的木马软件，名称为 netspy.exe。如果你不小心运行了 netspy.exe，以后每次开机时都要运行它，然后 netspy.exe 又在计算机上开了一扇"门"，该"门"的编号是 7306 端口。如果 7306 端口是开放的，黑客就可以用软件进入到计算机中。特洛伊木马本身就是为了入侵个人计算机而开发的，它藏在计算机中是很隐蔽的，它的运行和黑客的入侵不会在计算机的屏幕上显示出任何痕迹。Windows 本身没有监视网络的软件，所以不借助软件，则不知道特洛伊木马的存在和黑客的入侵。

3. netbus 木马

杀毒软件可以删除木马，Netvrv 病毒防护墙可以删除 netspy.exe 和 bo.exe 木马，但是不能删除 netbus 木马。

netbus 木马的客户端有两种，开放的都是 12345 端口，一种以 Mring.exe 为代表（472，576 字节），另一种以 SysEdit.exe 为代表（494，592 字节）。Mring.exe 一旦被运行以后，每次启动都要将它运行，Windows 将它放在了注册表中。因此，我们可以打开 C：/Windows/regedit.exe... 进入 HKEY_LOCAL_MACHINE\SOFTWARE\Microsoft\Windows\CurrentVersion\Run，找到 Mring.exe 然后删除这个健值，再到 Windows 中找到 Mring.exe 并将它删除。Mring.exe 可能会被黑客改变名字，字节长度也被改变了，但是在注册表中的位置是不会改变的。

1.4.5　传播方式

1. 网络媒体信息观点

无论是信息量，还是观点数量，网络媒体都已超过传统媒体，成为社会舆论的重要发源地。一些事件在网上披露后，引起网民强烈反应，推动事件得到处理，比如华南虎伪照被揭穿、许霆 ATM 取款案被改判、"躲猫猫"事件被查处等。网上不仅有正面信息，也有流言、谣言、假新闻等负面信息，如果不善加管理和引导，会对社会舆论产生负面影响。

2. 网络论坛发酵

网民在网络论坛中的真实面目和身份被各种符号所代替，具有隐匿性，他们可以毫无顾忌地发表意见。各种观念在网上集合、交汇、碰撞，夹杂着有害的、负面的杂音和噪音。网络论坛成为"意见市场"，帖子成为"意见广告"。在论坛讨论中，兴趣观点比较相近的网民更容易聚集在一起，形成独特的舆论场。这种舆论场不断放大网民意见，形成"集体狂欢"，甚至会出现舆论一边倒的极化现象。

3. 网络通信隐秘传递

网络通信（包括电子邮件和即时通信）是互联网的重要功能，具有隐秘性、快捷性等特点。电子邮件使用简便、投递迅速、易于保存、全球畅通，可以传播文字、声音、图像等多种资料，可以一对一、一对多传递，极大地改变了信息传播方式。

4. 网络检索强力搜寻

百度、谷歌、搜狐等搜索引擎具有强大的信息检索功能，可以在瞬间检索上百亿张网页，搜寻相关信息，给人们的学习、研究、工作、生活带来极大便利。2017 年 12 月搜索引擎用户已达 6.4 亿人，使用率为 82.8%，用户规模较 2016 年年底增加 3718 万，增长率为 6.2%，搜索引擎已成为网络监督的重要手段。

5. 各大 SNS 网络站点

交友网站和网络社区使网民出现分众化趋势，为相同兴趣的网民组织活动提供了平台，丰富了网民生活。网络传播信息迅速、高效、广泛，使得集体串联活动十分便捷。

1.5　网络安全模型

网络安全模型是动态网络安全过程的抽象描述。通过对安全模型的研究，了解安全动态过程的构成因素，是构建合理而实用的安全策略体系的前提之一。为了达到安全防范的目标，需要提出合理的网络安全模型，从而指导网络安全工作的部署和管理。目前，在网络安全领域存在较多的网络安全模型，下面介绍常见的 PDRR 模型和 PPDR 模型。

1. PDRR模型

PDRR 模型是美国国防部提出的常见安全模型。它概括了网络安全的整个环节，即防护（Protect）、检测（Detect）、响应（React）、恢复（Restore）。这 4 个部分构成了一个动态的信息安全周期，如图 1-1 所示。

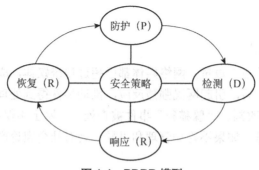

图 1-1　PDRR 模型

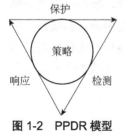

图 1-2　PPDR 模型

2. PPDR模型

PPDR 模型是由美国国际互联网安全系统公司提出的可适应网络安全模型，它包括策略（Pollicy）、保护（Protection）、检测（Detection）、响应（Response）4 个部分。PPDR 模型如图 1-2 所示。

1.6　网络安全标准

1. TCSEC标准

美国国防部的可信计算机系统评价准则由美国国防科学委员会提出，并于 1985 年 12 月由美国国防部公布。它将安全分为 4 个方面：安全政策、可说明性、安全保障和文档。该标准将以上 4 个方面分为 7 个安全级别，按安全程度从最低到最高依次是 D、C1、C2、B1、B2、B3、A1，如表 1-1 所示。

表 1-1　可信计算机系统评价准则

类别	级别	名称	主要特征
D	D	低级保护	保护措施很少，没有安全功能
C	C1	自主安全保护	自主存储控制
	C2	受控存储控制	单独的可查性，安全标志

类别	级别	名称	主要特征
B	B1	标识的安全保护	强调存取控制，安全标志
	B2	结构化保护	面向安全的体系结构 较好的搞渗透能力
	B3	安全区域	存取监控、高抗渗透能力
A	A	验证设计	形式化的最高级描述、验证和隐秘通道分析

2. 我国的安全标准

我国的安全标准是由公安部主持制定的、国家技术标准局发布的国家标准 GB/T 17895—1999《计算机信息系统安全保护等级划分准则》。该准则将信息系统安全分为以下 5 个等级：用户自主保护级、系统审计保护级、安全标记保护级、结构化保护级、访问验证保护级。

1.7　信息系统安全体系

1.7.1　信息系统架构及协议

信息系统本身由系统主体和客体组成，存在不同程度的脆弱性，这就为各种动机的攻击提供了入侵、骚扰或破坏信息系统的途径和方法。所谓信息系统的脆弱性，是指信息系统的硬件资源、通信资源、软件及信息资源等，因可预见或不可预见甚至恶意的原因而可能导致系统受到破坏、更改、泄露和功能失效，从而使信息系统处于异常状态，甚至崩溃瘫痪等。下面从硬件组件、软件组件等几个方面进行具体分析。

1. 硬件组件

信息系统硬件组件的安全隐患多来源于设计，主要表现为物理安全方面的问题。各种计算机或网络设备（如主机、CRT、电缆、Hub、路由器、微波线路等），除难以抗拒的自然灾害，温度、湿度、尘埃、静电、电磁场等也可以造成信息的泄露或失效。信息系统在工作时，向外辐射电磁波，易造成敏感信息的泄露。由于这些问题是固有的，除在管理上强化人工弥补措施，采用软件程序的方法见效也不大。因此在设计硬件或选购硬件时，应尽可能减少或消除这类安全隐患。

2. 软件组件

软件组件的安全隐患来源于设计和软件工程中的问题。软件设计中的疏忽可能留下安全漏洞；软件设计中不必要的功能冗余，不可避免地存在安全脆弱性；软件不按信息系统安全等级要求进行模块化设计，会导致安全等级不能达到所声称的安全级别；软件工程实现中造成的软件系统内部逻辑混乱，会导致垃圾软件，这种软件从安全角度看是绝对不可用的。

软件可分为 3 类，即操作平台软件、应用平台软件和应用业务软件。这 3 类软件以层次结构构成软件组件体系。操作平台软件处于基础层，维系着系统组件运行的平台，因此操作平台软件的任何风险都可能直接危及或被转移或延伸到应用平台软件。所以，对信息系统安全所需的操作平台软件的安全等级要求不得低于系统安全等级要求，特别是信息系统的安全服务组件的操作系统安全等级必须至少高于系统安全一个等级，强烈建议安全服务组件的操作系统不得直接采用商业级或普遍使用的操作系统。应用平台软件处于中间层次，是在操作平台支撑下运行的支持和管理应用业务软件。一方面，应用平台软件可能受到来自操作平台软件风险的影响；另一方面，应用平台软件的任何风险可直接危及或传递给应用业务软件。因此应用平台软件的安全特性也至关重要。在提供自身安全保护的同时，应用平台软件还必须为应用软件提供必要的安全服务功能。应用业务软件处于顶层，直接与用户或实体打交道。应用业务软件的任何风险都直接表现为信息系统的风险。

3. 网络和通信协议

在当今的网络通信协议中，局域网和专用网络的通信协议具有相对封闭性，因为它不能直接与异构网络连接和通信。这样的"封闭"网络本身基于以下两个原因比开放式的 Internet 的安全特性好：一是网络体系的相对封闭性降低了从外部网络或站点直接攻入系统的可能性，但信息的电磁泄露性和基于协议分析的搭线截获问题仍然存在；二是专用网络自身具有较为完善、成熟的身份鉴别；访问控制和权限分割等安全机制。安全问题最多的网络和通信协议是基于 TCP/IP 协议栈的 Internet 及其通信协议，因为任何接入 Internet 的计算机网络协议和利用公共通信基础设施构建的内联网/外联网，在理论上和技术实践上已无真正的物理界限，同时在地缘上也没有真正的国界。国与国之间、组织与组织之间，以及个人与个人之间的网络界限是依靠协议、约定和管理关系进行逻辑划分的，因而是一种虚拟的网络现实；而支持 Internet 运行的 TCP/IP 协议栈原本只考虑互联互通和资源共享的问题，并未考虑也无法兼容解决来自网际中的大量安全问题。要了解 TCP/IP 协议栈的脆弱性和漏洞，首先要理解与 Internet 有关的安全脆弱性和漏洞存在的原因和分布情况，须从网络技术发展历史和 TCP/IP 协议栈的研究初衷、使用背景及发展驱动力等方面分析。

（1）缺乏对用户身份的鉴别。TCP/IP 协议栈的安全隐患之一是缺乏对通信双方真实身份的鉴别机制。由于 TCP/IP 协议栈使用 IP 地址作为网络节点的唯一标志，而 IP 地址的使用和管理又存在很多问题，IP 地址是由 Internet 信息中心（InterNIC）分发的，其数据包的源地址很容易被发现，且 IP 地址隐含了所使用的子网掩码，攻击者据此可以画出目标网络的轮廓。因此使用标准 IP 地址的网络拓扑对 Internet 来说是暴露的，并且 IP 地址很容易被伪造和被更改，且 TCP/IP 协议栈没有对 IP 包中源地址真实性的鉴别机制和保密机制。因此 Internet 上任何一台主机都可以产生一个带有任意源 IP 地址的 IP 包，从而假冒另一个主机进行地址欺骗。

（2）缺乏对路由协议的鉴别认证。TCP/IP 在 IP 层上缺乏对路由协议的安全认证机制，对路由信息缺乏鉴别与保护。因此可以通过 Internet 利用路由信息修改网络传输路径，误导网络分组传输。

（3）TCP/UDP 的缺陷。TCP/IP 协议规定了 TCP/UDP 是基于 IP 协议上的传输协议，TCP 分段和 UDP 数据包是封装在 IP 包中在网上传输的，除可能面临 IP 层所遇到的安全威胁，还存在下列 TCP/UDP 实现中的安全隐患：建立一个完整的 TCP 连接，需要经历"三次握手"过程。在客户/服务器模式的"三次握手"过程中，假如客户的 IP 地址是假的，是不可达的，那么 TCP 不能完成该次连接所需的"三次握手"，使 TCP 连接处于"半开"状态。攻击者利用这一弱点可实施诸如 TCP SYN Flooding 攻击的"拒绝服务"攻击。TCP 提供可靠连接是通过初始序列号和鉴别机制来实现的。每一个合法的 TCP 连接都有一个客户/服务器双方共享的唯一序列号作为标志和鉴别。初始序列号一般由随机数发生器产生，但问题出在很多操作系统（如 UNIX）在实现 TCP 连接初始序列号的方法中所产生的序列号并不是真正随机产生的，而是一个具有一定规律、可猜测或计算的数字。对攻击者来说，猜出了初始序列号并掌握了目标 IP 地址之后，就可以对目标实施 IP Spoofing 攻击，而 IP Spoofing 攻击很难被检测，因此此类攻击危害极大。UDP 是一个无连接控制协议，极易受 IP 源路由和拒绝服务型攻击。在 TCP/IP 协议层结构中，应用层位于顶部，因此下层的安全缺陷必然导致应用层的安全出现漏洞甚至崩溃；而各种应用层服务协议（如 Finger，FTP，Telnet，E-mail，DNS，SNMP 等）本身也存在许多安全隐患，这些隐患涉及鉴别、访问控制、完整性和机密性等多个方面。

1.7.2　信息系统安全的内容及策略

1. 物理安全

网络的物理安全是整个网络系统安全的前提。在网络工程建设中，由于网络系统属于弱电工程，耐压值很低。因此，在网络工程的设计和施工中，必须优先考虑保护人和网络设备不受电、火灾和雷击的侵害；考虑布线系统与照明电线、动力电线、通信线路、暖气管道及冷热空气管道之间的距离；考虑布线系统和绝缘线、裸体线及接地与焊接的安全；必须建设防雷系统，防雷系统不仅考虑建筑物防雷，还必须考虑计算机及其他弱电耐压设备的防雷。总体来说物理安全的风险主要有：地震、水灾、火灾等环境安全；电源故障；人为操作失误或错误；设备被盗、被毁；电磁干扰；线路截获；高可用性的硬件；双机多冗余的设计；机房环境及报警系统、安全意识等设备与媒体的安全。因此要注意这些安全隐患，同时还要尽量避免网络的物理安全风险。

2. 网络安全

这里的网络安全主要是指网络拓扑结构设计影响的网络系统的安全性。假如在外部和内部网络进行通信时，内部网络的机器安全就会受到威胁，同时也影响在同一网络上的其他系统。透过网络传播，还会影响到连上 Internet/Intranet 的其他网络；影响所及，还可能涉及法律、金融等安全敏感领域。因此，在设计时有必要将公开服务器（Web、DNS、E-mail 等）和外网及内部其他业务网络进行必要的隔离，避免网络信息外泄；同时还要对外网的服务请求加以过滤，只允许正常通信的数据包到达相应主机，其他的请求服务在到达主机之前就应该遭到拒绝。

3. 系统安全

所谓系统安全是指整个网络操作系统和网络硬件平台是否可靠且值得信任。恐怕没有绝对安全的操作系统可以选择，无论是 Microsoft 的 Windows 系统或者其他任何商用的 UNIX 操作系统，其开发厂商都有其"后门"（Back-Door）。因此，我们可以得出如下结论：没有绝对安全的操作系统。不同的用户应从不同方面对其网络作详尽的分析，选择安全性尽可能高的操作系统。因此不但要选用尽可能可靠的操作系统和硬件平台，并对操作系统进行安全配置。而且，必须加强登录过程的认证操作（特别是在到达服务器主机之前的认证），确保用户的合法性；其次应该严格限制登录者的操作权限，将其操作限制在最小的范围内。

4. 应用安全

应用安全涉及的方面有很多，以 Internet 上应用最为广泛的 E-mail 系统来说，其解决方案有 sendmail、Netscape Messaging Server、SoftwareCom Post.Office、Lotus Notes、Exchange

Server、SUN CIMS 等不下 20 多种。其安全手段涉及 LDAP、DES、RSA 等各种方式。应用系统处于不断发展中且应用类型也在不断增加中。在应用系统的安全性上，主要考虑尽可能建立安全的系统平台，而且通过专业的安全工具不断发现漏洞，修补漏洞，提高系统的安全性。

信息的安全性涉及机密信息泄露、未经授权的访问、破坏信息的完整性、假冒、破坏系统的可用性等。在某些网络系统中，涉及很多机密信息，如果一些重要信息遭到窃取或破坏，它的经济、社会影响和政治影响将是很严重的。因此，对用户使用计算机必须进行身份认证，对于重要信息的通信必须要取得授权，传输必须经过加密。采用多层次的访问控制与权限控制手段，实现对数据的安全保护；采用加密技术，保证网上传输的信息（包括管理员口令与账户、上传信息等）的机密性与完整性。

5. 管理安全

管理安全是网络安全中最重要的部分。责权不明、安全管理制度不健全及缺乏可操作性等都可能引起管理安全的风险。当网络出现攻击行为或网络受到其他一些安全威胁时（如内部人员的违规操作等），无法进行实时的检测、监控、报告与预警。同时，当事故发生后，也无法提供黑客攻击行为的追踪线索及破案依据，即缺乏对网络的可控性与可审查性。这就要求我们必须对站点的访问活动进行多层次的记录，及时发现非法入侵行为。

建立全新网络安全机制，必须深刻理解网络并能提供直接的解决方案，因此，最可行的做法是制定健全的管理制度并与严格管理相结合。保障网络的安全运行，使其成为一个具有良好的安全性、可扩充性和易管理性的信息网络。一旦上述的安全隐患成为事实，所造成的损失都是难以估计的。因此，网络的安全建设是网络建设过程中重要的一环。

1.8　网络安全防护体系

1.8.1　网络安全的威胁

网络安全的威胁是指某个实体（人、事件、程序等）对某一资源的机密性、完整性、可用性在合法使用时可能造成的危害。这些可能造成的危害，通过添加一定的攻击手段来实现。

网络安全的主要威胁有：非授权访问、冒充合法用户、破坏数据完整性、干扰系统正常运行、利用网络传播病毒、线路窃听等。

1.8.2　网络安全的防护体系

网络安全的防护体系是由安全操作系统、应用系统、防火墙、网络监控、安全扫描、通信加密、网络反病毒等多个安全组件共同组成的，每个组件只能完成其中部分功能，我们要构建一个"进不来、拿不走、改不了、看不懂、跑不了"的安全体系、绿色安全网络环境。

1. 入侵检测IDS

通过计算机网络或计算机系统中的若干关键点收集信息并对其进行分析，从中发现网络或系统中是否有违反安全策略的行为和遭到攻击的迹象，同时做出响应。入侵检测作为一种积极主动的安全防护技术，能很好地弥补防火墙的不足。它能够帮助系统对付网络攻击，扩展了系统管理员的安全管理能力（包括安全审计、监视、进攻识别和响应），提高了信息安全基础结构的完整性。它的主要作用是：

（1）监视、分析用户及系统活动。

（2）审计系统的构造和弱点。

（3）统计分析异常行为模式。

（4）评估重要系统和数据文件的完整性。审计跟踪管理操作系统，并识别用户违反安全策略的行为。

2. 数据加密

计算机密码学是研究计算机信息加密、解密及其变换的科学，是数学和计算机的交叉学科，也是一门新兴的学科。密码是实现秘密通信的主要手段，是隐蔽语言、文字、图像的特种符号。凡是用特种符号按照通信双方约定的方法把电文的原形隐蔽起来，不为第三者所识别的通信方式均称为密码通信。在计算机通信中，采用密码技术将信息隐蔽起来，再将隐蔽后的信息传输出去，使信息在传输过程中即使被窃取或截获，窃取者也不能了解信息的内容，从而保证信息传输的安全。

数据信息保密性安全规范用于保障重要业务数据信息的安全传递与处理应用，确保数据信息能够被安全、方便、透明地使用。

（1）密码安全。密码的使用应该遵循以下原则：

● 不能将密码写下来，不能通过电子邮件传输。

● 不能使用默认设置的密码。

● 不能将密码告诉别人。

● 如果系统的密码泄露了，必须立即更改。

● 密码要以加密形式保存，加密算法强度要高，加密算法要不可逆。

● 系统应该强制指定密码的策略，包括密码的最短有效期、最长有效期、最短长度、复杂性等。

● 如果需要特殊用户的口令（比如说 UNIX 下的 Oracle），要禁止通过该用户进行交互式登录。

● 在要求较高的情况下可以使用强度更高的认证机制，例如，双因素认证。

● 要定时运行密码检查器检查口令强度，对于保存机密和绝密信息的系统应该每周检查一次口令强度；其他系统应该每月检查一次。

（2）密钥安全。密钥管理对于有效使用密码技术至关重要。密钥的丢失和泄露可能会损害数据信息的保密性、重要性和完整性。因此，应采取加密技术等措施来有效保护密钥，以免密钥被非法修改和破坏；还应对生成、存储和归档保存密钥的设备采取物理保护。此外，必须使用经过业务平台部门批准的加密机制进行密钥分发，并记录密钥的分发过程，以便审计跟踪，统一对密钥、证书进行管理。

密钥的管理应该基于以下流程：

● 密钥产生。为不同的密码系统和应用生成密钥。

● 密钥证书。生成并获取密钥证书。

● 密钥分发。向目标用户分发密钥，包括在收到密钥时如何将之激活。

● 密钥存储。为当前或近期使用的密钥或备份密钥提供安全存储，包括授权用户如何访问密钥。

- 密钥变更。包括密钥变更时机及变更规则，处置被泄露的密钥。
- 密钥撤销。包括如何收回或者去激活密钥，如在密钥已被泄露或者相关运维操作员离开业务平台部门时（在这种情况下，应当归档密钥）。
- 密钥恢复。作为业务平台连续性管理的一部分，对丢失或破坏的密钥进行恢复。
- 密钥归档。用于归档或备份的数据信息。
- 密钥销毁。将删除该密钥管理下数据信息客体的所有记录，删除后无法恢复，因此，在密钥销毁前，应确认由此密钥保护的数据信息不再需要。

3. 口令

防止未授权用户进入网络的第一步就是使用口令，虽然口令安全仅仅是整个网络安全的一部分，但其重要性却不能否认。而且，由于口令认证具有代价低、易于实现和用户界面友好等特点，使得它是保护信息网络的一个重要方法。传统的口令认证方案是每个用户都拥有一个身份号码 ID 和一个秘密的口令 PW，每当一个用户申请登录网络系统时，系统就要求用户提供一个有效的 ID 和相应的口令。最简单的认证方法是预先构造一个存储每个用户 ID 和口令的口令表。在一个口令认证方案中，每个网络用户设为 Ui，在登录阶段提交其 IDi 和口令 PWi，以申请登录系统。传统的认证方法是系统检索口令表以检查提交的口令是否与事先保存在口令表中的一致，如果一致，则用户 Ui 被认为是一个已获授权的用户，并被允许进入系统；否则，用户的登录请求被拒绝。

4. CA认证证书

证书实际是由证书签证机关（CA）签发的对用户的公钥的认证。

证书的内容包括：电子签证机关的信息、公钥用户信息、公钥、权威机构的签字和有效期等。目前，证书的格式和验证方法普遍遵循 X.509 国际标准。

一个标准的 X.509 数字证书所包含的内容有：证书的版本信息；证书的序列号；证书使用的签名算法；证书的发行机构名称及私钥签名；证书的有效期；证书的使用者及其公钥信息。

5. RSA公钥体制可实现对数字信息的数字签名

信息发送者用其私匙对从所传报文中提取出的特征数据（或称数字指纹）进行 RSA 算法操作，以保证发信人无法抵赖曾发过该信息（即不可抵赖性），同时也确保信息报文在传递过程中未被篡改（即完整性）。当信息接收者收到报文后，就可以用发送人的公钥对数字签名进行验证。

在数字签名中有重要作用的数字指纹是通过一类特殊的散列函数（Hash 函数）生成的。对这些 Hash 函数的特殊要求是：

（1）接收的输入报文数据没有长度限制。

（2）对任何输入报文数据生成固定长度的摘要（数字指纹）输出。

（3）通过报文能方便地算出摘要。

（4）难以对指定的摘要生成一个报文，而由该报文可以算出该指定的摘要。

（5）难以生成两个不同的报文具有相同的摘要。

CA 认证验证过程，收方在收到信息后用如下的步骤验证签名：

（1）使用自己的私钥将信息转为明文。

（2）使用发信方的公钥从数字签名部分得到原摘要。

（3）收方对发信方所发送的源信息进行 Hash 运算，也产生一个摘要。

（4）收方比较这两个摘要，如果两者相同，则可以证明发信方的身份。

如果两摘要内容不符，则对摘要进行签名所用的私钥可能不是签名者的私钥，这就表明信息的签名者不可信；也可能收到的信息根本就不是签名者发送的信息，信息在传输过程中已经遭到破坏或篡改。

6. 访问控制技术

防止对任何资源进行未授权的访问，从而使计算机系统在合法的范围内使用。访问控制技术是指，通过用户身份及其所归属的某项定义组来限制用户对某些信息项的访问，或限制对某些控制功能的使用的一种技术，如 UniNAC 网络准入控制系统的原理就是基于此技术之上的。访问控制通常用于系统管理员控制用户对服务器、目录、文件等网络资源的访问。

访问控制（Access Control）指系统对用户身份及其所属的预先定义的策略组限制其使用数据资源能力的手段，通常用于系统管理员控制用户对服务器、目录、文件等网络资源的访问。访问控制是系统保密性、完整性、可用性和合法使用性的重要基础，是网络安全防范和资源保护的关键策略之一，也是主体依据某些控制策略或权限对客体本身或其资源进行的不同授权访问。

访问控制包括三个要素：主体、客体和控制策略。

（1）主体 S（Subject）：是指提出访问资源的具体请求，是某一操作动作的发起者，但不一定是动作的执行者，可能是某一用户，也可能是用户启动的进程、服务和设备等。

（2）客体 O（Object）：是指被访问资源的实体。所有可以被操作的信息、资源、对象都可以是客体。客体可以是信息、文件、记录等集合体，也可以是网络上硬件设施、无线通信中的终端，甚至可以包含另外一个客体。

（3）控制策略 A（Attribution）：是主体对客体的相关访问规则的集合，即属性集合。控制策略体现了一种授权行为，也是客体对主体某些操作行为的默认。

7. 网络监控

网络监控，对局域网内的计算机进行监视和控制。网络监控产品主要分为监控软件和监控硬件两种。网络监控除了对上网行为监控还包括内网监控。

8. 病毒防护

（1）要经常进行数据备份，特别是一些非常重要的数据及文件，以避免被病毒侵入后无法恢复。

（2）对于新购置的计算机、硬盘、软件等，先用查毒软件检测后方可使用。

（3）尽量避免在无防毒软件的机器上或公用机器上使用可移动磁盘，以免感染病毒。

（4）对计算机的使用权限进行严格控制，禁止来历不明的人和软件进入系统。

（5）采用一套公认最好的病毒查杀软件，以便在对文件和磁盘操作时进行实时监控，及时控制病毒的入侵，并及时可靠地升级反病毒产品。

9. 电子加密

置乱技术是数据加密的一种方法。通过置乱技术，可以将数字信号变得杂乱无章，使非法获取者无法确知该数字信号的正确组织形式，无法从其中获得有用的信息。基于 DirectShow 对视频进行一系列的采集、分帧、合成等处理，同时采用 Arnold 变换对单帧图像进行置乱操作，使得置乱后的视频表现为黑白噪声的形式。所建立的视频处理框架可以处理各种格式的视频，如 AVI、MPEG 等格式的视频信号，置乱后的视频可以抵抗一定程度的压缩、帧处理等操作。

10. 数字水印

数字水印的基本思想是利用人类感觉器官的不敏感，以及数字信号本身存在的冗余，在图像、音频和视频等数字产品中嵌入秘密的信息以便记录其版权，同时嵌入的信息能够抵抗一些攻击而生存下来，以达到版权认证和保护的功能。数字水印并不改变数字产品的基本特性和使用价值。一个完整的数字水印系统应包含 3 个基本部分：水印的生成、嵌入和水印检测/提取。水印嵌入算法利用对称密钥或公开密钥实现把水印嵌入到原始载体信息中，得到隐秘载体。水印检测／提取算法利用相应的密钥从隐蔽载体中检测或恢复出水印，没有解密密钥，攻击者很难从隐秘载体中发现和修改水印。

根据水印所附载体的不同，可以将数字水印划分为图像水印、音频水印、视频水印、文本水印和用于三维网格模型的网格水印及软件水印等。

1.9 信息安全管理制度

信息安全涉及军事、文教等诸多领域，存储、传输和处理众多信息是政府宏观调控决策、商业经济信息、银行资金转账、股票证券、能源资源数据、科研数据等重要的信息。而维护信息安全，保证信息安全环境稳定，必先要制定相关信息管理制度。

1.9.1 计算机管理制度

为保证计算机的正常运行，确保计算机安全运行，根据国家、省、市有关法律法规和政策规定，结合项目部的实际情况，制定计算机管理制度。计算机分为涉密和非涉密两部分，涉密计算机指主要用于储存或传输有关人事、财务、经济运行、信息安全等涉及国家、单位秘密的图文信息的计算机。非涉密计算机指用于储存或传输可以向社会公开发表或公布的图文信息的计算机。信息安全科、运行科、人事科和财务部门的每一台计算机均应按照涉密要求进行管理。

（1）涉密的计算机内的重要文件由专人集中加密保存，不得随意复制和解密，未经加密的重要文件不能存放在与国际联网的计算机上。

（2）对需要保存的涉密信息，可到信息安全科将它转存到光盘或其他可移动的介质上。存储涉密信息的介质应当按照所存储信息的最高密级标明密级，并按相应密级的文件管理。

（3）存储过国家秘密信息的计算机媒体的维修应保证所存储的国家秘密信息不被泄露。对报废的磁盘和其他存储设备中的秘密信息由技术人员进行彻底清除。

（4）涉密的计算机信息需打印输出时必须到信息安全科专用打印机打印输出，打印出的文件应当按照相应密级的文件进行管理；打印过程中产生的残、次、废页应当及时在信息安全科的专用设备上粉碎销毁。

（5）对信息载体（软盘、光盘等）及计算机处理的业务报表、技术数据、图纸要有专人负责保存，按规定使用、借阅、移交、销毁。

1.9.2　机房管理制度

为了确保计算机网络（内部信息平台）系统安全、高效运行和各类设备运行处于良好状态，以及正确使用和维护各种设备，特制定机房管理制度。

（1）机房属重要涉密空间，必须严格执行国家、省、市保密局有关保守国家秘密和密码工作的规定。

（2）严禁在网络服务器上安装一切与工作无关的软件。严禁将来历不明的磁盘、光盘、软件在网络服务器上使用。严禁在网络上运行或传播一切法律法规禁止、有损国家机关形象和涉及国家秘密、危害国家安全的软件或图文信息。

（3）无关人员不准进入机房，不准违规操作和使用机房设备，不准私自将机房设备带离机房。机关科（室）需借用机房设备的，机房工作人员必须上报，经分管领导同意，并办理有关登记手续后方可借出。

（4）做好机房设备的日常维护工作，严禁在机房内吸烟，不准在机房中堆放杂物和垃圾，保持机房室内整洁。下班时，必须关闭不用的设备及电源，锁好机房门窗，方可离开。

1.9.3　网络安全管理制度

局域网计算机要加强网络安全管理，确保网络安全稳定运行，切实提高工作效率，促进信息化建设的健康发展，现结合实际情况，制定网络安全管理制度。单位信息化领导小组办公室是计算机及网络系统的管理部门，履行管理职能。

（1）未经网管批准，任何人不得改变网络（内部信息平台）拓扑结构、网络（内部信息平台）设备布置、服务器、路由器配置和网络（内部信息平台）参数。

（2）任何人不得进入未经许可的计算机系统以更改系统信息和用户数据。

（3）机关局域网上任何人不得利用计算机技术侵占用户合法利益，不得制作、复制和传播妨碍单位稳定的有关信息。

（4）各科室应定期对本科室计算机系统和相关业务数据进行备份以防发生故障时进行恢复。

1.10　信息安全大事件

2010 年，"维基解密"网站在《纽约时报》《卫报》《镜报》的配合下，在网上公开了多达 9.2 万份的驻阿美军秘密文件，引起轩然大波。

2011 年，堪称中国互联网史上最大泄密事件发生。12 月中旬，CSDN 网站数据库中的用户信息被黑客在网上公开，大约 600 余万个注册邮箱账号和与之对应的明文密码被泄露。2012 年 1 月 12 日，CSDN 泄密的两名嫌疑人已被刑事拘留。

2013 年 6 月 5 日，美国前中情局（CIA）职员爱德华·斯诺登向媒体披露两份绝密资料，一份资料称：美国国家安全局有一项代号为"棱镜"的秘密项目，要求电信巨头威瑞森公司必须每天上交数百万用户的通话记录；另一份资料更加惊人，美国国家安全局和联邦调查局通过进入微软、谷歌、苹果等九大网络巨头的服务器，监控美国公民的电子邮件、聊天记录等秘密资料。

2014年4月8日，"地震级"网络灾难降临，在微软Windows XP操作系统正式停止服务的同一天，互联网筑墙被划出一道致命裂口——常用于电商、支付类接口等安全极高网站的网络安全协议OpenSSL被曝存在高危漏洞，众多使用HTTPS的网站均可能受到影响，在"心脏出血"漏洞逐渐修补结束后，由于用户很多软件中也存在该漏洞，黑客攻击目标存在从服务器转向客户端的可能性，下一步有可能出现"血崩"攻击。

2015年，美国人事管理局（OPM）2700万政府雇员及申请人信息被泄露。美国第二大医疗保险公司Anth软件公司Hacking Team被黑，包含多个零日漏洞、入侵工具和大量工作邮件及客户名单的400GB数据被传到网上供人任意下载。

2016年10月，黑客挟持成千上万个物联网设备对美国DNS服务商Dyn发动了三波流量攻击，使得Dyn多个数据中心服务器受到影响，导致美国大部分网站都出现无法访问情况，包括：亚马逊、eBay、GitHub、Shopify、Twitter、Netflix、Airbnb等热门网站，此次的DDOS攻击让很多人觉得整个互联网都陷入了瘫痪。

2017年5月，勒索病毒全面爆发，在十几个小时内，全球共有74个国家的至少4.5万台计算机中招。此类病毒可以归结为敲诈病毒，在一定时间内持续攻击用户计算机，一旦攻击成功，造成的损失无法估算，需要支付大额赎金才能恢复数据，当然也不排除支付赎金后被骗的情况发生。

2018年，勒索软件的质量和数量不断攀升，成为网络攻击的一种新常态。我们看到了一些物联网设备被用于僵尸网络活动。不安全的设备仍有很多，对黑客们而言是极易攻击的目标。

第 2 章   密码学基础

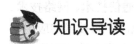 知识导读

  随着信息技术的飞速发展，如今，信息技术已经渗透到政治、经济、军事等各个领域，信息的安全性和保密性也越来越受到人们的重视，密码技术就是最常见的用来保护人们信息安全的一种技术手段。密码技术是通信双方按约定的规则进行特殊变换的一种保密技术。根据特定的规则，将原始明文（Plaintext）变换为加密以后的密文（Ciphertext）。从明文变成密文的过程，称为加密（Encryption）；由密文恢复为原明文的过程，称为解密（Decryption）。密码技术在早期仅对文字或数码进行加、解密。随着通信技术的发展，数据的表现形式多种多样，除了文字，语音、图形、图像、视频等也都是数据的表现形式，使用密码技术对语音、图形、图像、视频实施加、解密变换已十分常见。随着密码技术的不断发展，各种密码产品不断涌现，如 USB Key、加密狗、PIN EntryDevice、RFID 卡、银行卡等。密码芯片是密码产品安全性的关键，它通常是由系统控制模块、密码服务模块、存储器控制模块、功能辅助模块、通信模块等关键部件构成的。

  本章先简要介绍信息加密体制和密码分类，然后介绍古典替换密码的实现方式、对称密钥密码体制和公开密钥密码体制的工作模式、典型代表加密算法及应用，接着介绍消息认证的原理及过程，最后展望密码学的发展前景。

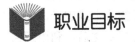 职业目标

学习目标：
- 了解古典密码学
- 了解对称加密算法
- 了解非对称加密算法
- 了解密码学的新进展

能力目标：
- 掌握信息加密技术原理
- 掌握古典替换密码、两种典型加密体制及密码分类
- 掌握加密技术的应用，消息认证技术

 相关知识

2.1 密码学概述

密码学是一门古老的科学，在古代主要应用于军事领域。随着现代通信技术、网络技术、计算机技术的飞速发展，及其不断渗透到政治、经济、军事等各个领域，密码技术的应用也越来越广泛。21世纪，电子商务、电子现金、数字货币、网络银行等具有代表性的网络经济模式正逐步替代传统的经济模式，伴随着经济模式的转变，对网络经济的安全需求也越来越强烈。

在信息交互频繁和迅速的今天，如何使交互信息不被非法用户看到或破坏是一个极其严肃的问题。解决这一问题，可以有两种思路：第一种，通过设置一种强而有力的安全措施来保护交互全程，使得非法用户无法接触到交互信息；第二种，通过某种技术手段对信息做特殊处理，使得处理后的信息不被非法用户读懂。采用加密技术处理就是第二种思路的应用。它是如今电子商务、电子政务采取的主要安全保密措施，也是最常用的安全保密手段，它首先把重要数据处理为毫无意义的乱码，再放到传输通道上进行传输，到达目的地后再用相应的技术手段进行还原。

加密技术包含两个关键因素：算法和密钥。算法就是加密和解密变换的规则，是将原始的信息与特殊的字符串（密钥）相结合，产生无法理解的密文的过程。密钥就是用来对数据进行编码和解码的一种算法，是加密和解密时所使用的一种专门信息（工具）。加密技术是保障信息安全的核心技术之一，它是结合了数学、计算机科学、电子与通信等多学科于一身的交叉学科。密码技术不仅可以保证信息的机密性和完整性，还可以防止被篡改、伪造、假冒。数字签名和身份鉴别技术还可以防抵赖。

一般密码系统，如图2-1所示，在发送方，明文用加密密钥K经过加密处理，得到密文或伪信息，再放到公开信道上进行传输，在传输过程中可能面临破译者的攻击或破译，但是由于没有密钥或者不知道加密处理方式而无法还原成明文。接收方，收到密文后，利用解密密钥K将其进行解密处理，得到明文。

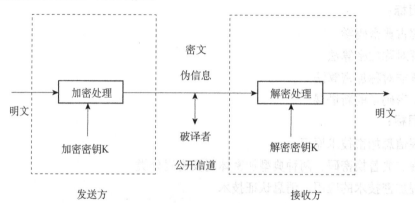

图 2-1 一般密码系统

2.1.1 加密体制与密码的分类

在现代通信中，密码技术是保障安全通信的重要技术之一，据不完全统计，目前已经有 200 多种加密算法。按照国际通行惯例，将这 200 多种方法按照收发双方的密钥是否相同分为两大类：一类是私钥加密算法或对称加密算法，即发送方的加密密钥和接收方的解密密钥是相同的或等价的，或者是可以互相推导的。典型的加密算法有古典替换密码，美国的 DES、3DES，欧洲的 IDEA，日本的 FEALN、RC5；另一类是公钥加密算法或非对称加密算法，即发送方的加密密钥和接收方的解密密钥是互不相同的，且不能互相推导。典型的算法有 RSA、背包密码、Rabin、椭圆曲线等。

密码种类繁多，按照划分的角度不同，其类别也不一样。按密码转换的操作类型分，可以分为替代密码和移位密码。替代密码即先建立一个替换表，加密时将需要加密的明文依次通过查表，替换为相应的字符，明文字符被逐个替换后，生成无任何意义的字符串，即密文，替代密码的密钥就是替换表。替代密码又可分为单表替代密码和多表替代密码。移位密码按明文加密时的处理方法分，可以分为分组密码和序列密码。分组密码是将明文消息编码表示后的数字（简称明文数字）序列，划分成长度为 n 的组，每组分别在密钥的控制下变换成等长的输出数字（简称密文数字）序列。序列密码也称为流密码，即利用密钥产生一个密钥流（$A=A_1A_2A_3\cdots$），然后利用该密钥流依次对明文（$B=B_0B_1B_2\cdots$）进行加密。按密码类型分，可以分为对称密钥密码和非对称密钥密码。对称密钥密码，即加密密钥和解密密钥是相同或相近的；非对称密钥密码，即加密密钥和解密密钥是不同的。按密钥数量分，可以分为单钥密码和双钥密码，顾名思义，即加密密钥是单个或两个。

2.1.2 古典替换密码

1. 简单代替密码

简单代替密码就是对明文中的所有字符都使用一个固定的映射（明文到密文的替换表）。设 $A=\{a_0, a_1, \ldots, a_{n-1}\}$ 为包含了 n 个字符的明文；$B=\{b_0, b_1, \ldots, b_{n-1}\}$ 为包含 n 个字符的密文，简单代替密码使用 A 到 B 的映射关系（$f: A{\rightarrow}B, f(a_i)=b_j$）。$f$ 表示一一映射，以保证加解密的可逆性。加密过程就是将明文中的每一个字符替换为对应的密文字符。映射 f 或密文字符表即为密钥。典型的简单代替密码就是凯撒密码，是由 Julius Caesar 发明的，用于古罗马军事通信，其加密方法就是将明文中的每个字母都用其右边固定步长的字母代替，生成密文。例如：步长为 4，则明文 A、B、C、…、Y、Z 可分别由 E、F、G、…、C、D 代替。如果明文是"howareyou"，则变为密文"krzeuhbrx"，其密钥 $k=k+4$。两个循环的字母表对应关系如图 2-2 所示。

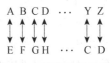

图 2-2 简单代替映射

2. 多表代替密码

多表代替密码是以一系列（两个及以上）替换表依次对明文的字母进行代替的加密方法，比如明文字母序列为 $x=x_1x_2\cdots$，则密文字母序列为 $Y=e(x)=f_1(x_1)f_2(x_2)\cdots$。多表代替密码分为非周期多表代替密码和周期多表代替密码两类。非周期多表代替密码对每个明文字母均采用不同的代替表进行加密，是一种在理论上唯一不可破的密码，但由于需要的密钥量和明文信息长度相同而难于广泛使用。周期多表代替密码的代替表个数有限且可被重复使用，大大减少了密钥量，常见的有维吉尼亚密码、博福特密码、滚动密钥密码、弗纳姆密码。其中，维吉尼亚密码是最典型的多表代替密码。下面我们举例说明其加密过程。

维吉尼亚密码，由明文和密钥组成，如表 2-1 所示。明文：每个字符唯一对应一个 0 至 25 之间的数字，即 a↔0，b↔1，c↔2，c↔3，…，z↔25。密钥：一个字符串，其中每个字符同明文一样对应一个数字。假设密钥串是 test，则该密钥串的数字表示为（19，4，18，19）。假设明文为：accepting the request。加密过程是将明文数字串依据密钥长度分段，逐一与密钥数字串相加，再进行模 26 运算，得到密文数字串，最后，将密文数字串转换为字母串。根据以上规则，得到明文数字串、密钥数字串、密文数字串。

表 2-1　维吉尼亚密码替换结果表

	a	c	c	e	p	t	i	n	g	t	h	e	r	e	q	u	e	s	t
明文数字串	0	2	2	4	15	19	8	13	6	19	7	4	17	4	16	20	4	18	19
密钥数字串	19	4	18	19	19	4	18	19	19	4	18	19	19	4	18	19	19	4	18
密文数字串	19	6	20	23	8	23	0	6	25	23	25	23	20	8	8	13	23	22	11

因此，将表 2-1 第 4 行的密文数字串还原成字母，密文即为：tguxixagz xzx uiinxwl。

2.1.3　对称密钥密码

1. 对称密钥密码加密模式

对称密钥密码，是与加密密钥和解密密钥相同或等价的，或是可以互相推导的。对称密钥加密模式如图 2-3 所示，明文信息 P 和加密密钥 K 作为加密算法处理的输入，经过加密处理之后得到密文 C，送到公共信道上进行传输，到达接收方后，接收方用解密密钥 K 经过解密算法处理，将收到的密文 C 还原成明文 P。

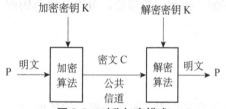

图 2-3　对称加密模式

在大部分对称加密系统中，加密密钥和解密密钥是相同的，因此也称这种加密算法为秘密密钥算法或单密钥算法。它要求通信双方在通信之前，商定一个密钥。如果攻击者仅窃听到密文，而无密钥，无法破解密文，它就是安全的。但是，如果攻击者获取了密钥，这时的通信就变得不安全了。因此，对称加密系统的安全性依赖于密钥，泄露密钥就意味着任何人都可以对他们发送或接收的消息解密，所以密钥的保密性对通信的安全性至关重要。

对称加密算法公开，计算量小，加密速度快，加密效率高。但是，由于加密密钥和解密密钥相同，而使得安全性难以保证。对称加密算法在分布式网络系统中使用较为困难，主要是因为密钥管理困难，使用成本较高。典型的对称加密算法有 DES 算法、3DES 算法、TDEA 算法、Blowfish 算法、RC5 算法、IDEA 算法。在计算机专用网络系统中广泛使用的对称加密算法有 DES 和 IDEA 等。

2. 数据加密标准DES

DES（Data Encryption Standard）是 IBM 公司在 20 世纪 60 年代研制，美国政府 1977 年公布的一种数据加密标准，在银行业和金融业得到了广泛使用。DES 的设计目标是，用于加密保护静态存储和传输信道中的数据，安全使用 10～15 年。自公布之日起，DES 就不断被人们研究和攻击，是最著名也是使用最广泛的分组密码算法。DES 公布之前，密码算法的实现细节是保密的，DES 开创了公布加密算法的先例，是密码史上第一个公开的加密算法。后 DES 被破译，1997 年破译它需要 4 个月，1998 年破译它需要 56 小时，1999 年破译它仅需要

22 小时 15 分钟，2001 年 11 月美国正式颁布 AES 以取代 DES。

DES 使用相同的算法对数据进行加密和解密，使用的加密密钥和解密密钥也是相同的。DES 将明文分为 64 位一组（其中 8 位用于奇偶校验），使用 64 位密钥（其中 8 位用于奇偶校验，实际有效密钥长度为 56 位）将明文变换为 64 位密文。其加密过程如下：

（1）一次性地把 64 位明文块打乱置换。

（2）把置换后的 64 位明文块拆成两个 32 位块。

（3）用 DES 密钥把每个 32 位块打乱位置 16 次。

（4）使用初始置换的逆置换操作，即得密文。

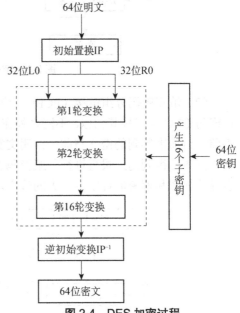

图 2-4　DES 加密过程

DES 加密过程如图 2-4 所示，初始置换 IP 只是简单的移位操作，该过程不适用密钥，把 64 位明文二进制数按照 8×8 矩阵排列编号，再将其打乱顺序重排，然后将经过初始置换 IP 输出的 64 位与密钥进行 16 次迭代加密运算；最后又进行一次逆初始变换 IP^{-1} 操作，即得密文。

DES 的解密过程与加密过程相似，只是将 16 个子密钥的使用次序反过来进行。

3. 分组密码的工作模式

分组密码有不同的工作模式，最简单的方式就是电子密码本（ECB）模式，即一个明文数据块加密成一个密文数据块，下一个明文数据块加密成下一个密文数据块，以此类推，如图 2-5 所示。

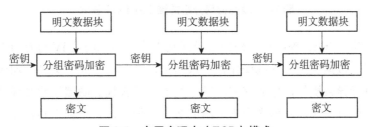

图 2-5　电子密码本（ECB）模式

ECB 模式操作简单，有利于并行计算，误差不会被传送，但是不能隐藏明文的模式，攻击者容易对明文进行主动攻击。如果明文中含有两个相同的数据块，则密文中也会有两个相同的数据块。攻击者进行密码分析时，常用识别和确定密文中存在的模式的方法，如果确定了模式，就容易推断出使用了 ECB 加密，然后解密特定的密文数据块即可，而不必解密整个密文。因此，为了解决以上问题，对分组密码的工作模式进行改进，得到了以下工作模式，即密码分组链接（CBC）、填充密码分组链接（PCBC）、密码反馈（CFB）、输出反馈（OFB）。

（1）密码分组链接（CBC）模式：如图 2-6 所示的 CBC 模式使用了初始化向量（IV）和第一组明文数据块进行异或操作，然后进行分组密码加密，得到的密文与下一组明文数据块进行异或操作，以此类推。这种模式不容易主动攻击，安全性优于 ECB 模式，适合传输长度较长的报文，但是，不利于并行计算，误差会被传递，还需要初始化向量 IV。

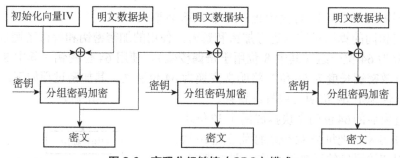

图 2-6　密码分组链接（CBC）模式

（2）填充密码分组链接（PCBC）模式：如图 2-7 所示，PCBC 模式的第一组明文数据块加密与 CBC 模式极其相似，不同之处在于，从第二组以后的所有明文数据块，在加密前要先将前一组加密得到的密文与前一组明文数据块进行异或操作之后，再与本组明文数据块进行异或操作，得到的结果再进行分组密码加密。这种工作模式使得密文中任何一个细微修改都会导致加密和解密流程发生很大的改变。

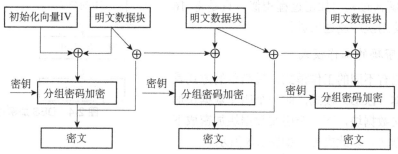

图 2-7　填充密码分组链接（PCBC）模式

（3）密码反馈（CFB）模式：这种加密模式是先将初始化向量 IV 进行分组密码加密，得到的结果再与明文数据块进行异或操作，生成密文，接着再对此密文进行加密，然后与下一组明文数据块进行异或操作，形成密文，以此类推。CFB 模式隐藏了明文模式，将分组密码转化为流模式，可以及时加密传送小于分组的数据，但是，它不利于并行计算，误差容易传递，也存在对明文的主动攻击，如图 2-8 所示。

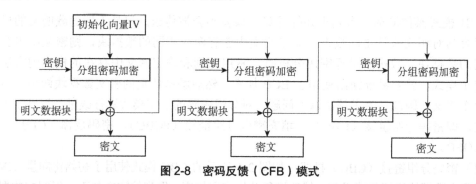

图 2-8　密码反馈（CFB）模式

（4）输出反馈（OFB）模式：该模式首先将初始化向量 IV 加密以后与第一组明文数据块进行异或操作得到第一组密文，从第二组开始，都是直接用前一组的分组加密结果再进行分组密码加密，再与本组明文数据块进行异或操作得到本组密文，以此类推，即第二组以后的加密操作都发生在异或操作之前。OFB 模式隐藏了明文模式，分组密码转化为流模式，可及时加密传送小于分组的数据，但是不利于并行计算，存在对明文的主动攻击风险，而且一个明文单元损坏会影响多个单元，如图 2-9 所示。

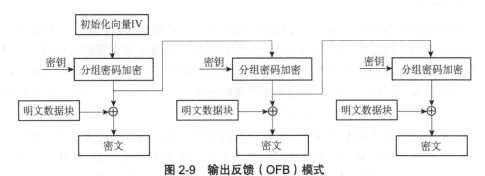

图 2-9　输出反馈（OFB）模式

逻辑运算异或（符号为^）是对两个运算元（0 和 1）的一种运算，其规则为：两个相同的运算元异或为 0，两个不同的运算元异或为 1。异或运算如下所示：

0^1=1　　　　　　　1^0=1　　　　　　　0^0=0　　　　　　　1^1=0

4. 其他对称密码简介

AES（Advanced Encryption Standard，译为高级加密标准），在密码学中又称 Rijndael 加密法，是美国联邦政府采用的一种区块加密标准，用以替代 DES，已经被多方分析且广为使用。高级加密标准由美国国家标准与技术研究院（NIST）于 2001 年 11 月 26 日发布，并在 2002 年 5 月 26 日成为有效的标准。2006 年，高级加密标准成为对称密钥加密中最流行的算法之一。与 DES 不同的是，AES 使用代换-置换网络，而非 Feistel 架构（即分组密码中的对称结构）。AES 在软硬件平台上都能快速加解密，且所需存储空间小。AES 加密数据块分组长度为 128 比特，密钥长度可以是 128 比特、192 比特、256 比特（如果数据块或密钥长度不足，则补齐）。AES 加密分为以下 4 个步骤：①密钥扩展；②初始轮；③重复轮，每一轮又包括 SubBytes、ShiftRows、MixColumns、AddRoundKey；④最终轮，最终轮没有 MixColumns。

IDEA（International Data Encryption Algorithm，译为国际数据加密算法），是由上海交通大学教授来学嘉与瑞士学者 James Massey 联合提出的。IDEA 是在 DES 的基础上发展而成的，使用长度为 128 比特的密钥，数据块大小为 64 比特，加密过程是 8 个相似圈和一个输出变换组成的迭代算法，其每个圈都由 3 种函数［模（216+1）乘法、模 216 加法和按位异或］组成。加密之前，IDEA 通过密钥扩展将 128 比特的密钥扩展为 52 字节的加密密钥，然后用加密密钥计算出解密密钥。加密密钥和解密密钥分为 8 组半密钥，每组长度为 6 字节，前 8 组密钥用于 8 圈加密，最后半组密钥（4 字节）用于输出变换。IDEA 的加密过程和解密过程相同，只是使用的密钥不同。在 PGP（Pretty Good Privacy）软件中使用 IDEA 作为其分组加密算法，安全套接字层 SSL（Secure Socket Layer）也将 IDEA 包含在其加密算法库中，还有很多基于 IDEA 算法的安全产品。

2.2 公开密钥密码

1. 单向函数

在对称密钥加密系统中，通信双方使用相同的密钥，在通信之前，必须交换密钥，如果有 n 个人进行通信，则需要 $n \times (n-1)/2$ 个密钥，这极大加重了密钥管理人员的工作量，也正是对称密钥加密算法的缺点所在。而非对称密码正好解决了这一问题。非对称密码即公钥密码，公开密码算法有两个密钥，即加密密钥和解密密钥，二者完全不同或不能互相推导，加密密钥也叫公开密钥，解密密钥也叫私有密钥。

说到公钥密码，就不得不提及单向函数和陷门单向函数，这二者是公钥密码的核心。所谓单向函数，即对于任意两个集合 X 和 Y，对于 f 定义域 X 中的任一 x，很容易计算出函数 $f(x)$ 的值 y，而对于 f 值域 Y 中的几乎所有 y，则在计算上不可能求出 x 使得 $y=f(x)$。也即是正向计算很容易，逆向运算是不可行或几乎不可实现的。

单向函数不同于数学上的不可逆函数，它可能是一个数学意义上可逆或者一对一的函数，而不可逆函数不一定是单向函数。现实当中，就好比我们把一盆水很容易泼到地上，但是，要把泼出去的水再完全收集起来却是极其困难或者几乎是不可能的。另外，最简单的单向函数是大素数相乘，无论给定两个多大的素数，都很容易计算出它们的乘积，但是对于一个非常大的素数，即使知道它是两个素数之积，在现有条件下，却很难在人类可承受的等待时间内分解出构成这个数的两个素数因子。由此可见，单向函数不能直接用于密码体制，因为，即使是合法用户收到密文，也无法解密出明文。单向函数通常用于口令保护、产生消息摘要、密钥加密等，常见的应用主要有 MD5、SHA、MAC、CRC 等。

陷门单向函数是有陷门的特殊单向函数。所谓陷门，也称为后门。对于单向函数，若存在一个 z，使得知道 z 则可以很容易地计算出 $x=f^{-1}(y)$，而不知道 z 则无法计算出 $x=f^{-1}(y)$，则称函数 $y=f(x)$ 为单向陷门函数，而 z 称为陷门。或者说，如果知道这个秘密陷门，就很容易从另一个方向计算这个函数。即给出 $f(x)$ 和一些秘密信息 y，就很容易计算出 x。这就解决了单向函数的逆运算难的问题。在公开密钥密码中，计算 $f(x)$ 相当于加密，陷门 y 相当于私有密钥，而利用陷门 y 求 $f(x)$ 中的 x 则相当于解密。因此，可以使用陷门单向函数构造公开密钥密码。

2. Diffie-Hellman 密钥交换算法

Whitefield 与 Martin Hellman 在 1976 年提出了一个密钥交换协议，称 Diffie-Hellman 密钥交换协议/算法（Diffie-Hellman Key Exchange/Agreement Algorithm）。

Diffie-Hellman 密钥交换算法是一种确保共享密钥安全通过公共传输通道到达目的地的方法，而不是加密方法，因此，不能进行数据的加密和解密，但是，交换的密钥可用于加密。

Diffie-Hellman 密钥交换算法的有效性依赖于计算离散对数的难度。比如，可以这样定义离散对数：首先定义一个素数 p 的原根，为其各次幂产生从 1 到 $p-1$ 的所有整数根，也就是说，如果 a 是素数 p 的一个原根，那么数值

$a \bmod p$，$a^2 \bmod p$，...，$a^{p-1} \bmod p$

是各不相同的整数，并且以某种排列方式组成从 1 到 $p-1$ 的所有整数。对于一个整数 b 和素数 p 的一个原根 a，可以找到唯一的指数 i，使得

$b=a^i \bmod p$ 其中，$0 \leqslant i \leqslant p-1$

指数 i 称为 b 的以 a 为基数的模 p 的离散对数或者指数。该值被记为 $\mathrm{ind}_{a, p}(b)$。

基于原根的定义和性质，可以定义 Diffie-Hellman 密钥交换算法，其密钥交换过程如下：假设通信双方甲和乙，二者首先确定两个大数 g 和 p，其中 p 是一个素数，g 是 p 的原根。甲和乙需要交换密钥，甲随机产生一个整数 a，a 对外保密，计算 Ka = g^a mod p，将 Ka 发送给乙；乙随机产生一个整数 b，b 对外保密，计算 Kb=g^b mod p，将 Kb 发送给甲；甲收到乙发送的 Kb 后，计算出密钥为：key=Kb^a mod p=（g^b）^a=g^（b*a）mod p；乙收到甲发送的 Ka 后，计算出的密钥为：key = Ka^b mod p=（g^a）^b=g^（a*b）mod p。

通信双方通过计算得到的密钥相同，相当于双方已经交换了秘密密钥。如果攻击者知道 p 和 g，并且截获了 Ka 和 Kb，由于 p、g、Ka 和 Kb 都是很大的数，由这 4 个数很难计算出 a 和 b，这就是所谓的离散对数的难度。

假设有一组用户，每个用户都产生一个私有密钥 Ka，并计算一个公开密钥 Ya，这些公开密钥及全局公开数值 g 和 p 都存储在某公共目录中，在任何时刻，用户 B 都可以访问用户 A 的公开数值，计算一个秘密密钥，并使用这个密钥加密要发送的报文给用户 A，如果公共目录是可信任的，那么通信就提供了保密性和一定程度的鉴别功能。因为只有用户 A 和 B 可以确定这个密钥，其他用户都无法解读报文，接收方 A 知道只有用户 B 才能使用此密钥生成这个报文。

Diffie-Hellman 密钥交换算法不提供通信双方的身份信息，计算消耗资源较大，因此容易遭受 DOS 攻击，即如果攻击者请求大量的密钥，被攻击者就会消耗计算资源，从而无法处理正常事务，也容易遭受中间人的攻击，即第三方 C 在和 A 通信时冒充 B；和 B 通信时冒充 A，A 和 B 都与 C 协商一个密钥，这样，C 就可以监听和转发 A 与 B 之间的通信数据了。

3. RSA公开密钥算法

RSA 算法是由罗纳多·瑞维斯特（Rivet）、艾迪·夏弥尔（Shamir）和里奥纳多·艾德拉曼（Adelman）联合推出的，RAS 算法以这三位发明者的名字共同命名。RSA 算法是第一个能同时用于加密和数字签名的非对称密码算法。RSA 算法安全性是基于大整数因子分解的困难性，而大整数因子分解问题是数学上的著名难题，至今没有有效的方法予以解决，因此可以确保 RSA 算法的安全性。RSA 算法利用两个非常大的质数相乘所产生的积来加密，将这两个质数称为密钥对。实际数据通信之前，用户首先生成这个密钥对（即公钥和私钥），然后将公钥公开，以便需要与之通信的用户将信息用其公钥加密后形成密文再发给该用户，这个密文只有用密钥对中的私钥才能解密，而这个私钥是生成密钥对的用户自己保管的，因此其他用户无法解密。公钥的公布方式可以有很多种，比如将公钥放到网上，但是，要求其他用户凭数字凭证获取，或者直接将公钥传给需要的用户等。如图 2-10 所示为 RSA 公开密钥加密的过程示意图。

RSA 算法是最典型的公钥密码算法，大多数使用公钥密码进行加密和数字签名的产品与标准使用的都

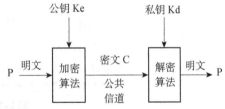

图 2-10 RSA 公开密钥加密的过程示意图

是 RSA 算法。其具体算法如下：

确定两个足够大的质数（即大于 1 的自然数中，除了 1 和它本身以外不再有其他因数的数称为质数）P 和 Q，理论上越大越安全。

寻找一个满足以下条件的数 N：

● 它必须是奇数，比如 1，3，5，7，9。

● 它小于 $P \times Q$。

● 它与（$P-1$）×（$Q-1$）互质，即它与（$P-1$）×（$Q-1$）没有相同的质数因子。比如，两个质数就是互质的，7 和 13 互质；或者当 x 为大于 1 的整数时，x 与 $x+1$ 互质，比如 9 和 10 互质。

寻找 D，使得（$D \times N$）MOD（（$P-1$）×（$Q-1$））=1。

因此，公开密钥对是（$P \times Q$，N），私人密钥是 D，公开密钥是 N。

RSA 算法的缺点是产生密钥过程很麻烦，受素数产生技术的限制，很难实现一次一密钥；而且其安全性依赖于大数的因子分解，但并没有从理论上证明破译 RSA 的难度与大数分解的难度等价；再者，由于 RSA 的分组长度太长，为保证安全性，$P \times Q$ 取值大，使得运算代价也高。

4. 使用 RSA-Tool2 生成密钥对

RSA-Tool2 涉及几个参数：质数 P 和 Q（注意 P 和 Q 的长度不能相差太大），公用模数 N（$N=P \times Q$），随机生成公钥 E、私钥 D，其中 N 和 E 是公开的，D 是保密的。为了通信的安全性，生成密钥对之后 P 和 Q 必须销毁。我们打开 RSA-Tool2 设置页面如图 2-11 所示。下面简单介绍下生成密钥对的过程。

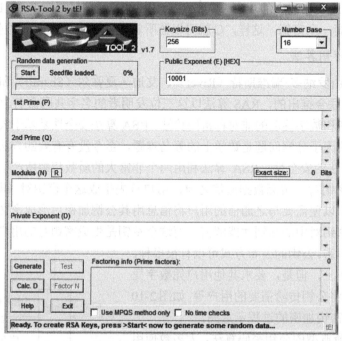

图 2-11 RSA-Tool2 设置页面

第 1 步，在"Number Base"组合框中选择进制为 10，如图 2-12 所示。

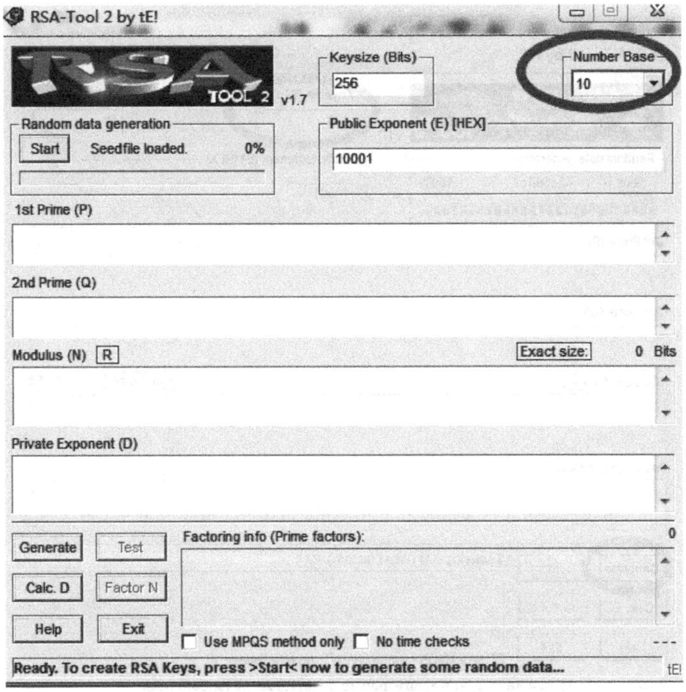

图 2-12　选择进制

第 2 步，单击"Start"按钮，随意移动鼠标直到提示信息框出现，以获取一个随机数种子，如图 2-13 所示。

图 2-13　生成随机数种子

第 3 步，在"Keysize（Bits）"编辑框中输入 128，单击"Generate"按钮，生成 *P* 和 *E*，如图 2-14 所示。

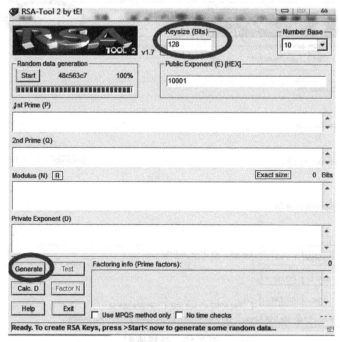

图 2-14　设置密钥长度，生成 *P* 和 *E*

第 4 步，复制"1st Prime（P）"编辑框中的内容到"Public Exponent（E）［HEX］"编辑框中，如图 2-15 所示。

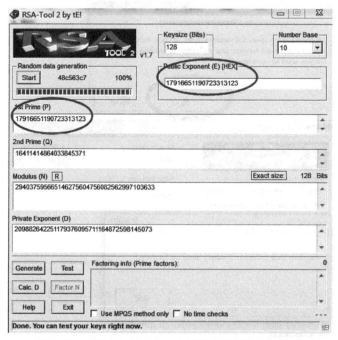

图 2-15　"Public Exponent（E）［HEX］"编辑框

第 5 步，在"Number Base"组合框中选择进制为 16，记下"1st Prime（P）"编辑框中的十六进制文本内容，如图 2-16 所示。

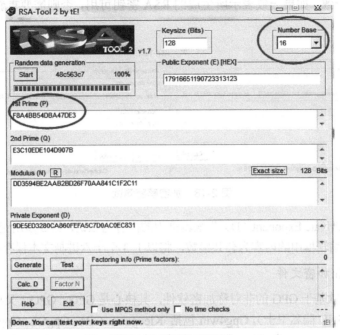

图 2-16　选择十六进制

第 6 步，重复第 2 步，在"Keysize（Bits）"编辑框中输入所希望的密钥位数（32～4096），位数越多安全性也越高，但运算速度越慢，一般选择 128 位足够了，单击"Generate"按钮生成密钥，如图 2-17 所示。

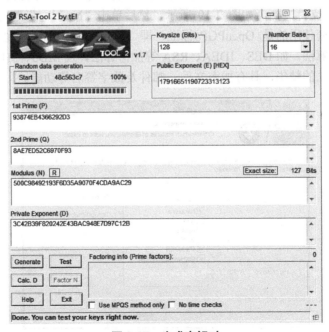

图 2-17　生成密钥对

第 7 步，单击"Test"按钮完成测试，在"Message（M）to encrypt"编辑框中随意输入一段文本，然后单击"Encrypt"按钮加密，再单击"Decrypt"按钮解密，查看解密后的结果是否和所输入的一致，如果一致表示所生成的 RSA 密钥可用，否则需要重新生成，如图 2-18所示。

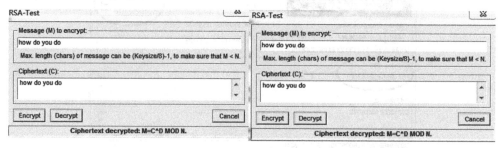

图 2-18　加密解密测试

到此结束，"Private Exponent（D）"编辑框中的内容为私钥，第 5 步所记录的内容为公钥，"Modulus（N）"编辑框中的内容为公共模数，将以上 3 个十六进制文本保存起来即可。

5. 用Gpg4win加密文件

Gpg4win 是一款基于 GPG 的非对称加密软件，其核心是 GPG。GPG，又称为 GnuPG（Gnu Private Guard，即 GNU 隐私卫士）。Gpg4win 包括 Kleopatra、GPA、GpgOL、GpgEX 和 Claws Mail 5 个工具包，其中 Kleopatra 和 GPA 是 GPG 的密钥管理器，用于生成、导入和导出 GPG 密钥（包括公钥和私钥），GpgOL 是 Outlook 2003 和 2007 的 GPG 支持插件，GpgEX 是资源管理器的 GPG 支持插件（不支持 Windows 64 位），Claws Mail 是一个内置 GPG 支持的邮件客户端。

1）安装 Gpg4win

运行 Gpg4win 安装程序，选择安装需要的组件，默认 Gpg4win 将安装 GnuPG、Kleopatra、GpgOL、GpgEX 和支持文档，如图 2-19 所示，然后单击"Next"按钮，其他过程保持默认设置即可。文件加密使用的是 OpenPGP 标准，即 PGP 算法。PGP 实现了至今为止大部分流行的加密和认证算法，如 DES、IDEA、RSA 等加密算法，及 MD5、SHA 等散列算法，它汇集了各种加密方法的精华，具有加密文件、邮件及数字签名等功能。

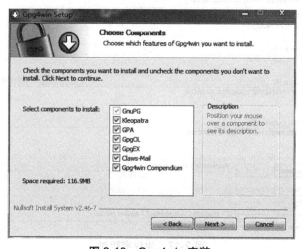

图 2-19　Gpg4win 安装

2）创建密钥对

使用 GPG 加密文件之前，首先要生成密钥对，也就是生成公钥和私钥。这里，使用 Kleopatra 生成密钥对，其操作步骤如下：

第 1 步，打开 Kleopatra，单击"File"菜单下的"New Certificate…"，打开创建向导，如图 2-20 所示。

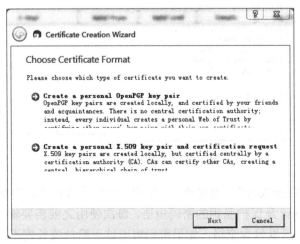

图 2-20　创建向导

第 2 步，单击"Create a personal OpenPGP key pair"开始创建，输入创建密钥对的用户名（即 Name）和 EMail 地址（即 Email），单击"Advanced Settings…"按钮可以进一步设置加密算法、密钥长度，以及密钥对的用途，默认选中"Encryption"（加密）和"Certification"（认证），也可以勾选"Signing"（签名）和"Authentication"（鉴别），还可以设置密钥对的有效期（Valid until），如图 2-21 所示。设置后单击"OK"按钮，返回创建向导页面。

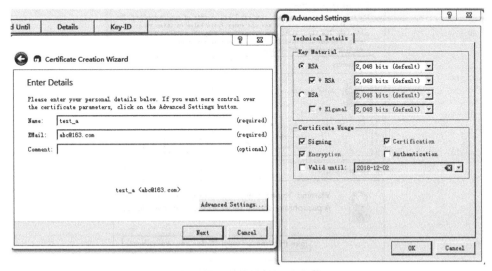

图 2-21　密钥对详细信息设置

第 3 步，单击"Next"按钮，进入"密钥对参数概览"对话框，勾选"Show all details"将显示创建密钥对的相关信息，如图 2-22 所示。

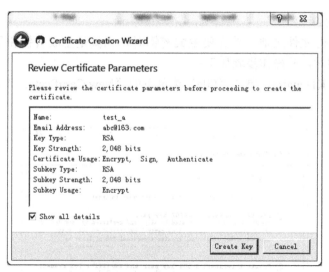

图 2-22　密钥对参数信息

第 4 步，单击"Create Key"（创建密钥）按钮，在打开的对话框中要求输入"Passphrase"（密码短语），Passphrase 是保护私钥的密码短语，每次使用之前需要输入，与普通密码相比，Passphrase 长度更长，可以包含空格，如果密码短语过于简单或长度不够，会显示警告信息。输入"Passphrase"之后，还可以在创建密钥的文本框中输入帮助计算机创建更为安全的密钥，输入的内容无关紧要，计算机只是利用击键的间歇时间生成随机数，或者也可以移动这一窗口来帮助计算机生成随机数，如图 2-23 所示。

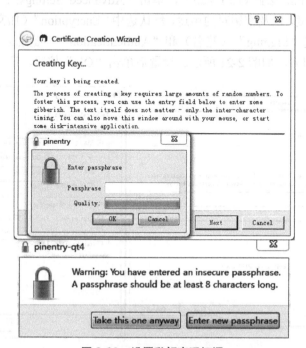

图 2-23　设置私钥密码短语

第 5 步，两次确认密码短语之后，进入"密钥对成功创建"对话框，它有 3 个选项按钮：Make a Backup Of Your Key Pair（备份密钥对）、Send Certificate By EMail（通过 Email 发送公钥）和 Upload Certificate To Directory Service（将公钥上传到目录服务器），如果不需要执行上述操作，直接单击"Finish"（完成）按钮即可，如图 2-24 所示。

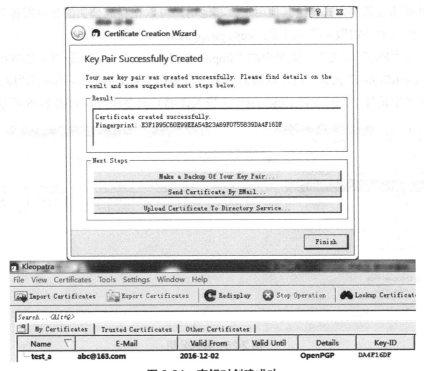

图 2-24　密钥对创建成功

3）导入导出公钥

（1）导出公钥。密钥对生成之后，还必须导出公钥，操作过程如下：在 Kleopatra 主界面中右击要导出公钥的密钥对，在弹出的快捷菜单中选择"Export Certificates"（导出证书）命令，然后指定公钥的保存路径和文件名称即可，如图 2-25 所示。

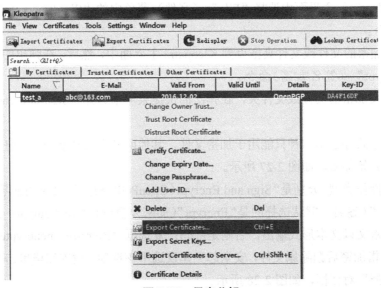

图 2-25　导出公钥

另外，"Export Secret Keys"（导出私钥）命令用以导出密钥对；"Export Certificates to Server"（导出证书到服务器）命令用以将公钥导出到服务器上。用户将导出的公钥存放在公有服务器或通过其他方式传给其他用户，其他用户可以在存放公钥的公有服务器上搜索公钥并导入，默认的公钥服务器地址是：keys.gnupg.net。

（2）单击"File"（文件）菜单中的"Import Certificates"（导入证书）选项或工具栏中的"Import Certificates"按钮，也可以将公钥文件直接拖曳到 Kleopatra 的密钥列表中，然后，在弹出的菜单中选择"Import Certificates"（导入证书）命令即可，如图 2-26 所示。

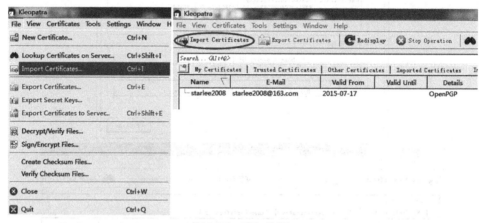

图 2-26　导入公钥

想要找服务器上存放的公钥，只需选择"File"（文件）菜单中的"Lookup Certificates on Server"（在服务器上搜索公钥）选项，在打开的界面中，输入 Email 地址然后单击"Search"（搜索）按钮，即可找到对应的公钥，单击"Import"（导入）按钮就可以导入公钥。

4.）加密文件

导入公钥之后，就可以加密文件了。加密操作有 3 种方式：

（1）在 Kleopatra 主界面中选择"File"（文件）菜单中的"Sign/Encrypt Files"（签名/加密文件）命令。

（2）将要加密的文件或文件夹拖曳到 Kleopatra 主界面中，然后，在弹出的快捷菜单中选择"Sign/Encrypt"（签名/加密）命令。

（3）右击要加密的文件或文件夹，在弹出的快捷菜单中选择"Sign and encrypt"（签名与加密）命令。

以上 3 种方式除了第一种只能用于加密文件，其他两种方式功能一样。任选其中一种，启动加密向导开始加密，如图 2-27 所示。

首先选择操作类型，分别是"Sign and Encrypt（OpenPGP only）"（签名并加密）、"Encrypt"（加密）和"Sign"（签名），默认选择的是"Encrypt"（加密），复选框"Text output（ASCII armor）"是指加密后的密文以文本形式输出，否则是乱码；复选框 "Remove unencrypted original file when done"是指加密后删除原文件，安全起见建议选中该选项。设置完毕单击"Next"按钮，进入"公钥选择"对话框，如图 2-28 所示。

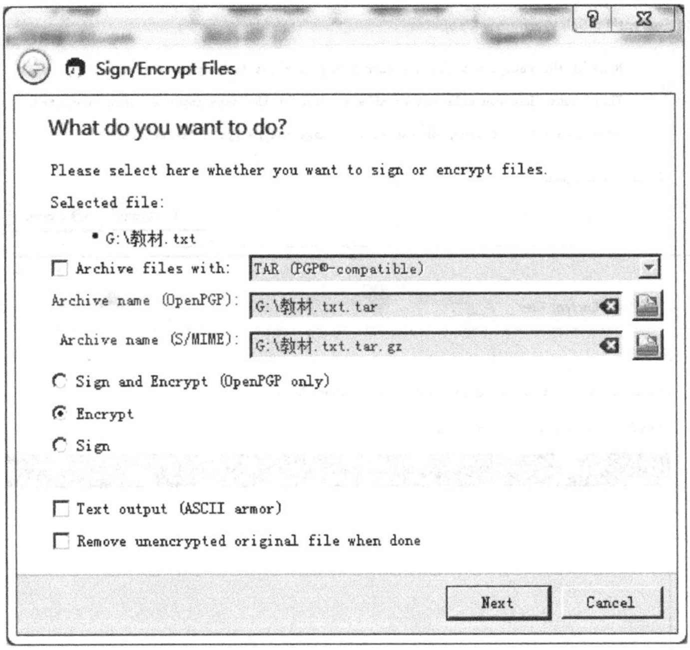

图 2-27 加密向导

从备选公钥列表中，选择将要接收该加密文件的用户的公钥，单击"Add"按钮插入加密公钥列表，然后，单击"Encrypt"（加密）按钮开始加密，如果选择的是其他用户的公钥，那么 Kleopatra 会弹出对话框，提示加密之后将不能解密，单击"Continue"按钮确认，加密完成之后单击"Finish"按钮确认即可，如图 2-29 所示。

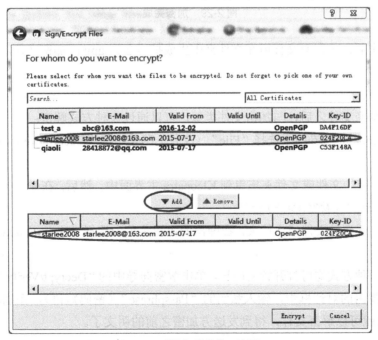

图 2-28 "公钥选择"对话框

图 2-29　加密完成

　　加密结束之后，将在原文件所在文件夹中生成扩展名为.gpg 的加密文件，把该加密文件发给公钥所有者即可。

　　5）解密文件

　　用户收到加密文件之后，与加密文件类似，可以通过 3 种方式解密：

　　（1）在 Kleopatra 主界面中选择"File"（文件）菜单中的"Decrypt/Verify Files"（解密/验证文件）。

　　（2）将要解密的文件或文件夹拖曳到 Kleopatra 主界面中，然后，在弹出的快捷菜单中选择"Decrypt/Verify"（解密/验证）命令。

　　（3）右击要解密的文件或文件夹，在弹出的快捷菜单中选择"Decrypt and verify"（解密和验证）命令。

　　以上任意一种方式均可打开解密向导，单击解密向导中的"Decrypt/Verify"（解密/验证）按钮，然后在弹出的对话框中，输入私钥的"Passphrase"（密码短语），正确输入之后，单击"OK"按钮就可以解密文件，得到发送方加密之前的明文了。

　　6. 其他公开密钥密码简介

　　MD5（Message Digest Algorithm MD5）消息摘要算法，或称哈希算法，主要用于确保信息传输完整一致，是广泛使用的一种杂凑算法。MD5 的前身有 MD2、MD3 和 MD4。其算法过程主要为：用 512 位分组对输入信息进行处理，每一分组又被划分为 16 个 32 位子分组，经过一系列处理之后，输出 4 个 32 位分组，最后将这 4 个 32 位分组级联后，生成一个 128 位的散列值，即为加密结果。MD5 的典型应用就是将一个信息产生信息摘要，以防止被篡改。如果加上第三方认证机构，用 MD5 还可以防抵赖，也就是数字签名。此外，MD5 还广泛应用在操作系统的登录认证、路由器动态更新路由信息时的消息认证等。

2.3　消息认证

2.3.1　消息认证概述

所谓消息认证（Message Authentication）就是验证消息的完整性，当接收方收到发送方的报文时，接收方能够验证收到的报文是否真实和发送者的真伪，从而保证消息的完整性和有效性。从以下两个方面进行验证，即验证消息的发送者是真正的而不是冒充的，即发送者身份鉴别；验证消息在传送过程中是否被篡改、伪造或延迟等。

密码系统侧重数据的安全保密性，而消息认证系统则更强调数据的完整性。消息认证系统主要由发送者、接受者、公共信道、认证信道、认证编码器和认证译码器构成，发送者通过公共信道将消息传送给接收者，首先经过密钥控制或无密钥控制的认证编码进行变换处理，加入认证码，将消息和认证码送入无干扰的公共信道进行传输，如果有密钥控制，就要将密钥通过安全信道送到接收方。接收方收到数据后，通过密钥控制或无密钥控制的认证译码器进行认证，鉴别消息是否被篡改、伪造或延迟等。整个通信过程中，消息是以明文或某种变形方式传输的，不一定要求加密或对第三方保密。攻击者可以从公共信道中截获、分析传输的消息内容，还能伪造消息发给接收者。消息认证系统的一般模型如图 2-30 所示。

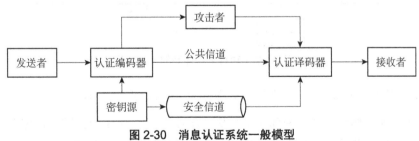

图 2-30　消息认证系统一般模型

消息认证包括消息内容认证（即消息完整性认证）、消息源和宿认证（即身份认证）及消息的序号和操作时间认证等。它在票据防伪中具有重要应用（如税务的金税系统、银行的支付密码器等）。

消息内容认证通常是消息发送者在消息中加入一个鉴别码（MAC、MDC 等），加密后再发送给接收者。接收者用双方事先约定的算法对解密后的消息进行鉴别运算，然后，将计算得到的鉴别码与收到的鉴别码进行比较，若相同，则接收，否则拒绝接收。

消息源和宿认证方式有两种：一种是通信双方事先约定发送消息的加密密钥，接收方只需用该密钥解密收到的消息，以此鉴别发送者。如果双方使用相同密钥，那么只需在消息中嵌入发送者识别符即可；另一种是通信双方使用事先约定好的各自发送消息所使用的特定字符串，发送方发送消息时将此特定字符串加入消息中并加密，接收方只需检验消息中解密出来的特定字符串是否与约定的相同，就可鉴别发送者，而且特定字符串是可更改的。

消息的序号和操作时间认证主要是阻止消息的重放攻击。常用的方法有消息的流水作业、链接认证符随机数认证和时间戳等。

在网络通信过程中，可能面临的攻击方式有篡改、泄密、传输分析、伪装、冒充等。而消息认证是防止主动冒充、篡改的重要技术手段。

2.3.2 认证函数

消息认证通常采用认证函数来产生认证码，认证函数可分成加密函数、散列（Hash）函数和消息认证码（MAC）三大类。加密函数是用整个消息加密后的密文作为认证的认证标志。散列函数是用一个不需要密钥的公开函数，将任意长度的消息映射成一个固定长度的输出值，并以此值作为认证标志。消息认证码是指消息被一个密钥控制的公开函数作用后产生的、用做认证码的、长度固定的数值，也称为密码校验和。

1. 基于消息加密的认证——对称加密体制实现加密和认证

采用对称加密体制，发送方用密钥 K 加密明文，通过公共信道传输给接收方，接收方收到密文后，用密钥 K 解密密文，得到明文。该方式在密钥 K 保密的前提下，可同时实现数据的加密和认证，但是为确保消息的完整性，需要添加额外的差错校验码。由于不提供数字签名，因此，发送方可以否认，接收方也可以伪造。其加密模型如图 2-31 所示。

图 2-31　基于对称加密体制的消息认证

2. 基于消息加密的认证——非对称加密体制实现加密和认证

采用非对称加密体制实现加密和认证，发送方 A 用接收方 B 的公钥进行加密，然后将密文送到公共信道进行传输，接收方 B 收到后用自己的私钥解密，得到明文。该方式基于私钥的保密性，在提供数字签名的同时，实现认证，同样，为确保消息的完整性，也需要添加额外的差错校验码。其加密模型如图 2-32 所示。

图 2-32　基于非对称加密体制的消息认证-1

3. 基于消息加密的认证——非对称加密体制实现加密、认证和签名

采用非对称加密体制实现加密、认证和签名，发送方 A 首先用自己的私钥进行签名，然后用接收方 B 的公钥进行加密，再将签名的密文送到公共信道进行传输，接收方 B 收到密文后，先用 A 的公钥签名，再用自己的私钥解密，得到明文。这种认证方式，由于 A 用自己的私钥签名，而 B 只能用 A 的公钥解密 A 的签名，因此具有认证和签名的功能，而且，一次完整的通信需要执行公钥算法的加密、解密操作各两次。其加密模型如图 2-33 所示。

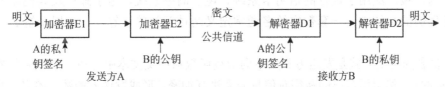

图 2-33　基于非对称加密体制的消息认证-2

4. 基于消息认证码（Message Authentication Codes）的认证

基于消息认证码的认证过程如下：

A 发送消息 m 给 B，A 首先计算 MAC$=C$（K，m），其中 C 是密钥控制 MAC 的函数，K 是共享密钥，A 计算出 MAC 后，将其附加在明文 m 后一起发送给 B；B 收到后，进行与 A 相同的计算，求得 MAC，并与收到的 MAC 做比较，如果一致，则可确定报文未被篡改，而且的确来自于发送方，否则认证不通过（发送方身份无效或消息被篡改）。

MAC 将加密与认证分离，可实现只认证不加密的需求，更适应网络协议的层次结构，可以在传输的不同的层次上分别完成加密和认证。MAC 不影响明文的读取，附在明文后面，既可在需要时灵活认证，也可以延长对消息的保护时间，而不仅仅在传输过程中进行保护。

MAC 认证函数的不足之处在于：其一，不提供数字签名（认证编码密钥和认证译码密钥相同）；其二，不提供消息机密性（MAC 函数无须可逆）。

5. 基于散列函数的认证

散列函数是一种公开的单向密码体制的函数，将任意长度的消息或数据块映射为较短的、固定长度的散列值 H（m），m 是变长的消息，H 是 Hash 函数。由于 Hash 函数具有单向性，因此也称为单向散列函数。Hash 值（消息摘要、散列码），又被称为输入数据的数字指纹。散列函数具有以下性质：

① 输入的消息是变长的。

② 单向性。对任意给定的 m，H（m）计算很容易，但是，对任意给定的 h，很难找到 n 来满足 H（n）$=h$，也即映射操作不可逆。

③ 对任何给定的 Hash 值 h，要获得 m，使得 $h=H$（m）在计算上是不可行的。

④ 散列值长度固定。无论消息多长都可以映射为固定长度的输出。

散列函数在验证数据完整性和数字签名等领域有广泛应用，例如，文件校验和数字签名。这里简单介绍一下文件校验。常见的校验算法有奇偶校验和 CRC（循环冗余）校验，但是，这两种校验算法没有抗篡改能力，只能验证消息中的误码，但是不能防止对消息的恶意破坏。由于 MD5 Hash 算法的"数字指纹"特性，使它成为目前应用最广泛的一种文件完整

性校验和算法，大部分 UNIX 系统中使用 MD5 Hash 算法进行认证，不用存储用户口令，而是存储口令的 Hash 值。

2.3.3　数字签名

加密文件只解决了传送信息的保密问题，而防止他人对传输的文件进行破坏，以及如何确定发信人身份还需要通过其他技术手段，这就是数字签名。数字签名是一种类似于传统的签名方式，它使用公钥加密技术来实现，解决手写签名的签字人否认签字和他人伪造签字等问题，被广泛用于银行的信用卡系统、电子商务系统、电子邮件及其他需要验证、核对信息真伪的系统中。一套数字签名通常定义两种互补的运算，一种用于签名，另一种用于验证。

数字签名的主要方式是发送方利用单向散列函数从明文文本中生成一个 128 位的散列值（或信息摘要），然后用自己的私钥对信息摘要进行加密，形成发送方的数字签名。发送方将该数字签名作为发送报文的附件和加密报文一起通过公共信道传给接收方。接收方收到之后，将收到的密文进行解密得到明文，然后再用单向散列函数从解密出的这个明文中生成信息摘要，再用发送方的公钥对收到的附加数字签名进行解密得到原信息摘要，比较这两个信息摘要，如果相同，接收方就能确认该数字签名是发送方发送的，而且原始报文是完整的，未被破坏。数字签名及其验证过程如图 2-34 所示。

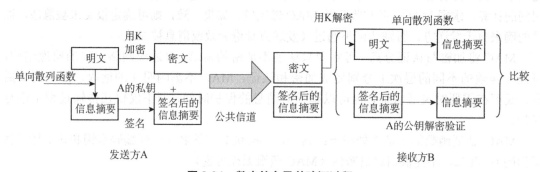

图 2-34　数字签名及其验证过程

数字签名在网络通信过程中具有以下作用：

（1）防抵赖，即发送方对签过名的文件或信息不可否认抵赖。

（2）防假冒，任何其他人不可冒充发送方向接收方发送文件或信息。

（3）防篡改伪造，文件一经签名不可更改，即表示签名者对文件内容合法性的认同、证明和标记，其他人签名无效，以保证签名的真实、可靠。

（4）防重复，签名有时间标记，以保证签名不重复使用。

（5）可验证。对于签名的文件，一旦收发双方出现争执，仲裁者均可有充足的证据准确、有效地进行验证评判。

使用 Kleopatra 进行数字签名，其操作过程类似于文件加密，只需在图 2-27 中选择"Sign"，单击"Next"按钮弹出"签名"对话框。在"OpenPGP Signing Certificate"下拉框中选择签名用的私钥，然后单击"Sign"按钮，签名成功，如图 2-35 所示，接收方收到该签名文件，只需用发送方的公钥解密即可。

图 2-35　"签名"对话框

2.4　密码学新进展

随着移动互联网、云计算、大数据、物联网等新型网络及技术的产生和发展，用户信息化、智能化的普及应用，以及电子交易量的逐年增加，金融、运营商、电商等个人信息汇集行业泄密事件的曝光度增加，保护数据安全已逐渐成为 21 世纪信息技术关注的焦点。数据加密技术作为最基本的安全技术，被誉为信息安全的核心基础，是保护数据传输、存储安全的重要技术之一，也是保证信息完整性、真实性、可控性和不可否认性的关键技术手段。密码学从古代军事上应用最具代表性的凯撒密码，到近代通信中的电报密码弗纳姆密码、一次一密体制，发展到现代密码。至 20 世纪 70 年代中期之前，密码技术主要应用在军事通信和政府部门中，很大程度上制约了其发展。自从 1977 年美国国家标准局颁布了数据加密标准 DES用于非国家保密机关以来，密码学在商业等民用领域得到了广泛应用，同时，正是由于应用需求的急剧增加，极大地促进了现代密码学的蓬勃发展。早期密码技术，主要侧重于防止信息被破解，而随着密码技术在现代电子交易及通信中的广泛应用，防止信息被伪造、篡改、冒充等认证技术得到了长足的发展和应用。随着现代计算机及其他电子通信设备的性能不断升级，密码分析技术和攻击手段的提高，涌现了一些新的密码技术理论和密码算法，概括起来，主要有以下几个。

1. 在线/离线密码学

随着网络应用的飞速发展，公开密钥算法在信息安全体系中的地位日益增加，但是，公开密钥算法的加解密处理速度慢，成为信息安全通信系统中的瓶颈。对现今效率就是效益的经济社会而言，如何改进运算速度，提高效率成为公钥密码学的关键问题之一，而在线/离线密码学就是在这种背景下产生的。在线/离线密码学针对公钥密码体制中加解密运算速度慢的问题，将密码体制分成两个阶段：在线执行阶段和离线执行阶段。在线执行阶段，主要处理低计算量的工作；而离线执行阶段，预先处理耗时较多的计算。

2. 代理密码学

代理密码学包括代理签名和代理密码系统，其关注的重点是授权问题，实现签名授权和解密授权两个功能。1996年，曼波（Mambo）等三位学者首次系统地阐述了代理签名的概念。原始签名人授权代理签名人，使得代理签名人可代理原始签名人生成签名，并具有同等效力。代理签名具有防伪造、可验证、防抵赖、可识别和可区分等安全性。根据代理授权的类型，代理签名分为完全代理签名、部分代理签名和基于证书的代理签名三大类。代理密码系统是1997年由曼波和奥莫托（Okamoto）两位学者提出的，主要是为了减轻解密者的工作量。一个代理密码系统包括原始解密者、代理解密者和信息解密者。

3. 密钥托管系统

密钥托管技术是用于保存用户的私钥备份，使得用户能够在紧急情况下获取解密信息的技术。该技术既可在必要时帮助国家司法或安全等部门获取原始明文信息，也可在用户丢失、损坏自己的密钥的情况下恢复明文。密钥托管系统就是为了满足政府抵制网络犯罪和保护国家安全对用户通信进行监督的需求而产生的。在密钥托管系统中，用户通信的密钥由密钥托管代理来管理，获取合法授权时，托管代理可以将其交给政府的监听机构。但是，托管机构的管理和信任是其关键问题。在密钥托管系统中，建立法律强制访问域 LEAF（Law Enforcement Access Field），也即被通信加密和存储的额外信息块，以保证合法的政府实体或被授权的第三方获得通信的明文消息。密钥托管方式又分为密钥托管标准（EES）、门限密钥托管、部分密钥托管和时间约束下的密钥托管 4 种。

4. 圆锥曲线密码学

圆锥曲线密码学是 1998 年由曹珍富教授首次提出的。圆锥曲线密码学，是基于在圆锥曲线群上容易执行编码和解码操作，其各项计算相比椭圆曲线群上的计算更简单，还可以建立模 n 的圆锥曲线群，构造等价于大整数分解的密码。圆锥曲线群上的离散对数问题在圆锥曲线的阶和椭圆曲线的阶相同的条件下，是一个不比椭圆曲线容易的问题。如今，圆锥曲线密码已成为除椭圆曲线密码以外，业界最感兴趣的密码算法，是密码学中重点研究的内容之一。

5. 多方密钥协商

密钥协商是通信双方或多方在公共信道上通信时，协商建立共享密钥，用以加密通信内容的技术，是密码学中的基本问题。现如今，密钥协商主要包括双方密钥协商、双方非交互式的静态密钥协商、双方一轮密钥协商、双方可验证身份的密钥协商等。Diffie-Hellman 协议是在不安全的公共信道上通过交换消息来建立会话密钥的，其安全性基于 Diffie-Hellman 离散对数问题，由于 Diffie-Hellman 协议不提供用户身份验证，因此，容易遭受中间人的攻击。为保证通信的安全性，设计多方密钥协商协议是密码学研究的重要方向。如今，基于身份的可认证的多方密钥协商、抗阻断攻击的多方密钥协商等各种多方密钥协商方案已被提出。

6. 基于身份的密码学

早在 1984 年 Shamir 就提出了基于身份的密码学，其主要思想是，利用用户的身份信息来产生公钥，如用户的姓名、IP 地址、电话号码、电子邮件、日期时间等，用户的私钥则由可信密钥产生中心（Trusted Key Generation Center）或被称为私钥生成器 PKG（Private Key Generator）的可信任第三方产生。因此，可以节省存放公钥的服务器，减少公钥管理开销，也不需要目录服务管理用户的证书和公钥信息。直到 2001 年，Boneh 等人利用椭圆曲线的双线性对，真正实现 Shamir 提出的基于身份的加密体制。基于身份的加密体制可分为基于身份的加密体制、可鉴别身份的加密和签密体制、签名体制、密钥协商体制、鉴别体制、门限密码体制、层次密码体制等。

7. 可证安全性密码学

可证安全性密码学指的是通过某种方式证明密码算法的有效性，也即证明所有标准密码算法能被一些可证明安全性参数所支持。对于公钥密码算法和数字签名，可以建立相应的安全模型，在安全模型支持下，再定义各种所需的安全特性。而对于模型的安全性，目前可用的最好的证明方法是随机预言模型 ROM（Random Oracle Model）。现如今，可证安全性密码学已被作为密码学领域的一个热点而被广泛研究。

第3章　局域网安全

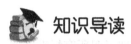

知识导读

保证网络系统稳定正常运行是网络管理员的首要工作。往往很多用户认为网络系统能够正常运行就万事大吉了，其实很多网络故障的发生正是由于平时的忽视所致的。为了能够让网络稳定正常地运行，就需要经常对网络系统进行监测和维护，让网络始终处于最佳工作状态。网络系统监测与性能优化是保证网络安全的基础，本章结合网络攻防中的实际经验操作，图文并茂地再现了局域网安全的理论到实践的过程，系统、科学地介绍了局域网安全技术，由浅入深地介绍和分析了目前网络上流行的局域网安全手段。

职业目标

学习目标：
- 了解系统安全体系
- 了解密码学的应用
- 了解常用安全端口
- 理解系统性能特性

能力目标：
- 掌握配置安全策略
- 掌握用户权限分配
- 掌握安全管理端口

相关知识

3.1　配置本地策略

在 Windows Server 2008 中，允许管理员对本地安全进行设置，从而达到提高系统安全性的目的。Windows Server 2008 对登录到本地计算机的用户都定义了一些安全设置。所谓本地计算机是指用户登录执行 Windows Server 2008 的计算机，在没有活动目录集中管理的情况下，本地管理员必须为计算机进行本地安全设置，例如，限制用户如何设置密码、通过账户策略设置账户安全性、通过锁定账户策略避免他人登录计算机、指派用户权限等。将这些安全设置分组管理，就组成了 Windows Server 2008 的本地安全策略。

系统管理员可以通过本地安全原则，确保执行的 Windows Server 2008 计算机的安全。例如，通过判断账户的密码长度和复杂性是否符合要求，系统管理员可以设置允许哪些用户能够登录本地计算机，以及从网络访问这台计算机的资源，进而控制用户对本地计算机资源和共享资源的访问。

Windows Server 2008 在"管理工具"对话框中提供了"本地安全策略"控制台，可以集中管理本地计算机的安全设置原则。使用管理员账户登录到本地计算机，即可打开"本地安全设置"对话框，如图 3-1 所示。

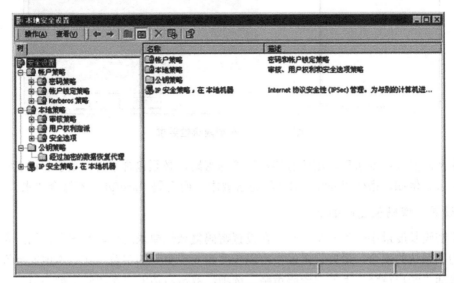

图 3-1　"本地安全设置"对话框

3.2　配置密码策略

用户密码是保证计算机安全的第一道屏障，是计算机安全的基础。如果用户账户特别是管理员账户没有设置密码，或者设置的密码非常简单，那么计算机将很容易被非授权用户登录，进而访问计算机中的资源或更改系统配置。目前互联网上的攻击很多都是因为密码设置过于简单或根本没设置密码造成的，因此应该设置合适的密码和密码设置原则，从而保证系统的安全。

Windows Server 2008 的密码设置原则主要包括以下 4 项：密码复杂性要求：密码长度最小值、密码使用期限和强制密码历史。

1. 启用"密码复杂性要求"

对于工作组环境的 Windows 系统，默认密码没有设置复杂性要求，用户可以使用空密码或简单密码，如"123""abc"等，这样黑客很容易通过一些扫描工具得到系统管理员的密码。对于域环境的 Windows Server 2008，默认启用密码复杂性要求。要使本地计算机启用密码复杂性要求，只要在"本地安全设置"对话框中选择"账户策略"下的"密码策略"选项，双击右窗格中的"密码必须符合复杂性要求"图标，打开其属性对话框，选择"已启用"单选项即可，如图 3-2 所示。

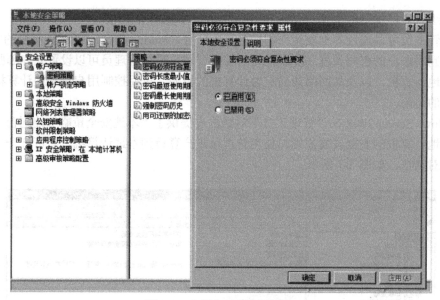

图 3-2　启用密码复杂性要求

启用密码复杂性要求后，则所有用户设置的密码，必须包含字母、数字和标点符号等才能符合要求。例如，密码"ab%&3D80"符合要求，而密码"asdfgh"不符合要求。

2. 设置"密码长度最小值"

默认密码长度最小值为 0 个字符。在设置密码复杂性要求之前，系统允许用户不设置密码。但为了系统的安全，最好设置最小密码长度为 6 或更长的字符。在"本地安全设置"对话框中选择"账户策略"下的"密码策略"选项，双击右边的"密码长度最小值"，在打开的对话框中输入密码最小长度值即可。

3. 设置"密码使用期限"

默认的密码最长有效期为 42 天，用户账户的密码必须在 42 天之后修改，也就是说密码会在 42 天之后过期。默认的密码最短有效期为 0 天，即用户账户的密码可以立即修改。与前面类似可以修改默认密码的最长有效期和最短有效期。

4. 设置"强制密码历史"

默认强制密码历史为 0 个。如果将强制密码历史设为 3 个，即系统会记住最后 3 个用户设置过的密码。当用户修改密码时，如果为最后 3 个密码之一，系统将拒绝用户的要求，这样可以防止用户重复使用相同的字符来组成密码。与前面类似，可以修改强制密码历史的设置。

3.3　配置"账户锁定策略"

Windows Server 2008 在默认情况下，没有对账户锁定进行设置，此时，对黑客的攻击没有任何防范，黑客可以通过自动登录工具和密码猜解字典进行攻击，甚至可以进行暴力模式的攻击。因此，为了保证系统的安全，最好设置账户锁定策略。账户锁定原则包括如下设置：账户锁定阈值、账户锁定时间和复位账户锁定计数器。

账户锁定阈值默认为"0 次无效登录"，可以设置为 5 次或更多的次数以确保系统安全，如图 3-3 所示。

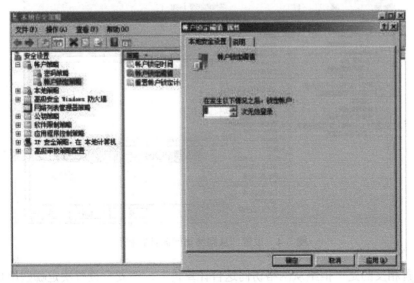

图 3-3 账户锁定阈值设置

如果账户锁定阈值设置为 0 次，则不可以设置账户锁定时间。在修改账户锁定阈值后，如果将账户锁定时间设置为 30 分钟，那么当账户被系统锁定 30 分钟之后会自动解锁。这个值的设置可以延迟它们继续尝试登录系统。如果账户锁定时间设定为 0 分钟，则表示账户将被自动锁定，直到系统管理员解除锁定。

复位账户锁定计数器设置在登录尝试失败计数器被复位为 0（即 0 次失败登录尝试）之前，尝试登录失败之后所需的分钟数，有效范围为 1~99 999 分钟。如果定义了账户锁定阈值，则该复位时间必须小于或等于账户锁定时间。

3.4 配置"本地策略"

3.4.1 配置"用户权限分配"

Windows Server 2008 将计算机管理各项任务设置为默认的权限，例如，从本地登录系统、更改系统时间、从网络连接到该计算机、关闭系统等。系统管理员在新增了用户账户和组账户后，如果需要指派这些账户管理计算机的某项任务，可以将这些账户加入到内置组，但这种方式不够灵活。系统管理员可以单独为用户或组指派权限，这种方式提供了更好的灵活性。

用户权限的分配在"本地安全设置"对话框的"本地策略"下设置。下面举例来说明如何配置用户权限。

1. 设置"从网络访问此计算机"

从网络访问此计算机是指允许哪些用户及组通过网络连接到该计算机，默认为 Administrators、Backup Operators、Everyone 和 Users 组，如图 3-4 所示。由于允许 Everyone 组通过网络连接到此计算机，所以网络中的所有用户，默认都可以访问这台计算机。从安全角度考虑，建议将 Everyone 组删除，这样当网络用户连接到这台计算机时，就需要输入用户名和密码，而不是直接连接访问。

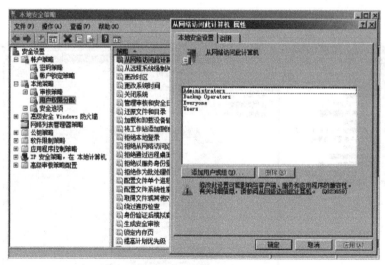

图 3-4 设置"从网络访问此计算机"

与该设置相反的是"拒绝从网络访问这台计算机",该安全设置决定哪些用户被明确禁止通过网络访问计算机。如果某用户同时符合此项设置和"从网络访问此计算机",那么禁止访问优先于允许访问。

2. 设置"允许本地登录"

允许本地登录是指允许哪些用户可以交互式地登录此计算机,默认为 Administrators、Backup Operators、Users,如图 3-5 所示。另一个安全设置是"拒绝本地登录",默认用户或组为空。同样的,如果某用户既属于"允许本地登录"又属于"拒绝本地登录",那么该用户将无法在本地登录计算机。

图 3-5 允许本地登录

3. 设置"关闭系统"

关闭系统是指允许哪些本地登录计算机的用户可以关闭操作系统。默认能够关闭系统的是 Administrators、Backup Operators 和 Users。

　　注意：如果在以上各种属性中单击"说明"选项卡，计算机会显示帮助信息。图 3-6 所示为"关闭系统属性"对话框的"说明"选项卡。

图 3-6　"关闭系统属性"对话框的"说明"选项卡

　　默认 Users 组用户可以从本地登录计算机，但是不在"关闭系统"成员列表中，所以 Users 组用户能从本地登录计算机，但是登录后无法关闭计算机。这样可避免普通权限用户误操作导致关闭计算机而影响关键业务系统的正常运行。例如，属于 Users 组的用户 user1 从本地登录到系统，当用户执行"开始→关机"命令时，只能使用"注销"功能，而不能使用"关机"和"重新启动"等功能，也不可以执行 shutdown.exe 关闭计算机。

　　在"用户权限分配"树中，管理员还可以设置其他各种权限的分配。需要指出的是，这里讲的用户权限是指登录到系统的用户有权在系统上完成某些操作。如果用户没有相应的权限，则执行这些操作的尝试是被禁止的。权限适用于整个系统，它不同于针对对象（如文件、文件夹等）的权限，后者只适用于具体的对象。

3.4.2　配置系统审核

　　系统审核提供了一种在 Windows Server 2008 中跟踪所有事件从而监视系统访问的方法。它是保证系统安全的一个重要工具。系统审核允许跟踪特定的事件，具体地说，系统审核允许跟踪特定事件的成败，例如，可以通过系统审核登录来跟踪谁登录成功和谁（以及何时）登录失败；还可以审核对给定文件夹或文件对象的访问，跟踪是谁在使用这些文件夹和文件，以及对它们进行了什么操作。这些事件都可以记录在安全日志中。

　　虽然可以审核每一个事件，但这样做并不实际，因为如果设置或使用不当，它会使服务器超载。不提倡打开所有的系统审核，也不建议完全关闭系统审核，而是要有选择地审核关键的用户、关键的文件、关键的事件和服务。

　　Windows Server 2008 允许设置的系统审核策略包括如下几项：

　　（1）审核策略更改。跟踪用户权限或审核策略的改变。

（2）审核登录事件。跟踪用户登录、注销任务或本地系统账户的远程登录服务。

（3）审核对象访问。跟踪对象何时被访问及访问的类型。例如，跟踪对文件夹、文件、打印机等的使用。利用对象的属性（如文件夹或文件的"安全"选项卡）可配置对指定事件的审核。

（4）审核过程跟踪。跟踪诸如程序启动、复制、进程退出等事件。

（5）审核目录服务访问。跟踪对 Active Directory 对象的访问。

（6）审核特权使用。跟踪用户何时使用了不应有的权限。

（7）审核系统事件。跟踪重新启动、启动或关机等的系统事件，或影响系统安全或安全日志的事件。

（8）审核账户登录事件。跟踪用户账户的登录和退出。

（9）审核账户管理。跟踪某个用户账户或组是何时建立、修改和删除的，是何时改名、启用或禁止的，其密码是何时设置或修改的。

3.4.3 配置"审核策略"

为了节省系统资源，默认情况下，Windows Server 2008 的独立服务器或成员服务器的本地审核策略并没有打开；而域控制器则打开了策略更改、登录事件、目录服务访问、系统事件、账户登录事件和账户管理的域控制器审核策略。

下面以独立服务器 WIN2008-2 的审核策略的配置过程为例介绍其配置方法。

（1）执行"开始"→"程序"→"管理工具"→"本地安全策略"命令，依次选择"安全设置"→"本地策略"→"审核策略"，打开如图 3-7 所示的对话框。

（2）在图 3-7 所示的对话框的右窗格中，双击某个策略可以显示其设置，例如，双击"审核登录事件"，将打开"审核登录事件属性"对话框。可以审核成功登录事件，也可以审核失败的登录事件以便跟踪非授权用户使用系统的企图。

图 3-7 域控制器安全设置

（3）选择"成功"复选框或"失败"复选框或两者都选，然后单击"确定"按钮，完成配置。这样每次用户的登录或注销事件都能在事件查看器的"安全性"中看到审核的记录。

如果要审核对给定文件夹或文件对象的访问，可通过如下方法设置：

（1）打开"Windows 资源管理器"对话框，右击文件夹（如"C：\Windows"文件夹）或文件，在弹出的快捷菜单中选择"属性"选项，打开其属性对话框。

（2）选择"安全"选项卡，如图 3-8 所示，然后单击"高级"按钮，打开"Windows 的高级安全设置"对话框。

（3）在"Windows 的高级安全设置"对话框中，选择"审核"选项卡显示审核属性，如图 3-9 所示，然后单击"编辑"→"添加"按钮。

图 3-8　Windows 文件夹"安全"选项卡

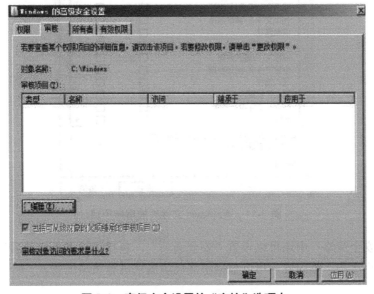

图 3-9　高级安全设置的"审核"选项卡

（4）如图 3-10 所示，选择所要审核的用户、计算机或组，输入要选择的对象名称，如"Administrator"，单击"确定"按钮。

（5）系统打开"Windows 的审核项目"对话框，在"访问"选项区域中列出了被选中对象的可审核的事件，包括"完全控制""遍历文件夹/执行文件""读取属性""写入属性""删除"等事件，如图 3-11 所示。

（6）定义完对象的审核策略后，关闭对象的属性对话框，审核将立即开始生效。

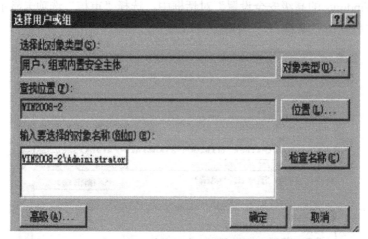

图 3-10　选择用户、计算机或组

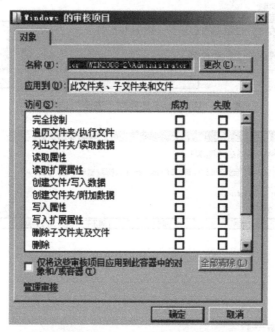

图 3-11　Windows 文件夹的审核项目

在"本地安全策略"中还可以设置"安全选项"，包括"设置关机选项""设置交互登录""设置账户状态"等内容，可以根据不同环境需求进行策略配置。

3.5　监控系统性能

Windows Server 2008 提供了功能非常强大的可靠性和性能监视器组件，它不仅可以实时监视应用程序和硬件性能、自定义在日志中收集的数据、设置警报和自动操作的阈值，还能够生成报告，以及以各种方式查看过去的性能数据。在 Windows Server 2008 的可靠性和性能监视器中整合了以前独立工具的功能，包括性能日志和警报、服务器性能审查程序和系统监视器，主要提供 3 个监视工具：资源视图、性能监视器和可靠性监视器。

在 Windows Server 2008 中依次选择"开始"→"管理工具"→"可靠性和性能监视器"命令可以打开"可靠性和性能监视器"窗口，此时能够实时监视系统 CPU、磁盘、网络和内存资源的使用状况，展开其中某个项目还能够查看更为详细的信息。例如，在如图 3-12 所示的窗口中展开"网络"项，就可以查看网络程序的名称、与远程计算机连接的 IP 地址、接收和发送的字节数等信息。而上部的"网络带宽"窗口显示了当前网络的使用情况，其数值越高则说明网络越繁忙。一般说来，这里显示的数值越小，网络系统也就越为稳定。如果数值都维持在 50%左右，则说明网络带宽已经成为整个局域网性能的一个瓶颈；若是数值达到85%，就说明网络中的数据传输已经接近饱和程度了，此时不要再进行网络传输文件等占用网络通信量的操作，否则会引起网络系统的崩溃。

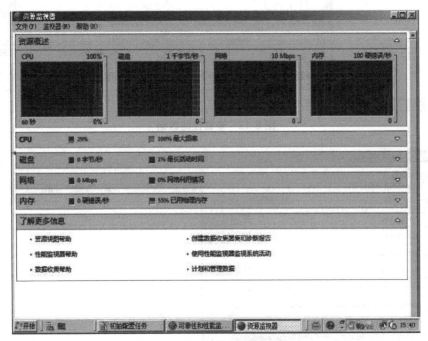

图 3-12　独立的资源监视器窗口

3.5.1　默认性能监视器

在"可靠性和性能监视器"窗口的左侧区域依次展开"监视工具"→"性能监视器"选项，此时可以在右侧区域中使用性能监视器查看具体的性能数据。如图 3-13 所示，性能监视器以实时或查看历史数据的方式显示了内置的 Windows 性能计数器。图中的曲线表示当前系统资源占用的情况，如果曲线值一直大于 60%则说明系统处于满负载状态。

默认情况下，性能监视器只提供针对 CPU 使用率的监测，也可以根据需要来添加其他类型的监测项目。

在"可靠性和性能监视器"窗口的右侧区域右击，在弹出的快捷菜单中选择"添加计数器"命令，打开如图 3-14 所示的"添加计数器"对话框。该对话框提供了多种计数器类型，在此可以根据需要选中某个计数器，接着单击"添加"按钮将其添加到右侧的"添加的计数器"列表中。

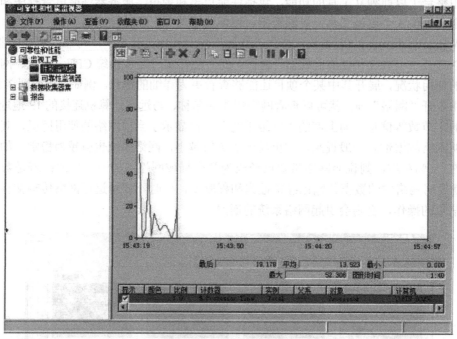

图 3-13　查看性能数据

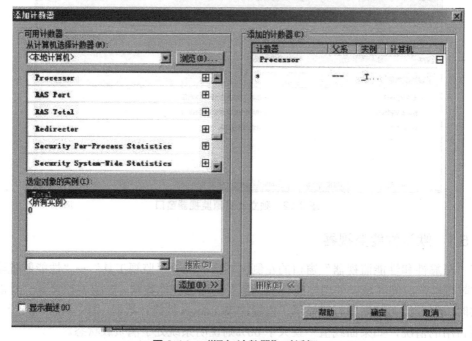

图 3-14　"添加计数器"对话框

可在"性能监视器"中查看新增的计数器的统计信息，如图 3-15 所示的是添加的 Processor 计数器的统计信息。

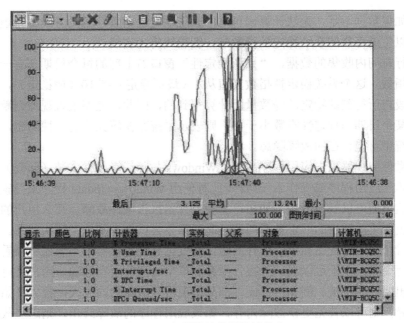

图 3-15　新增的计数器统计信息

3.5.2　可靠性监视器

在"可靠性和性能监视器"窗口的左侧区域依次单击"监视工具"→"可靠性监视器"选项，此时可以在右侧区域中使用可靠性监视器了解系统稳定性的大体情况和趋势分析。如图 3-16 所示，可靠性监视器会显示计算系统稳定性指数，该指数反映意外问题是否降低了系统的可靠性。该监视器在系统安装时就开始收集数据，在此可以了解到软件安装（卸载）、应用程序故障、硬件故障等方面的信息。通过逐个查看对故障系统的更改，可以找到解决问题的方案。

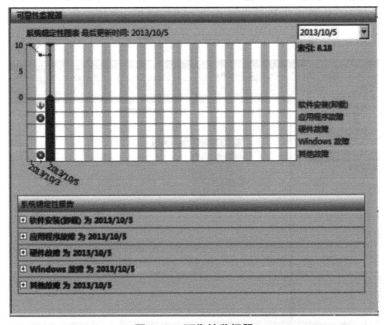

图 3-16　可靠性监视器

提示：如果数据不足，无法计算出可靠的系统稳定性指数，则图表线将为虚线。当已记录的数据可以生成可靠的系统稳定性指数时，图表线将为实线。

系统运行时间内收集的数据，"系统稳定性"窗口右上部的每个日期都有一个显示当天系统稳定性指数，这个系统稳定性指数其值从 1（最不稳定）到 10（最稳定），它是根据滚动的历史时段内所得到的特定故障数量而计算得到的，因此，能够很直观地判断出系统的稳定性。如果某个日期的稳定性指数小于 6，则表示系统存在较大的稳定性隐患，这时就要想办法排查系统中可能存在的故障隐患。

如果可靠性监视器报告应用程序故障、Windows 故障或者软件安装（卸载），可能需要更新发生故障的应用程序或操作系统组件，此时使用 Windows Update 程序来搜索应用程序的更新程序，这可能可以解决问题。如果可靠性监视器报告硬件故障，那么用户的计算机可能出现了软件更新无法解决的严重技术问题，此时需要尝试更换硬件来解决问题。

除了查看个别应用程序和硬件组件问题，通过可靠性监视器的图表还可以看到稳定性是否发生了显著变化。由于可以在一份报告中看到单个日期的所有活动，用户就可以对解决问题的方式做出明智的决策。例如，在硬件部分出现内存故障的同一天，报告开始出现频繁的应用程序故障，则可以首先更换故障内存，如果应用程序的故障终止，则这些故障可能是程序访问内存时产生的问题；如果应用程序故障依然存在，则可以尝试其他方式解决故障。

3.6　数据收集器集

数据收集器集是可靠性和性能监视器中性能监视和报告的功能组件，它将多个数据收集点组织成可用于查看或记录性能的单个组件。数据收集器集可以提供包含性能计数器、事件跟踪数据和系统配置信息等类型的数据收集。创建数据收集器集可以参照下述步骤进行相应的操作。

① 在"可靠性和性能监视器"窗口中依次展开"数据收集器集"→"用户定义"选项，在右侧空白区域右击，从弹出的快捷菜单中选择"新建"→"数据收集器集"命令，如图 3-17 所示。

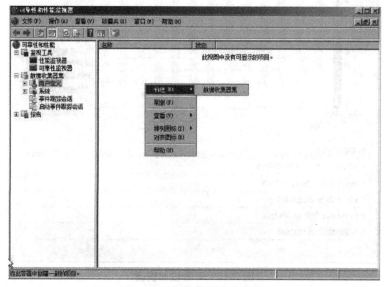

图 3-17　新建数据收集器集

②　在创建新的数据收集器集向导中，先在如图 3-18 所示的界面中输入一个数据收集器集的名称，例如，此处设置为"新的数据收集器集"，并选择"从模板创建"单选按钮。

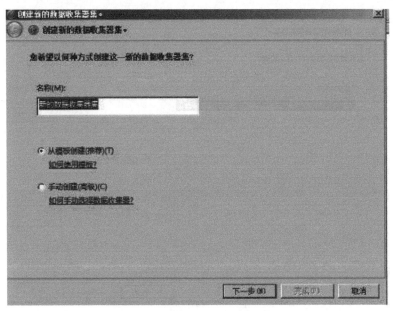

图 3-18　设置新的数据收集器集名称

③　系统提供了 3 种创建收集器集模板，其中"System Diagnostics"模板能够提供最大化性能和简化系统操作的方法；"System Performance"模板可以识别性能问题的可能原因；而"基本"模板只创建基本的数据收集器集，以后可以通过编辑属性来添加或者删除计数器。如在此选择"System Diagnostics"一项继续操作，如图 3-19 所示。

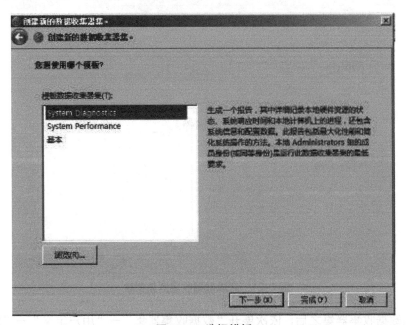

图 3-19　选择模板

④ 单击"下一步"按钮，出现如图 3-20 所示的界面，要求设置数据收集器集的数据存放路径。

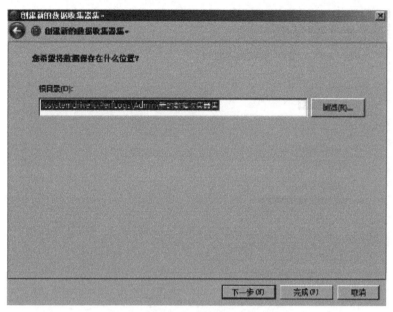

图 3-20　设置数据收集器集的数据存放路径

⑤ 设置数据存放路径后，单击"下一步"按钮，出现如图 3-21 所示界面，选择"保存并关闭"单选按钮，再单击"完成"按钮就完成了数据收集器集的创建操作。

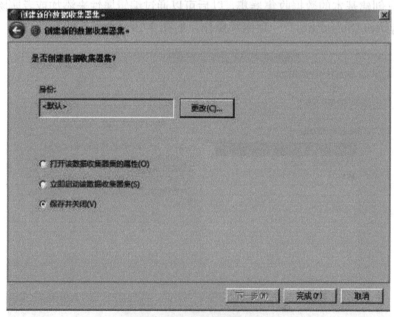

图 3-21　完成数据收集器集创建

⑥ 创建数据收集器集之后，依次展开"数据收集器集"→"用户定义"→"新的数据收集器集"命令即可在右侧区域中查看到该数据收集器集中包含的内容，如图 3-22 所示。

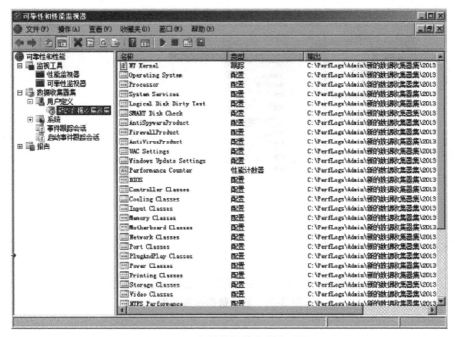

图 3-22　查看数据收集器集项目

⑦ 如果需要调整数据收集器集项目中包含的内容，可以右击，在弹出的快捷菜单中选择"属性"命令，即可在如图 3-23 所示的对话框中选择相应的项目添加到数据收集器集中。

图 3-23　"属性"对话框——添加数据收集器集项目

⑧ 完成上述操作，选择"用户定义"选项，右击刚才新建的数据收集器集，在弹出的快捷菜单中选择"开始"命令，即可让该数据收集器集生效，如图 3-24 所示。

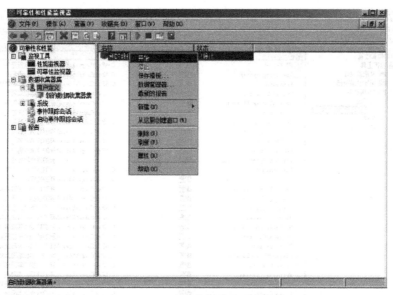

图 3-24　启动数据收集器集

3.7　查看数据报告

　　启用数据收集器集之后系统会针对其中包含的内容进行系统监测，在监测一段时间之后，依次展开"报告"→"用户定义"→"新的数据收集器集"→"监测时间"选项，这时即可在如图 3-25 所示的窗口中查看到相应的报告信息。

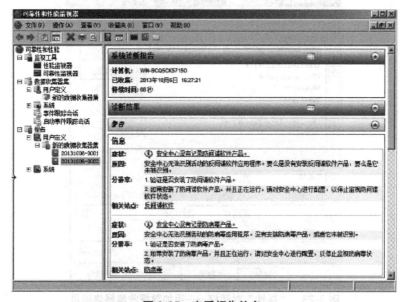

图 3-25　查看报告信息

　　在报告信息中不仅能够查看跟踪的项目，展开每个项目后还能够查看应用程序计数器、CPU、磁盘、配置等方面的详细报告。例如，展开"CPU"项目之后，能够在如图 3-26 所示的窗口中查看到更为详细的 CPU 占用信息，这有助于用户对系统资源使用情况有更深入的了解。

图 3-26　查看详细报告信息

1. 查看应用程序计数器

应用程序计数器主要反映内存占用的情况，对于 Windows Server 2008 系统来说，内存绝对是一个影响系统性能的至关重要的因素，系统内存不足会严重影响本机和网络的性能，严重时还会导致系统崩溃。但是出于不同用户不同需求和最经济化的考虑，并不是每台计算机安装越多的内存越好。那么如何判断自己的计算机需要多大的内存才能够稳定快速地运行程序，哪些运行的程序是内存消耗大户，如何了解有关内存的信息呢？通过性能监视器就可以帮助管理员解决这些问题。

2. 监测CPU

在整个计算机中，CPU 是最为关键的部分，很多人都称之为计算机的"心脏"。那么怎样知道这颗心脏是否胜任当前的工作，还有多少潜力可以挖掘呢？管理员也可以通过性能监视器得到满意的答复。例如，发现 CPU 占用率始终在 80%以上，则表示 CPU 已经成为计算机运行的瓶颈。

3. 监测硬盘

硬盘主要是用于存储计算机各种数据的，它的性能好坏也直接影响着整个系统的性能。在一块硬盘中，除了安装有操作系统，还有大量的应用程序和各类型文件，它们都要进行频繁的读写操作。在局域网系统中，硬盘的性能还会影响其他用户的网络使用，甚至影响网络的稳定性和数据的安全性。而性能监视器可以帮助管理员在充分了解硬盘性能和其他设备之间协调工作的同时为合理配置硬盘资源提供重要的依据。

3.8　配置性能计数器警报

在"可靠性和性能监视器"窗口中还可以设置性能计数器警报，使得当某些程序占用过多系统资源时自动进行预警提示，这样就可以放心地运行各种服务和程序，一旦遇到系统资源不足时会及时得到警告，适当关闭一些不使用的程序，可避免发生系统崩溃。

① 在"可靠性和性能监视器"窗口中依次展开"数据收集器集"→"用户定义"选项，在右部空白区域右击，在弹出的快捷菜单中选择"新建"→"数据收集器集"命令，打开创建新的数据收集器集向导。

② 按照向导操作，在图 3-27 所示的界面中为该数据收集器集设置一个名称，并选择"手动创建"单选按钮，单击"下一步"按钮。

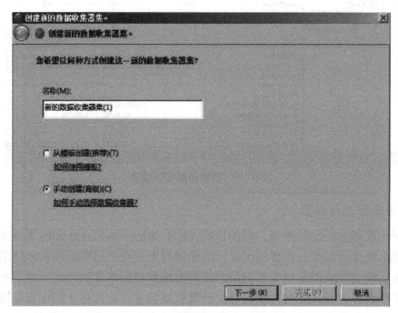

图 3-27　手动创建数据收集器集

③ 在如图 3-28 所示的界面中选择"性能计数器警报"单选按钮，针对计数器设置警报属性，单击"下一步"按钮。

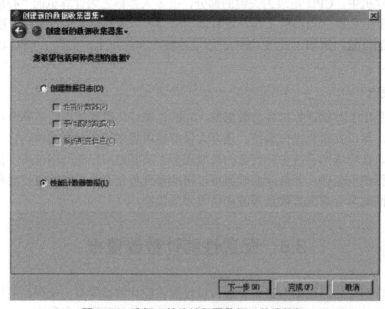

图 3-28　选择"性能计数器警报"单选按钮

④ 如图 3-29 所示，在左侧列表中提供了所有的警报监测属性项目，选中某项目后单击 "添加" 按钮就可将其添加到右侧的 "添加的计数器" 列表中，单击 "确定" 按钮。

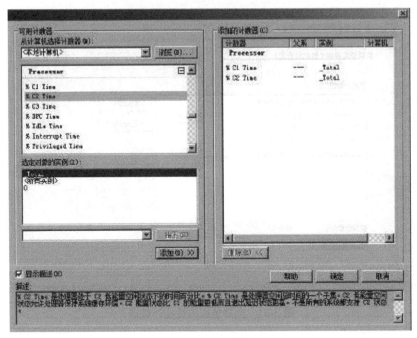

图 3-29　添加计数器项目

⑤ 在如图 3-30 所示的界面中选择监视某个性能计数器，并在下部设置 "警报条件"。例如，在此可以设置 CPU 使用率大于 60%、硬盘读写率大于 60%或者网络带宽占用率大于 60%时进行警告提示。

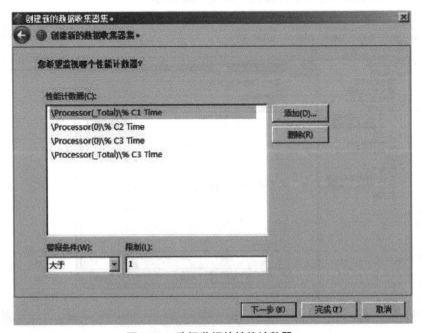

图 3-30　选择监视的性能计数器

⑥ 添加"LogicalDisk[C：]\%Free Space"，在"报警条件"中选择"小于"，并在"限制"中，"限制"触发警报的值为"90"，如图 3-31 所示。单击"下一步"按钮。

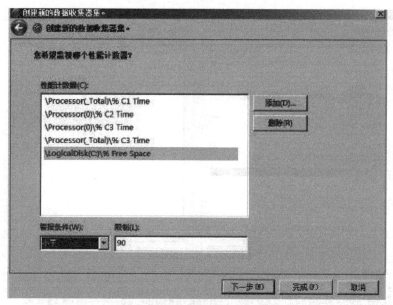

图 3-31　选择监视的性能计数器

⑦ 选择"保存并关闭"单选按钮，并单击下部的"完成"按钮完成创建数据收集器集的操作。

⑧ 这时在"可靠性和性能监视器"窗口中依次展开左侧的"数据收集器集"→"用户定义"选项，即可在右侧查看到刚才新增的数据收集器集。双击该数据收集器集，将打开其"属性"对话框，可以对属性进行相关设置，如图 3-32 所示。

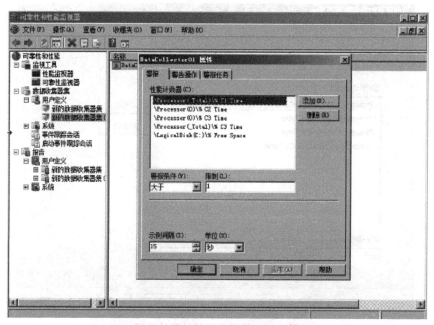

图 3-32　"属性"对话框调整警报参数

⑨ 选择"警告操作"选项卡，勾选"将项记入应用程序事件日志"复选框则可以把该项目以日志方式记录下来，而且在"启动数据收集器集"下拉列表中选择相应的数据收集器集，表明只有选中的数据收集器集才能进行正确的监测，如图 3-33 所示。

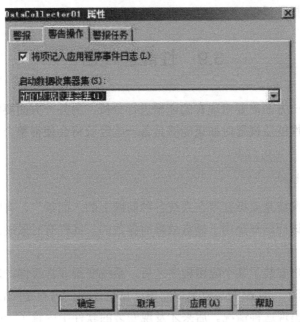

图 3-33　"警告操作"选项卡

⑩ 选择"警报任务"选项卡，可以设定当触发警报时激活的事件。例如，可以运行一个指定的程序，或者设定一个特殊的声音，这样当出现报警时能够引起用户的注意，如图 3-34 所示。

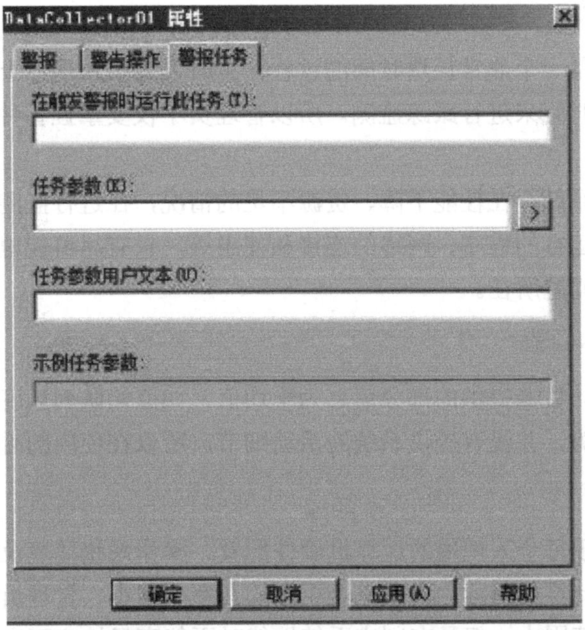

图 3-34　"警报任务"选项卡

完成上述操作，在"可靠性和性能监视器"窗口中依次展开"数据收集器集"→"用户定义"选项，右击新建的数据收集器集，在弹出的快捷菜单中选择"开始"命令。这样系统就会针对设置的项目进行监测，一旦监测器发现有达到设置要求的情况就会给出警报，并且引发相应的事件进行报警提示。

3.9 性能监视器

在分析问题时，一方面需要对现有的证据进行分析，另外一方面要凭借自己的经验进行判断。因此，在使用性能监视器时如果能够具备一些经验将会使得整个分析判断更为轻松准确。

1. 瓶颈的隐蔽性

把握系统整体情况就是要掀开罩在系统各种问题上的"面纱"，有时候表面看起来是内存的问题，但实际上该问题却是由于硬盘故障而导致的，同样有时候硬盘性能的下降也是由于内存不足造成的。

例如，曾经有用户安装了某个应用程序之后，系统变得非常缓慢，通过性能监测器的监测结果发现 CPU 占有率一直在 75%以上，而该计算机使用的内存是酷睿双核 CPU、2GB 内存，按道理说不应该出现这种情况。后来才发现安装的软件中内置了一些服务功能，在软件安装好之后就自动开启了这些服务，所以才使得 CPU 占有率一直居高不下，而且造成了整个系统的速度下降。

对于这种情况，就不能仅仅从性能监视器的监测结果一个方面来进行判断，否则无法准确地找出系统的瓶颈所在。只有从全局出发考虑，才能发现问题的最终根源。

2. 瓶颈监测时机

对系统进行监测是一个非常耗费时间的过程，有时候为了发现一个小小的问题就要花费数小时甚至是几天的时间来进行跟踪监测。所以管理员不仅要掌握各种监测的方法，同时还要有很大的耐心。

另外，如果发现系统存在性能下降、资源不足的情况，在进行监测的时候应尽量模拟出相同的环境。如当时运行的程序、网络的连接和使用等，只有尽可能地模拟出相同的操作环境，才能最快地发现问题所在。

3. 平均值与总体性能

在性能监视器中计数器提供的部分信息为平均值，如原始队列长度等。这些参数都只反映一个总体性能的趋势，并没有提供系统的活动细节，所以在使用的时候要注意分析。

4. 系统的差异

在局域网中，由于每个人使用的计算机硬件配置、操作系统环境及安装的各种软件都不一样，所以任何两台计算机的行为方式完全相同的几率非常小。管理员可以预测到某些系统可能运行在某个参数范围内，但是在判定系统性能时不能盲目地妄下定论。

3.10　性能监视器优化性能

3.10.1　性能优化步骤

1. 分析性能数据

分析性能数据是指在系统执行各种操作时检查报告的计数器值，从而确定哪些进程是最活跃的，以及哪些程序或线程（如果有的话）独占资源。使用此类性能数据分析，可以了解系统响应工作负载需求的方式。

作为此分析的结果，用户可能发现系统执行情况有时令人满意，有时并不令人满意。根据这些偏差的原因和差异程度，可以选择采取纠正操作或接受这些偏差，将调整或更新资源延迟到稍后进行。

系统处理典型的负载并运行所有必要的服务时认为可以接受的系统性能级别称为性能基准。这种基准是管理员根据工作环境确定的一种主观标准。性能基准可以与计数器值的范围对应，包括一些暂时无法接受的值，但是通常表示在管理员特定的条件下可能的最佳性能。性能基准是用来设置用户性能标准的度量标准，可以包含在使用的任何服务协议中。

2. 决定计数器的可接受值

通常，决定性能是否可以接受是一种主观判断，随用户环境的变化而明显地发生变化。表 3-1 提供了特定计数器的建议阈值，可以帮助用户根据系统报告的值判断系统是否出现了问题。如果"系统监视器"连续报告这些值，可能的原因是系统存在瓶颈，应当采取措施来调整或升级受影响的资源。与即时计数器值的平均值相比，较长一段时间内使用比例的计数器是一种可以提供更多信息的衡量标准。例如，在性能数据衡量标准中，在比较短的一段时间内超出正常工作条件的两个数据点可能会使平均值偏离真实值，它并没有正确反映这段数据收集期间内的总体工作性能。

3. 调整系统资源以优化性能

结合表 3-1 给出的计数器的建议阈值，用户可以根据实际情况适当调整系统资源以优化系统性能。

表 3-1　计数器的建议阈值

资源	对象/计数器	建议阈值	注释
磁盘	Physical Disk\% Free Space Logical Disk\% Free Space	15%	
磁盘	Physical Disk\% Disk Time Logical Disk\% Disk Time	90%	检查磁盘的指定传输速度，以验证此速度没有超出规格
磁盘	Physical Disk\Disk Reads/sec、Physical Disk\Disk Writes/sec	取决于制造商的规格	
磁盘	Physical Disk\Current Disk Queue Length	主轴数加 2	这是即时计数器；对于时间段内的平均值，请使用 Physical Disk\ Avg.Disk Queue Length
内存	Memory\Available Bytes	大于 4 MB	考察内存使用情况并在需要时添加内存
内存	Memory\Pages/sec		用于注意进入具有页面文件的磁盘的 I/O 数量

（续表）

资源	对象/计数器	建议阈值	注释
页面文件	Paging File\% Usage	70%以上	将该值与 Available Bytes 和 Pages/sec 一起复查，了解计算机的页交换活动
处理器	Processor\% Processor Time	85%	查找占用处理器时间高百分比的进程，升级到更快的处理器或安装其他处理器
处理器	Processor\Interrupts/sec	取决于处理器；每秒 1 000 次中断是好的起点	此计数器的值明显增加，而系统活动没有相应的增加则表明存在硬件问题。确定引起中断的网络适配器、磁盘或其他硬件
服务器	Server\Bytes Total/sec		如果所有服务器的 Bytes Total/sec 和与网络的最大传输速度几乎相等，则可能需要将网络分段
服务器	Server\Pool Paged Peak	物理 RAM 的数量	此值是最大页面文件大小和物理内存数量的指示器
服务器	Server Work Queues\Queue Length	4	这是即时计数器；应该观察其在多个间隔上的值。如果达到此阈值，则可能存在处理器瓶颈
多个处理器	System\Processor Queue Length	2	这是即时计数器；观察其在多个间隔上的值

3.10.2 优化系统资源

1. 优化内存

在 4 个主要的性能瓶颈之中，内存通常是引起系统性能下降的首要资源。这是因为 Windows Server 2008 倾向于消耗内存。不过，增大内存是提高系统性能的最容易和最经济的方法。与内存相关的重要计数器有很多，应该一直被监视的两个计数器是 Page Faults/sec 和 Pages/sec，它们用来表明系统是否被配置了合适数量的 RAM。

Page Faults/sec 计数器包括硬件错误（要求磁盘访问的错误）和软件错误（在内存的其他地方发现损坏的页面的地方）。多数系统可处理大量的软件错误而不影响性能。然而，由于受到硬盘访问时间的限制，硬件错误可引起显著的延迟。即使是市场上可见的最快的驱动器，其查找率和传输率与内存速度相比也是低的。

Pages/sec 计数器反映了从磁盘读或写到磁盘的页面数量，以解决硬页面错误。当进程需要不在工作集中或内存中的代码或数据时，就会发生硬页面错误。该代码和数据必须被找到并从磁盘中找回。内存计数器是系统失效（过多依靠虚拟内存的硬盘驱动器）和页面过多的指示器。Microsoft 表示，如果 Pages/sec 的值一直大于 5，那么系统的内存很可能不足。如果该值一直大于 20，那么可以确定这是因为内存不足而造成的性能降低。

2. 优化处理器

当系统性能显著降低时，处理器是首先应分析的资源。出于优化性能的目的，在处理器对象中有两个重要的计数器要监视：%Processor Time 和 Interrupts/sec。%Processor Time 计数器表明整个处理器的利用率。如果系统上有不止一个处理器，那么每一个的实例与总（综合的）值计数器一起被包括在内。如果%Processor Time 计数器显示处理器的使用率长时间保持在 50%或更多，那么就应该考虑升级了。当平均处理器时间一直超过 65%的使用率时，可能出现用户不能容忍的性能下降。

Interrupts/sec 计数器也是一个处理器可利用的很好的指示器。它表明处理器每秒能处理的设备中断的数量。设备中断可能是由硬件造成的也可能是由软件造成的。提高性能的方法包括将一些服务卸载到另一个不常使用的服务器上、添加另一个处理器、升级现有的处理器、群集和将负荷分发到整个新机器。

3. 优化磁盘子系统

由于硬件性能的提升，磁盘子系统性能对象的作用变得越来越容易被忽视。为性能优化而监视的磁盘性能计数器是%Disk Time 和 Avg.Disk Queue Length。

%Disk Time 计数器可以监视选择的物理或逻辑驱动器满足读写要求所花费的时间量。Avg.Disk Queue Length 表明物理或逻辑驱动器上未完成的要求（已要求但未满足）的数量。该值是一个瞬间测量值而不是一个指定时间间隔上的平均值，但它精确地代表了驱动器所经历的延迟的数量。驱动器所经历的要求延迟可以通过从 Avg.Disk Queue Length 测量值中减去磁盘上的主轴数量来计算。如果延迟值经常大于 2，那么表示该磁盘性能下降了。

4. 优化网络

因为组件很多，所以网络子系统是需要监视的最复杂的子系统之一。协议、网卡、网络应用程序和物理拓扑都在网络中起着重要的作用。另外，工作环境中可能要实现多个协议栈。因此，监视的网络性能计数器应根据系统的配置而变化。

从监视网络子系统组件中获得的重要信息是网络行为和吞吐量的数量。当监视网络子系统组件时，应该使用除“性能”管理单元以外的其他网络监视工具。例如，可考虑使用“网络监视器”（内置或 SMS 版本）之类的监视工具，或如 MOM 的系统管理应用程序。使用这些工具会拓宽监视器的监视范围，并可精确地表明网络基础结构中所发生的事情。

在 TCP/IP 被安装后，其计数器被添加到系统中并包括 Internet Protocol 版本 6（IPv6）的计数器。许多与 TCP/IP 相关的对象内都有需要进行监视的重要计数器。其中两个用于 TCP/IP 监视的重要计数器与 NIC 对象相关。它们是 Bytes Total/sec 和 Output Queue Length 计数器。Bytes Total/sec 计数器表明服务器的 TCP/IP 通信量入站和出站的总数量。Output Queue Length 表明在 NIC 上是否存在拥挤和争用问题。如果 Output Queue Length 值一直大于 2，那么应检查 Bytes Total/sec 计数器是否存在异常的高值。两个计数器皆为高值表明在该网络子系统中存在瓶颈，应该升级服务器的网络组件。

在分析异常计数器值或网络性能下降的原因时，还有许多其他需要监视和考虑的计数器。服务器性能的下降有时并不是由单个因素造成的。例如，如果磁盘访问量的增加是由内存不足引起的，那么这时应该优化的系统资源是内存而不是磁盘。

3.10.3 优化网络速度

虽然可靠性和性能监视器是两个不同类型的程序，但是在实际使用时如果将两者有机地结合在一起，综合使用这两个程序能起到事半功倍的效果。

1. 网络速度与内存

当管理员怀疑网络速度变慢是由于内存不足引起时，首先应创建数据收集器集，添加“Available Bytes”（可用字节数）一项，接着正常使用网络资源，并且对内存使用状况进行监测。如果在网络性能急剧下降时发现内存占有率剧增，则说明内存不足是网络性能的瓶颈所在，此时应该适当增加物理内存来提升网络速度。

2. 网络速度与CPU

在局域网中，服务器端的 CPU 资源是非常宝贵的，如果遇到多用户同时登录到服务器运行程序的情况，将会对整个网络系统的性能造成严重的影响。此时可以采用上述方法同时运行网络监视器和性能监视器，并且在性能监视器中添加"%Processor Time"（处理器时间）一项进行监测。如果发现在网络速度下降的同时性能监视器也提示处理器时间一直在 80%以上，这就说明 CPU 的运行速度已经阻碍了网络性能的发挥，所以此时升级 CPU 或者再安装另外的 CPU 对于网络性能提升有很大的好处。

3. 网络速度与磁盘

由于办公室局域网中的重要数据一般都存放在服务器端，所以对服务器端的硬盘提出了很高的要求。这些要求不仅包括硬盘要有很大的空间，而且包括转速、寻道时间等方面的要求。但是当局域网网络扩展到一定程度时，硬盘有可能不适应网络的要求，从而成为网络性能的瓶颈所在，此时也可以通过网络监视器和性能监视器联合判断。先同时运行这两个监视器，然后在性能监视器中添加"%Disk Time"（磁盘时间）作为监测对象，如果在网络性能下降的同时也发现磁盘时间一直在 75%以上，则说明硬盘的性能无法满足当前网络的要求，造成用户排队等待的情况，引起网络速度下降。此时就可以考虑增加或者更换大容量和高速度的硬盘来优化网络。

3.11 安全管理端口

端口是计算机和外部网络相连的逻辑接口，也是计算机的第一道屏障。端口配置正确与否直接影响到主机的安全，一般来说，只打开需要使用的端口会比较安全。

在网络技术中，端口大致有两种含义：一是物理意义上的端口，比如 ADSL Modem 集线器、交换机、路由器，用于连接其他网络设备的接口，如 RJ-45 端口、SC 端口等；二是逻辑意义上的端口，一般是指 TCP/IP 协议中的端口，端口号的范围为 0~65535，比如用于浏览网页服务的 80 端口，用于 FTP 服务的 21 端口等。

逻辑意义上的端口有多种分类标准，下面介绍两种常见的分类。

3.11.1 端口分类

1. 按端口号分类

（1）知名端口。知名端口（Well Known Ports）是众所周知的端口，也称为"常用端口"，其端口号范围为 0~1023，这些端口号一般固定分配给一些服务。比如 80 端口分配给 HTTP 服务，21 端口分配给 FTP 服务，25 端口分配给 SMTP（简单邮件传输协议）服务等。这类端口通常不会被木马之类的黑客程序所利用。

（2）动态端口。动态端口（Dynamic Ports）的端口号范围为 1024~65535，这些端口号一般不固定分配给某个服务，也就是说许多服务都可以使用这些端口。只要运行的程序向系统提出访问网络的申请，那么系统就可以从这些端口号中分配一个供该程序使用。比如 1024 端口就是分配给第一个向系统发出申请的程序的。在关闭程序进程后，就会释放所占用的端口号。

这样，动态端口也常常被病毒木马程序所利用，如"冰河"默认的连接端口是 7626，"WAY

2.4"默认的是 8011，"Netspy 3.0"默认的是 7306，"YAI 病毒"默认的是 1024 等。

2.　按协议类型分类

按协议类型划分，可以分为 TCP、UDP、IP 和 ICMP（Internet 控制消息协议）等端口。下面主要介绍 TCP 和 UDP 端口。

（1）TCP 端口。TCP 端口，即传输控制协议端口，利用该端口可以在客户端和服务器之间建立连接，从而可以提供可靠的数据传输服务。常见的有 FTP 服务的 21 端口、Telnet 服务的 23 端口、SMTP 服务的 25 端口及 HTTP 服务的 80 端口等。

（2）UDP 端口。UDP 端口，即用户数据报协议端口，它无须在客户端和服务器之间建立连接，从而其安全性得不到保障。常见的端口有 DNS 服务的 53 端口、SNMP（简单网络管理协议）服务的 161 端口、QQ 使用的 8000 和 4000 端口等。

3.11.2　查看端口

在局域网的使用中，经常会发现系统开放了一些莫名其妙的端口，给系统的安全带来隐患。Windows 提供的 netstat 命令，能够查看当前端口的使用情况。具体操作步骤如下。

单击"开始"→"所有程序"→"附件"→"命令提示符"命令，在打开的对话框中输入"netstat-na"命令并按回车键，就会显示本机连接的情况和打开的端口，如图 3-35 所示。

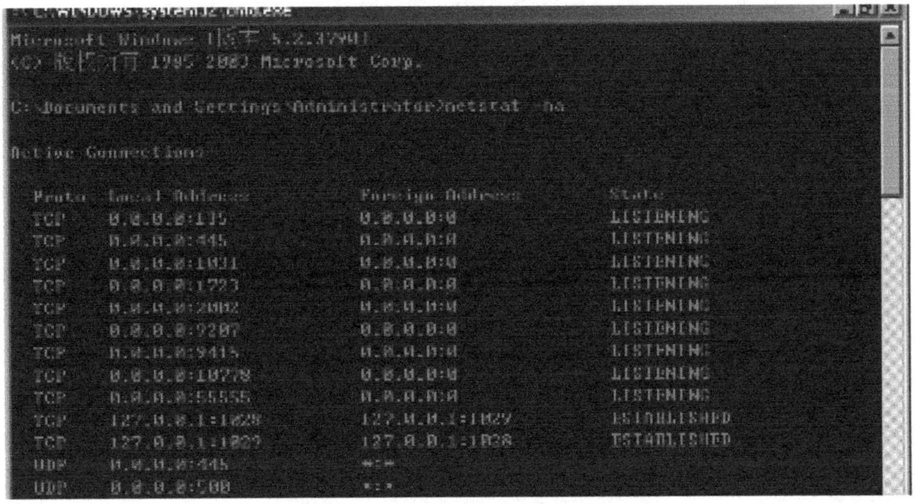

图 3-35　本机连接的情况和打开的端口

其显示了以下统计信息。

（1）Proto：协议的名称（TCP 或 UDP）。

（2）Local Address：本地计算机的 IP 地址和正在使用的端口号。如果不指定-n 参数，就显示与 IP 地址和端口名称相对应的本地计算机名称。如果端口尚未建立，则端口以星号（*）显示。

（3）Foreign Address：连接该接口的远程计算机的 IP 地址和端口号，如果不指定-n 参数，就显示与 IP 地址和端口相对应的名称。如果端口尚未建立，则端口以星号（*）显示。

（4）State：表明 TCP 连接的状态。

如果输入的是"netstat –nab"命令，还将显示每个连接是由哪些进程创建的和该进程一共调用了哪些组件来完成创建工作。

除了用"netstat"命令查看，还有很多端口监视软件也可以查看本机打开了哪些端口，如端口查看器、TCPView、Fport 等。

第4章 网络协议安全

 知识导读

随着网络技术的普及，网络的安全性显得更加重要。这是因为怀有恶意的攻击者可能窃取、篡改网络上传输的信息，通过网络非法入侵获取存储在远程主机上的机密信息，或者构造大量的数据报文占用网络资源，阻止其他合法用户正常使用等。然而，网络作为开放的信息系统必然存在诸多潜在的安全隐患，因此，网络安全技术作为一个独特的领域越来越受到人们的关注。一旦网络系统安全受到严重威胁，不仅会对个人、企业造成不可避免的损失，严重时将会给企业、社会乃至整个国家带来巨大的经济损失。因此，提高对网络安全重要性的认识，增强防范意识，强化防范措施，不仅是各个企业组织要重视的问题，也是保证信息产业持续稳定发展的重要保证和前提条件。

 职业目标

学习目标：

- 了解相关网络安全技术
- 了解 TCP/IP 协议安全
- 了解 ARP 协议安全
- 了解 IP 协议安全

能力目标：

- 掌握常见的网络攻击
- 掌握用户认证、授权
- 掌握 VPN 虚拟网技术

 相关知识

4.1 网络安全关注的范围

网络安全是网络必须面对的一个实际问题，同时网络安全技术又是一个综合性的技术。因此，网络安全领域关注的范围如下：

（1）保护网络物理线路不会轻易遭受攻击。物理安全策略的目的是保护计算机系统、网络服务器、打印机等硬件实体和链路免受自然灾害、人为破坏和搭线攻击，确保计算机系统有一个良好的电磁兼容工作环境；建立完备的安全管理制度，防止非法进入计算机控制室和各种偷窃、破坏活动的发生。

（2）有效识别合法的和非合法的用户。验证用户的身份和使用权限，防止用户越权操作。

（3）实现有效的访问控制。访问控制策略是网络安全防范和保护的主要策略，其目的是保证网络资源不被非法使用和非法访问。访问控制策略包括入网访问控制策略、操作权限控制策略、目录安全控制策略、属性安全控制策略、网络服务器安全控制策略、网络监控、锁定控制策略和防火墙控制策略等方面的内容。

（4）保证内部网络的隐蔽性。通过 NAT 或 ASPF 技术保护网络的隐蔽性。

（5）有效的防伪手段，重要的数据要重点保护，应采用 IPSec 技术对传输数据进行加密。

（6）对网络设备、网络拓扑的安全管理。部署网管软件对全网设备进行监控。

（7）病毒防范。加强对网络中病毒的实时防御。

（8）提高安全防范意识。制定信息安全管理制度，赏罚分明，提高全员安全防范意识。

4.2 计算机网络安全概述

4.2.1 TCP/IP 协议安全隐患

1. IP欺骗

为了获得访问权，入侵者生成一个带有伪造源地址的报文。对于使用基于 IP 地址验证的应用来说，此攻击方法可以导致未被授权的用户可以访问目的系统，甚至以 root 权限来访问。即使响应报文不能达到攻击者，同样也会造成对被攻击对象的破坏。这就造成 IP Spoofing 攻击。

2. SYN Flood攻击

由于资源的限制，TCP/IP 栈的实现只能允许有限个 TCP 连接。而 SYN Flood 攻击正是利用这一点，它伪造一个 SYN 报文，其源地址是一个伪造的或者不存在的地址，向服务器发起连接，服务器在收到报文后用 SYN-ACK 应答，而此应答发出去后，不会收到 ACK 报文，造成一个半连接事件。如果攻击者发送大量这样的报文，会在被攻击主机上出现大量的半连接事件，消耗其资源，使正常的用户无法访问，直到半连接事件超时。在一些创建连接不受限制的系统中，SYN Flood 攻击将会消耗掉系统的内存等资源，使其不能响应合法的请求。

TCP/IP 协议安全隐患如下所示：

- 缺乏数据源验证机制。
- 缺乏完整性验证机制。
- 缺乏机密性验证机制。

TCP/IP 协议族栈所面临的常见安全风险有：

- 数据链路层。MAC 欺骗、MAC 泛洪、ARP 欺骗、STP 重定向等。
- 网络层。IP 欺骗、报文分片、ICMP 攻击及路由攻击等。
- 传输层。SYN Flood 攻击等。
- 应用层。缓冲区溢出、漏洞、病毒及木马等。

TCP 欺骗大多数发生在 TCP 连接建立的过程中，它利用主机之间某种网络服务的信任关系建立虚假的 TCP 连接，可能模拟受害者从服务器端获取信息，例如 IP 欺骗中的例子。

例如：主机 A 信任主机 B（如，可以 Rlogin），攻击主机 C 是攻击者，想模拟主机 B 和主机 A 之间建立连接。

（1）攻击主机 C 先破坏掉主机 B，例如 Floogin，Redirect，Crashing 等使主机 B 不能和主机 A 进行应答。

（2）攻击主机 C 给主机 A 发送 TCP 报文，用主机 B 的地址作为源地址，用 0 作为序列码。

（3）主机 A 收到报文后发送 TCP SYN/ACK 给主机 B，并携带序列码 S。

（4）攻击主机 C 收不到该序列码，但为了完成握手必须用 S+1 作为序列码进行应答。

（5）攻击主机 C 监听发给主机 B 的 SYN/ACK 报文，根据得到的值进行计算。

（6）攻击主机 C 根据操作系统的特性等，猜测获取的序列码，攻击主机 C 通过计算获取的序列码冒充主机 B 回应主机 A，此时握手完成，虚假连接建立，如图 4-1 所示。

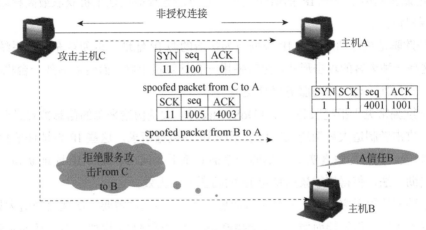

图 4-1　虚假连接建立

4.2.2　ARP 协议安全隐患

ARP 实现机制只考虑业务的正常交互，对非正常业务交互或恶意行为不做任何验证。比如当主机收到 ARP 响应包后，它并不会去验证自己是否发送过这个 ARP 请求，而是直接将应答包里的 MAC 地址与 IP 地址对应的关系替换掉原有的 ARP 缓存表。

1. ARP欺骗攻击

ARP 欺骗攻击是攻击者以假冒的 ARP 报文发往网关，这种假冒的 ARP 报文，往往是一种 IP 地址和 MAC 地址不对应的 ARP 报文，其会令网关生成一个错误的 ARP 表项，导致后续的报文在查找 ARP 表项时，获取到错误的目的 MAC 地址。这样后续所有的报文或者无法发送，或者发送到一个不可预知的地址，导致业务中断或者信息外流。

2. ARP Flood攻击

ARP Flood 攻击指攻击者往网关处发送大量的 ARP 报文，消耗了网关的性能，从而影响其处理正常业务的能力，主要有 ARP 扫描攻击和 ARP 拒绝服务攻击两种。

（1）ARP 扫描攻击：攻击者利用工具扫描本网段或者跨网段主机时，统一安全网关在发送回应报文前，会查找 ARP 表项，如果目的 IP 地址的 MAC 地址不存在，那么必然会导致统一安全网关的 ARP 模块向上层软件发送 ARP Miss 消息，要求上层软件发送 ARP 请求报文以获得目的端的 MAC 地址。大量的扫描报文会产生大量的 ARP Miss 消息，导致统一安全网关的资源浪费在处理 ARP Miss 消息上，影响安全网关对其他业务的处理，形成扫描攻击。

说明：ARP 欺骗不仅仅可以通过 ARP 请求来实现，通过 ARP 响应也可以实现。

（2）ARP 拒绝服务攻击：某些 Microsoft Windows 版本的网络协议栈存在潜在的拒绝服务攻击漏洞，当向运行 Windows 的主机发送大量无关的 ARP 数据包时，会导致系统耗尽所有的 CPU 和内存资源而停止响应，如果我们向广播地址发送 ARP 请求时，可能会导致整个局域网停止响应。

4.2.3 IP 协议安全隐患

IP 地址欺骗利用了基于 IP 的信任关系，它可能导致被信任主机获取最高权限对目标主机进行非授权访问。

IP 地址欺骗是指行动产生的 IP 数据包为伪造的源 IP 地址，以便冒充其他系统或发件人的身份。这是一种黑客的攻击形式，黑客使用一台计算机上网，而借用另外一台机器的 IP 地址，从而冒充另外一台机器与服务器打交道。

IP 地址欺骗常见于拒绝服务攻击（DoS Attack），大量伪造来源的信息被发送到目标计算机或系统。攻击者制造大量伪造成来自于不同 IP 的数据请求，这些 IP 地址任选自服务器可以提供的 IP 段，同时隐藏真实 IP，如同一个面具杀手。现在一般将 IP 地址欺骗作为其他攻击方法的辅助方法，使得依靠禁用特定 IP 的防御方法失效。

有时这种方法用于突破网络安全防御而侵入系统，不过这需要一次性地制造大量数据包，因此这种侵入手段显得笨拙而费劲。安全措施不完备的网络内，比如互相信任的企业局域网，是这种攻击的高发地。

1. 防御方法

网关过滤源地址在内网的外网数据包或者源地址在外网的内网数据包，前者可能攻击内网计算机，后者则可能攻击外网计算机。也有人提议修改网络协议，不依赖 IP 认证，使 IP 地址欺骗失效。有些高层协议拥有独特的防御方法，比如 TCP（传输控制协议）通过回复序列号来保证数据包是来自于已建立的连接。由于攻击者通常收不到回复信息，因此无从得知序列号。不过有些旧机器和旧系统的 TCP 序列号可以被探得。

2. IP 欺骗攻击过程解析

IP 欺骗攻击由若干步骤组成，下面介绍它的详细步骤。

（1）使被信任主机失去工作能力：为了伪装成被信任主机而不露陷，攻击者需要使被信任主机完全失去工作能力。由于攻击者将要代替真正的被信任主机，他必须确保真正的被信任主机不能收到任何有效的网络数据，否则将会被揭穿。有许多方法可以达到这个目的，如 SYN 洪水攻击、TTN、Land 等攻击。现假设你已经使用某种方法使得被信任的主机完全失去了工作能力。

（2）序列号取样和猜测：主要针对 TCP 应用（UDP 不涉及），对目标主机进行攻击，必须知道目标主机的数据包序列号。

总结一下 IP 欺骗攻击的整个步骤如图 4-2 所示。首先使被信任主机的网络暂时瘫痪，以免对攻击造成干扰。然后连接到目标机的某个端口来猜测 ISN 基值和增加规律。接下来把源地址伪装成被信任主机，发送带有 SYN 标志的数据段请求连接。然后等待目标机发送 SYN+ACK 包给已经瘫痪的主机。最后再次伪装成被信任主机向目标机发送 ACK，此时发送的数据段带有预测的目标机的 ISN+1。连接建立，发送命令请求。

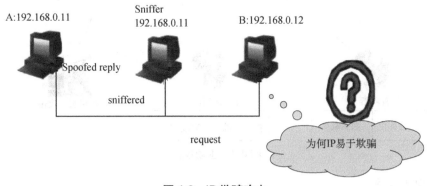

图 4-2　IP 欺骗攻击

4.2.4　常见网络攻击

1. 被动攻击

被动攻击最大的特点是对想窃取的信息进行侦听，以获取机密信息。而对数据的拥有者或合法用户来说，对此类活动无法得知，所以被动攻击主要关注的是防范，而非检测。目前针对此类攻击行为，一般采用加密技术来保护信息的机密性，如图 4-3 所示。

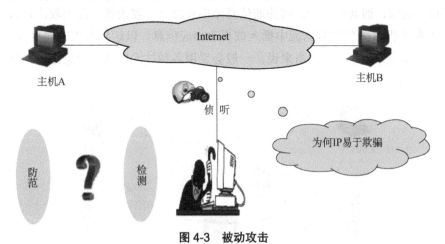

图 4-3　被动攻击

2. 主动攻击

主动攻击主要包括对业务数据流报文首部或数据载荷部分进行假冒或篡改，以达到冒充合法用户对业务资源进行非授权访问，或对业务资源进行破坏性攻击。对于此类攻击可通过对数据流进行分析检测以给出技术解决措施，最终保障业务的正常运行，比如数据源验证、完整性验证、防拒绝攻击技术等，如图 4-4 所示。

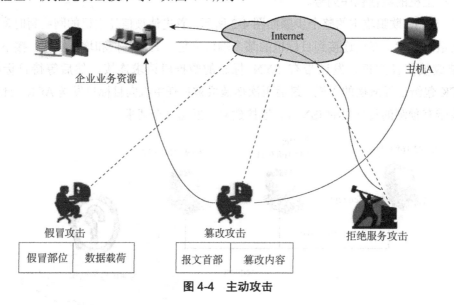

图 4-4　主动攻击

3. 中间人攻击

中间人攻击是一种"间接"类型的攻击方式，根据攻击者对信息的不同攻击行为（信息窃取攻击、信息篡改攻击），将会有被动攻击和主动攻击的特征，如图 4-5 所示。

● 信息窃取攻击：当主机 A 和主机 B 进行数据交互时，攻击者对信息进行截取并备份一份，再进行数据转发（可能只是进行侦听，不对其进行转发）。这样攻击者很容易获取主机 A 和主机 B 的机密信息，而主机 A 和主机 B 对其一无所知。

● 信息篡改攻击：攻击者作为主机 A 和主机 B 数据交互的中介，主机 A 和主机 B 以为它们之间直接通信，而其实它们之间的通信有个中转器——攻击者。此类攻击，攻击者一般会往主机 A 和主机 B 之间的数据流中插入或更改相应信息，以达到其攻击的目标。

针对以上攻击方式，对于攻击来说，一般会采用各种技术以达到信息截取的目标，比如 DNS 欺骗、网络流侦听等。

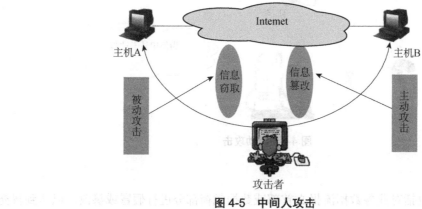

图 4-5　中间人攻击

4.3　构建网络安全的关键技术

4.3.1　网络地址转换技术

早在 20 世纪 90 年代初，人们就提出了 IP 地址将耗尽的可能性。基于 TCP/IP 协议的 Web 应用使互联网迅速扩张，IPv4 地址申请量越来越多，制约互联网可持续发展的问题日益严重。中国的运营商每年向 ICANN 申请的 IP 地址数量为全球最多。

IPv6 的提出，就是为了从根本上解决 IPv4 地址不够用的问题。IPv6 地址集将地址位数从 IPv4 的 32 位扩展到了 128 位。对于网络应用来说，这样的地址空间几乎是无限大的。因此 IPv6 技术可以从根本上解决地址短缺的问题。但是，IPv6 面临着技术不成熟、更新代价巨大等尖锐问题，要想替换现有成熟且广泛应用的 IPv4 网络，还有很长一段路要走。

既然不能立即过渡到 IPv6 网络，那么必须使用一些技术手段来延长 IPv4 的寿命。而技术的发展确实有效延缓了 IPv4 地址的衰竭，专家预言的地址耗尽的情况并未出现。其中广泛使用的技术包括无类域间路由（Classless Inter-Domain Routing，CIDR）、可变长子网掩码（Variable Length Subnet Mask，VLSM）和网络地址转换（Network Address Translation，NAT）。

为了满足一些实验室、公司或其他组织的独立于 Internet 之外的私有网络的需求，RFCA（Requests For Comment）为私有使用留出了 3 个 IP 地址段，具体如下：

- A 类 IP 地址中的 10.0.0.0～10.255.255.255（10.0.0.0/8）。
- B 类 IP 地址中的 172.16.0.0～172.31.255.255（172.16.0.0/12）。
- C 类 IP 地址中的 192.168.0.0～192.168.255.255（192.168.0.0/16）。

上述 3 个范围内的地址不能在 Internet 上被分配，因而可以不必申请就可以自由使用。内网使用私网地址，外网使用公网地址，如果没有 NAT 将私网地址转换为公网地址，会造成通信混乱，最直接的后果就是人们之间无法通信。使用私网地址和外网进行通信，必须使用 NAT 技术进行地址转换，保证通信正常。

在防火墙上，专门为内部的服务器配置一个对外的公网地址来代表私网地址。对于外网用户来说，防火墙上配置的外网地址就是服务器地址，以这种方式来保障安全领域的服务器安全。

4.3.2　认证、授权和计费

在当前网络环境中，网络安全的威胁更多地来源于应用层，这对企业的网络访问控制提出了更高的要求。如何精确地识别出用户，保证用户的合法应用正常进行，阻断用户有安全隐患的应用等问题，已成为现阶段企业对网络安全关注的焦点。但 IP 不等于用户，端口不等于应用，传统防火墙基于 IP 端口的五元组访问控制策略已不能有效地应对现阶段网络环境的巨大变化，如图 4-6 所示。

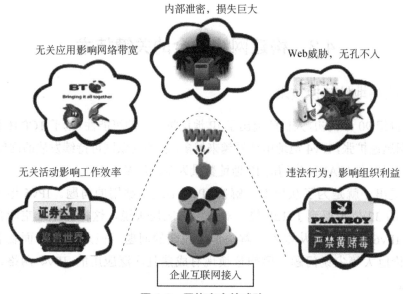

图 4-6　网络安全的威胁

4.3.3　VPN 虚拟私有网技术

1. VPN简介

VPN 虚拟专用网（Virtual Private Network）是一种"通过共享的公共网络建立私有的数据通道，将各个需要接入这张虚拟网的网络或终端通过通道连接起来，构成一个专用的、具有一定安全性和服务质量保证的网络"。用户不再需要拥有实际的专用长途数据线路，而是利用 Internet 的长途数据线路建立自己的私有网络专用网络，用户可以为自己制定一个最符合自己需求的网络。

VPN 常见技术有以下几类。

- 隧道技术：隧道两端封装、解封装，用以建立数据通道。
- 身份认证：保证接入 VPN 的操作人员的合法性、有效性。
- 数据认证：数据在网络传输过程中不被非法篡改。
- 加解密技术：保证数据在网络中传输时不被非法获取。
- 密钥管理技术：在不安全的网络中安全地传递密钥。

2. VPN 分类

按照业务用途类型，可以将 VPN 划分为远程访问虚拟网（Access VPN）、企业内部虚拟网（Intranet VPN）和企业扩展虚拟网（Extranet VPN），这三种类型的 VPN 分别与传统的远程访问网络、企业内部的 Intranet 及企业网和相关合作伙伴的企业网所构成的 Extranet 相对应。

（1）Access VPN：如果企业的内部人员移动或有远程办公需要，或者商家要提供 B2C 的安全访问服务，就可以考虑使用 Access VPN。Access VPN 通过一个拥有与专用网络相同策略的共享基础设施，提供对企业内部网或外部网的远程访问。Access VPN 能使用户随时、随地以其所需的方式访问企业资源。Access VPN 包括模拟、拨号、ISDN、数字用户线路（xDSL）、移动 IP 和电缆技术，能够安全地连接移动用户、远程工作者或分支机构。Access VPN 最适用于公司内部经常有流动人员远程办公的情况。出差在外员工利用当地 ISP 提供的 VPN 服务，就可以和公司的 VPN 网关建立私有的隧道连接。Access VPN 如图 4-7 所示。

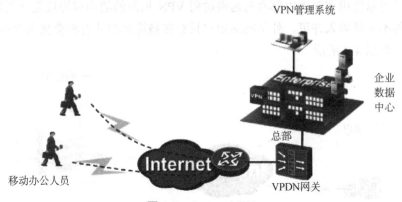

图 4-7　Access VPN

（2）Intranet VPN：如果要进行企业内部各分支机构的互联，Intranet VPN 是很好的使用方式。越来越多的企业需要在全国乃至世界范围内建立各种办事机构、分公司、研究所等，各个分公司之间传统的网络连接一般租用专线。显然，在分公司增多、业务开展越来越广泛的情况下，网络结构趋于复杂，建设费用昂贵。利用 VPN 特性可以在 Internet 上组建世界范围内的 Intranet VPN。利用 Internet 的线路可以保证网络的互联性，而利用隧道、加密等 VPN 特性可以保证信息在整个 Intranet VPN 上安全传输。Intranet VPN 通过一个使用专用连接的共享基础设施，连接企业总部、远程办事处和分支机构。企业拥有与专用网络的相同政策，包括安全、服务质量（QoS）、可管理性和可靠性。Intranet VPN 如图 4-8 所示。

图 4-8　Intranet VPN

（3）Extranet VPN：如果想提供 B2B（Business to Business）企业之间的安全访问服务，则可以考虑 Extranet VPN。随着信息时代的到来，各个企业越来越重视各种信息的处理工作。希望可以提供给客户最快捷方便的信息服务，通过各种方式了解客户的需要，同时各个企业之间的合作关系也越来越多，信息交换日益频繁。Internet 为这样的一种发展趋势提供了良好的基础，而如何利用 Internet 进行有效的信息管理，是企业发展中不可避免的一个关键问题。利用 VPN 技术可以组建安全的 Extranet，既可以向客户、合作伙伴提供有效的信息服务，又可以保证自身的内部网络的安全。

Extranet VPN 通过一个使用专用连接的共享基础设施，将客户、供应商、合作伙伴或兴趣群体连接到企业内部网。企业拥有与专用网络的相同政策，包括安全、服务质量（QoS）、可管理性和可靠性。Extranet VPN 对用户的吸引力在于：能容易地对外部网进行部署和管理，外部网的连接可以使用和部署内部网与远端访问 VPN 相同的架构和协议进行部署。外部网和内部网主要的不同是接入许可，外部网的用户只有在被许可时才有机会接入企业内网，访问特定的资源，如图 4-9 所示。

图 4-9　Extranet VPN

以上构建了 Intranet VPN 和 Extranet VPN。L3 VPN 主要是指 VPN 技术工作在协议栈的网络层。以 IPSec VPN 技术为例，IPSec 报头与 IP 报头工作在同一层次，封装报文时或者是以 IPinIP 的方式进行封装，或者是 IPSec 报头与 IP 报头同时对数据载荷进行封装。除 IPSec VPN 技术，主要的 L3 VPN 技术还有 GRE VPN。GRE VPN 产生的时间比较早，实现的机制也比较简单。GRE VPN 可以实现任意一种网络协议在另一种网络协议上的封装。与 IPSec 相比，其安全性没有得到保证，只能提供有限的简单的安全机制。

L2 VPN：与 L3 VPN 类似，L2 VPN 则是指 VPN 技术工作在协议栈的数据链路层。L2 VPN 主要包括的协议有点到点隧道协议（Point-to-Point Tunneling Protocol，PPTP）、二层转发协议（Layer 2 Forwarding，L2F）及二层隧道协议（Layer 2 Tunneling Protocol，L2TP），如图 4-10 所示。

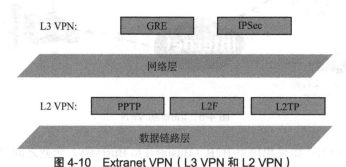

图 4-10　Extranet VPN（L3 VPN 和 L2 VPN）

L2TP（Layer 2 Tunnel Protocol）称为二层隧道协议，是为在用户和企业的服务器之间透明传输 PPP 报文而设置的隧道协议。PPP 协议定义了一种封装技术，可以在二层的点到点链路上传输多种协议数据包，这时用户与 NAS 之间运行 PPP 协议，二层链路端点与 PPP 会话点驻留在相同硬件设备上。L2TP 协议提供了对 PPP 链路层数据包的通道（Tunnel）传输支持，允许二层链路端点和 PPP 会话点驻留在不同设备上并且采用包交换网络技术进行信息交互，从而扩展了 PPP 模型。从某个角度来讲，L2TP 实际上是一种 PPPoIP 的应用，就像 PPPoE、

PPPoA、PPPoFR 一样，都是一些网络应用想利用 PPP 的一些特性，弥补本网络自身的不足。另外，L2TP 协议还结合了 L2F 协议和 PPTP 协议的各自优点，成为 IETF 有关二层隧道协议的工业标准。

L2TP 通常用于 VPDN 应用中，以完善的 PPP 协议为基础，继承了一整套的特性。

用户验证：L2TP 继承了 PPP 协议的用户验证方式，许多三层隧道技术都假定在创建隧道之前，隧道的两个端点相互之间已经了解或已经经过验证。一个例外情况是 IPSec 协议的 ISAKMP 协商提供了隧道端点之间进行的相互验证。

令牌卡（Token Card）支持：通过使用扩展验证协议（EAP），二层隧道协议能够支持多种验证方法，包括一次性口令（One-Time Password）、加密计算器（Cryptographic Calculator）和智能卡等。三层隧道协议也支持使用类似的方法，例如，IPSec 协议通过 ISAKMP/Oakley 协商确定公共密钥证书验证。

动态地址分配：二层隧道协议支持在网络控制协议（NCP）协商机制的基础上动态分配客户地址。三层隧道协议通常假定隧道建立之前已经进行了地址分配。

数据压缩：隧道协议支持基于 PPP 的数据压缩方式。例如，微软的 PPTP 和 L2TP 方案使用微软点对点加密协议（MPPE）。IETP 正在开发应用于三层隧道协议的类似数据压缩机制。

数据加密：二层隧道协议支持基于 PPP 的数据加密机制。微软的 PPTP 方案支持在 RSA/RC4 算法的基础上选择使用 MPPE。三层隧道协议可以使用类似方法，例如，IPSec 通过 ISAKMP/Oakley 协商确定几种可选的数据加密方法。

密钥管理：作为二层隧道协议的 MPPE 依靠验证用户时生成的密钥，定期对其更新。IPSec 在 ISAKMP 交换过程中公开协商公用密钥，同样对其进行定期更新。

多协议支持：L2TP 传输 PPP 数据包，PPP 本身可以传输多协议，而不仅仅是 IP。可以在 PPP 数据包内封装多种协议，从而使隧道客户能够访问和使用 IP、IPX 或 NetBEUI 等多种协议企业网络。相反，三层隧道协议，如 IPSec 隧道模式只能支持使用 IP 协议的目标网络。

可靠性：L2TP 协议支持备份 LNS，当一个主 LNS 不可达时，LAC 可以重新与备份 LNS 建立连接，增加了 VPN 服务的可靠性和容错性。

在 L2TP 中，协议组件包括以下三个部分：

● 远端系统。远端系统是要接入 VPDN 网络的远地用户和远地分支机构，通常是一个拨号用户的主机或私有网络的一台路由设备。

● LAC。LAC 是附属在交换网络上的具有 PPP 端系统和 L2TP 协议处理能力的设备，通常是一个当地 ISP 的 NAS，主要用于为 PPP 类型的用户提供接入服务。LAC 位于 LNS 和远端系统之间，用于在 LNS 和远端系统之间传递信息包。它把从远端系统收到的信息包按照 L2TP 协议进行封装并送往 LNS，同时也将从 LNS 收到的信息包进行解封装并送往远端系统。LAC 与远端系统之间采用本地连接或 PPP 链路，VPDN 应用中通常为 PPP 链路。

● LNS。LNS 既是 PPP 端系统，又是 L2TP 协议的服务器端，通常作为一个企业内部网的边缘设备。LNS 作为 L2TP 隧道的另一侧端点，是 LAC 的对端设备，是 LAC 进行隧道传输的 PPP 会话的逻辑终止端点。通过在公网中建立 L2TP 隧道，将远端系统的 PPP 连接的另一端由原来的 LAC 在逻辑上延伸到了企业网内部的 LNS。

L2TP 中存在两种消息：控制消息和数据消息。控制消息用于隧道和会话连接的建立、维护及删除；数据消息则用于封装 PPP 帧并在隧道上传输，如图 4-11 所示。

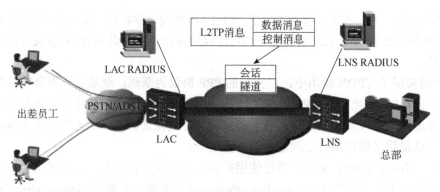

图 4-11　控制消息和数据消息

第 5 章　网络安全管理

知识导读

　　诊断和测试是网络安全管理中的重要环节。网络安全管理与单机管理最大的区别就是复杂程度不同，网络安全管理往往是牵一发而动全身，因此在实际输入和操作之前都必须慎重地考虑。Windows 系统自身就提供了一些重要的网络诊断和测试命令，只要灵活掌握这些命令，任何网络安全运维都会变得易如反掌。作为一名合格的网管人员，要系统地学习网络安全管理的 Widows 常用命令。

职业目标

学习目标:
- 了解端口的概念和分类
- 熟悉端口扫描原理
- 熟悉 net 命令基本功能
- 熟悉黑客入侵中常用 net 的命令

能力目标:
- 熟悉 ipconfig 和 nbtstat 命令的基本功能与格式
- 掌握常用端口和漏洞扫描技术
- 掌握 ipconfig 命令的应用
- 掌握查看 NetBIOS 名称表命令 nbtstat
- 掌握 net view，net user 命令的使用
- 掌握 net share，net accounts 命令的使用

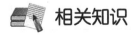

相关知识

5.1　网络连通性命令

　　1. ping命令工作原理

　　ping（Packet Internet Grope），因特网包探索器，用于测试网络连接量的程序。ping 发送一个 ICMP 回声请求消息给目的地并报告是否收到所希望的 ICMP 回声应答。ping 是 DOS

命令，一般用于检查网络是否通畅或者查看网络连接速度，其值越大，速度越慢。同时某些病毒木马会强行地大量远程执行 ping 命令抢占你的网络资源，导致系统运行速度变慢，网速变慢。

网络上的机器都有唯一确定的 IP 地址，我们给目标 IP 地址发送一个数据包，对方就要返回一个同样大小的数据包，根据返回的数据包我们可以确定目标主机的存在，可以初步判断目标主机的操作系统等。

2. ping命令功能

用 ping 命令来判断两个接点在网络层的连通性。

ping 命令是测试网络连接状况及信息包发送和接收状况非常有用的工具。其主要用处有：检测网络是否通畅；根据域名得到服务器 IP；根据 ping 返回的 TTL 值来判断对方所使用的操作系统。

3. ping 命令格式

ping [/?] [-t] [-a] [-n count] [-l size] [-f] [-i TTL] [-v TOS] [-r count] [-s count] [-j host-list] [-k host-list] [-w timeout]　IP 地址或域名或主机名

常用选项举例如下（见表5-1）：

● ping–n 连续 ping *n* 个包。

● ping–t 持续地 ping 直到人为地中断，按 Ctrl+Breack 键暂时终止 ping 命令可查看当前的统计结果，而按 Ctrl+C 键则中断命令的执行。

● ping–l 指定每个 ping 报文所携带的数据部分字节数，取值为（0～65500）。

● ping–a 将局域网中的 IP 地址解析为计算机名。

表 5-1　ping 命令格式选项

选　　项	含　　义
/?	显示帮助信息
-t	连续执行 ping。显示统计信息，若继续就按 Ctrl+Break 键，停止就按 Ctrl＋C 键
-a	如果指定了 IP 地址，解析这个主机名并显示
-n count	发送 count 指定的回送请求报文数。ping 执行 count 次后结束。默认回送报文数为4
-l size	指定传送的 ping 的数据尺寸为 size（字节）。默认的是 32 字节
-f	设置数据包为不分割
-i TTL	指定发送数据包的生存时间为 TTL 指定的值
-v TOS	指定服务类型 TOS
-r count	通过所给的 count 跳跃数（1～9）设置记录路由功能为有效
-s count	通过所给的 count 跳跃数（1～4）设置时间戳有效
-j host-list	按照 host-list 释放 ping 的源路径
-k host-list	按照 host-list 限定 ping 的源路径

操作步骤如下。

步骤 1.ping 127.0.0.1

如果测试成功，表明网卡、TCP/IP 协议的安装及 IP 地址、子网掩码的设置正常。如果测试不成功，就表示 TCP/IP 的安装或运行存在某些最基本的问题。

步骤 2.ping 本机 IP

如果测试不成功，则表示本地配置或安装存在问题，应当对网络设备和通信介质进行测试、检查并排除。

步骤 3.ping 局域网内其他 IP

如果测试成功，表明本地网络中的网卡和载体运行正确。但如果收到 0 个回送应答，那么表示子网掩码不正确或网卡配置错误或电缆系统有问题。

步骤 4.ping 网关 IP

这个命令如果应答正确，表示局域网中的网关路由器正在运行并能够做出应答。

步骤 5.ping 远程 IP

如果收到正确应答，表示成功地使用了默认网关。对于拨号上网用户则表示能够成功地访问 Internet。

4. ping 出错信息

- unkonw host：主机名不可以解析为 IP 地址，故障原因可能存在于 DNS Server。
- network unreacheble：表示本地系统没有到达远程主机的路由，可以检查路由表的配置。
- no answer：表示本地系统有到达远程主机的路由，但接收不到远程主机返回的报文。
- request timed out：其可能原因是远程主机禁止了 ICMP 报文或是硬件连接存在问题。

5. ping Local host

Local host 是系统的网络保留名，它是 127.0.0.1 的别名，每台计算机都应该能够将该名字转换成该地址。如果没有，则表示主机文件（/Windows/host）中存在问题。

6. ping www.yahoo.com（网站域名）

对此域名执行 ping 命令，计算机必须先将域名转换成 IP 地址，通常是通过 DNS 服务器进行的。如果这里出现故障，则表示本机 DNS 服务器的 IP 地址配置不正确，或 DNS 服务器有故障。

5.2　端口扫描命令

1. 端口的概念

在计算机系统中，端口（Port）泛指 I/O 端口，即"硬件端口"，也就是计算机的物理端口，如计算机的串口、并口、输入/输出设备端口、USB 接口及适配器接口、网络连接设备集线器、交换机、路由器的连接端口等，这些端口都是可见的。

在计算机网络通信技术中，端口不是物理意义上的端口，而是特指 TCP/IP 协议中的端口，是逻辑意义上的端口，TCP/IP 协议中端口分为两大类：面向连接服务的"TCP 端口"和无连接服务的"UDP 端口"。

端口是一组号码，占 16 个二进制位，其范围为 0～65535，服务器在预设置端口等待客户端的连接。例如，WWW 服务使用 TCP 的 80 号端口，FTP 使用 21 号端口，Telnet 的端口号为 23 等。

端口定义了 TCP/UDP 和上层应用程序之间的接口点。客户程序可任意选择端口号，服务程序则使用固定的标准端口号，IP 地址和端口号的组合成为套接字 Socket，在一个主机上是唯一的。一条连接信息由客户端和服务器的套接字组成，如表 5-2 所示。

表 5-2　常用 TCP 端口分配表

序　号	端口号	协　议
1	13	Daytime（日期时间协议）
2	20	FTP 数据连接
3	21	FTP 控制连接
4	23	Telnet 协议
5	25	SMTP 协议
6	37	时间协议
7	43	Whois（信息查询协议）
8	53	Domin（域）
9	69	平凡文件传输协议 FFTP
10	79	Finger 协议
11	80	WWW 协议
12	110	POP 协议
13	139	NetBIOS 协议
14	3389	Win2000 超级终端协议

2. 端口的分类

按端口号分布划分，可分为通用端口和动态端口。

（1）通用端口（Well Known Ports）。顾名思义，"通用端口"是众所周知的端口，也就是常用的端口，端口号从 0 到 1023。通用端口通常是相对固定的端口，例如 80 端口分配给 WWW 服务，21 端口分配给 FTP 服务等。我们在 IE 的地址栏中输入一个网址时（比如 www.cce.com.cn）是不必指定端口号的，因为在默认情况下 WWW 服务的端口号是 "80"。网络服务是可以使用其他端口号的，如果不是默认的端口号则应该在地址栏上指定端口号，方法是在地址后面加上冒号 "："，再加上端口号。比如使用 "8080" 作为 WWW 服务的端口号，则需要在地址栏中输入 "www.cce.com.cn：8080"，但是有些系统协议使用固定的端口号，它是不能被改变的，比如 139 端口号专门用于 NetBIOS 与 TCP/IP 之间的通信，不能手动改变。

（2）动态端口（Dynamic Ports）。动态端口号的范围是从 1024 到 65535。之所以称为动态端口，是因为它一般不固定分配某种服务，而是动态分配。动态分配是指当一个系统进程或应用程序进程需要网络通信时，它向主机申请一个端口，主机从可用的端口号中分配一个供其使用。当这个进程关闭时，同时也就释放了所占用的端口号。

动态端口也常常被病毒木马程序所利用，而且有一定的对应关系，如冰河木马默认连接的端口号是 7626、WAY 2.4 病毒连接的端口号是 8011、Netspy 3.0 连接的端口号是 7306、YAI 病毒连接的端口号是 1024 等。

3. 端口扫描原理

端口有两种，即 UDP 端口和 TCP 端口。由于 UDP 端口是面向无连接的，从原理的角度来看，没有被扫描的可能，或者说不存在一种迅速而又通用的扫描算法；而 TCP 端口具有连接定向（Connection Oriented）的特性（即是有面向连接的协议），为端口的扫描提供了基础，所以，这里介绍的端口扫描技术，是基于 TCP 端口的。

　　TCP 建立连接时有三次握手：客户端向 Server 某一端口发送请求连接的 SYN 包，如果 Server 的这一端口允许连接，就会给客户端发一个 ACK 回包，客户端收到 Server 的 ACK 回包后再给 Server 端发一个 ACK 包，TCP 连接正式建立，这就是连接成功的过程。当客户端向 Server 某一端口发送请求连接的 SYN 包时，若 Server 的这一端口不允许连接，就会给客户端发一个 RST 回包，客户端收到 Server 的 RST 回包后再给 Server 端发一个 RST 包，这就是连接失败的过程。假如要扫描某一个 TCP 端口，可以向该端口发一个 SYN 包，如果该端口处于打开状态，我们就可以收到一个 ACK 包，也就是说，如果收到 ACK 包，就可以判断目标端口处于打开状态，否则，目标端口处于关闭状态。这就是 TCP 端口扫描的基本原理。

　　"端口扫描"通常指对目标计算机的所有所需扫描的端口发送同一信息，然后根据返回端口状态来分析目标计算机的端口是否打开、是否可用。"端口扫描"行为的一个重要特征是：在短时期内有很多来自相同的信源地址传向不同的目的地端口的包。

　　操作步骤如下。

　　（1）TCP connect 扫描。这是最基本的扫描方式。如果目标主机上的某个端口处于侦听状态，可根据其 IP 地址和端口号并调用 connect 与其建立连接。若目标主机未开放该端口，则 connect 操作失败。因此，使用这种方法可以检测到目标主机开放了哪些端口。注意，在执行这种扫描方式时，不需要对目标主机拥有任何权限。

　　（2）TCP SYN 扫描。这种技术通常认为是"半"扫描，因为扫描程序不必与目标主机三次握手就可建立一个完全的 TCP 连接。扫描程序发送一个 SYN 数据包，等待目标主机的应答。如果目标主机返回 SYN|ACK 包，表示端口处于侦听状态。若返回 RST 包，表示端口没有处于侦听状态。如果收到一个 SYN|ACK 包，则扫描程序发送一个 RST 包，来终止这个连接。这种扫描技术的优点在于一般不会在目标计算机上留下痕迹。但要求攻击者在发起攻击的计算机上必须有 root 权限，因为它不是通过 connect 调用来扫描端口的，必须直接在网络上向目标主机发送 SYN 包和 RST 包。

　　（3）TCP FIN 扫描。一些防火墙和包过滤器会对一些指定的端口进行监视，因此 TCP SYN 扫描攻击可能会被检测并记录下来。而采用 TCP FIN 扫描方式，向目标主机的某个端口发送 FIN 包，若端口处于侦听状态，目标主机不会回复 FIN 包。相反，若端口未被侦听，目标主机会用适当的 RST 包来回复。这种方法依赖于系统的实现。某些系统对所有的 FIN 包一律回复 RST 包，而不管端口是否打开，在这种情况下，TCP FIN 扫描是不适用的。

　　（4）IP 分片扫描。这种方法并不直接发送 TCP 探测数据包，而是预先将数据包分成两个较小的 IP 数据包再传送给目标主机。目标主机收到这些 IP 数据包后，会把它们组合还原为原先的 TCP 探测数据包。将数据包分片的目的是使它们能够通过防火墙和包过滤器，将一个 TCP 探测数据包分为几个较小的数据包，可能会穿过防火墙而到达目标主机。

　　（5）TCP 反向 ident 扫描。ident 协议（RFC1413）允许通过 TCP 连接列出任何进程拥有者的用户名（包含该进程拥有何种权限）。因此，扫描器能连接到 HTTP 端口，然后检查 httpd 是否正在以 root 权限运行。

　　（6）FTP 反射攻击。FTP 协议的一个特性是支持代理（proxy）FTP 连接，即入侵者可以从自己的计算机和目标主机的 FTP server-PI（协议解释器）连接，建立一个控制通信连接。然后，请求这个 server-PI 激活一个有效的 server_DTP（数据传输进程）来给 Internet 的任何地方发送文件。

（7）UDP 端口扫描。这种方法与上面介绍的几种方法的不同之处在于使用 UDP 协议。由于 UDP 协议较 TCP 简单，所以要判断一个端口是否被侦听较为困难。这是由于处于侦听状态的端口对扫描探测并不发送确认数据包，而未侦听的端口也并不会返回错误数据包。

（8）UDP recvfrom（）和 write（）扫描。若在发起攻击的计算机上没有 root 权限，就不能得到端口不可达的 ICMP_PORT_ UNREACH 错误数据包。在 Linux 中可以间接地检测到是否收到了目标主机的这个应答数据包。例如，对一个未侦听端口的第二个 write（）调用失败，在非阻塞的 UDP 套接字上调用 recvfrom（）时，如果未收到这个应答数据包，则返回 EAGAIM 数据包（其意思是可以"重试"）。如果收到这个应答数据包，则返回 ECONNREFUSED（连接被拒绝）数据包，可以根据 recvfrom（）和 write（）的返回信息来判断目标主机是否发送了 ICMP_PORT_UNREACH 应答数据包。

（9）ICMP_echo 扫描。通过执行 ping 命令，可以判断出在一个网络上主机是否能到达（即是否开机）。

4. 查看端口命令——netstat

功能：显示协议统计和当前的 TCP/IP 网络连接。该命令只有在安装了 TCP/IP 协议后才可以使用。

该命令用于检测计算机与网络之间详细的连接情况，可以得到以太网的统计信息并显示所有协议（TCP 协议、UDP 协议以及 IP 协议等）的使用状态。还可以选择特定的协议并查看其具体使用信息，包括显示所有主机的端口号及当前主机的详细路由信息。

其有以下几个选项。

● netstat-s：-s 选项能够按照各个协议分别显示其统计数据。这样就可以看到当前计算机在网络上存在哪些连接，以及数据包发送和接收的详细情况等。如果应用程序（如 Web 浏览器）运行速度比较慢，或者不能显示 Web 页之类的数据，那么可以用本选项来查看一下所显示的信息。仔细查看统计数据的各行，找到出错的关键字，进而确定问题所在。

● netstat-e：-e 选项用于显示关于以太网的统计数据。它列出的项目包括传送的数据包的总字节数、错误数、删除数、数据包的数量和广播的数量。这些统计数据既有发送的数据包数量，也有接收的数据包数量。使用这个选项可以统计一些基本的网络流量。

● netstat-r：-r 选项可以显示关于路由表的信息，类似于使用 route print 命令时看到的信息。除了显示有效路由，还显示当前有效的连接。

● netstat-a：-a 选项用于显示一个所有的有效连接信息列表，包括已建立的连接（Established），也包括监听连接请求（Listening）的那些连接。

● netstat-n：显示所有已建立的有效连接。

5. 路由跟踪命令 tracert

tracert 是为了探测源节点到目的节点之间数据报文经过的路径。通过向目标发送不同 IP 生存时间（TTL）值的"Internet 控制消息协议（ICMP）"回应数据包，tracert 诊断程序确定到目的节点所采取的路由。要求路径上的每个路由器在转发数据包之前至少将数据包上的 TTL 递减 1。当数据包上的 TTL 减为 0 时，路由器应该将"ICMP 已超时"的消息发回源系统。

tracert 命令的作用是通过递增"生存空间（TTL）"字段的值将"Internet 控制消息协议

（ICMP）回响请求"消息发送给目的节点可确定到达的路径。所显示的路径是源主机与目标主机间的路径中的路由器的近侧接口。近侧接口是距离路径中的发送主机最近的路由器的接口。

检测指定服务器（如：www.baidu.com 服务器）的路由是否存在故障，可以使用 tracert 命令，具体检测如下：在命令提示符后输入"tracert www.baidu.com"，即可在屏幕上显示数据传输路径信息，如图 5-1 所示。通过显示在屏幕上的结果可以看到，故障出现在 10.2.80.1 到上一层路由器之间，导致连接不到目标站点。

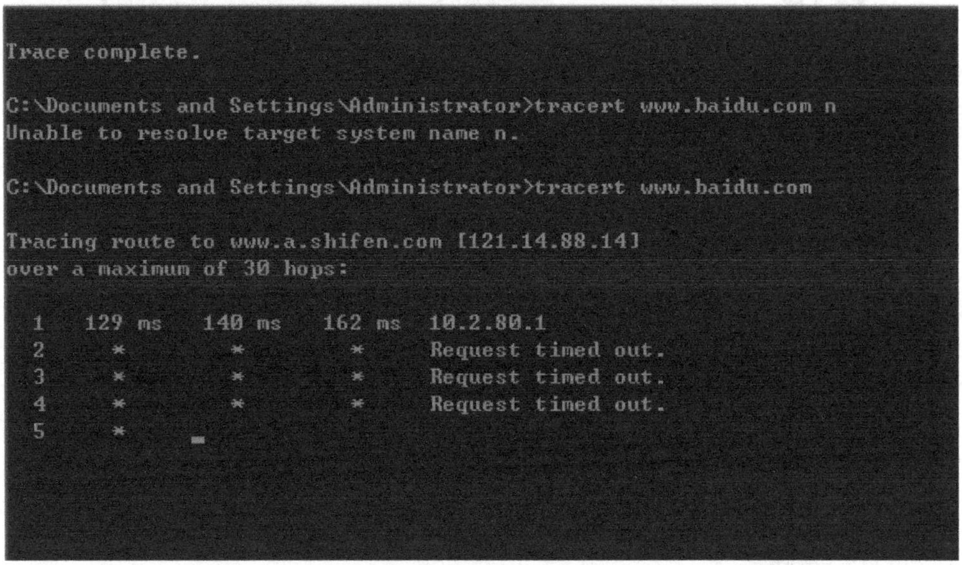

图 5-1　tracert 命令结果

6. 管理端口

黑客程序是通过系统的端口漏洞来入侵系统的，因此对端口的管理是网管工作的一个非常重要的内容。管理端口可采用两种方法：一种方法是利用系统内置的管理工具，另一种方法是利用第三方软件来实现。

（1）用"TCP/IP 筛选"管理端口。在 Windows 中，双击任务栏右下角的"网络连接"图标，再双击，打开"本地连接状态"对话框，单击"属性"按钮，在打开的"本地连接属性"对话框中再选中"Internet 协议版本 4（TCP/IP v4）属性"，然后单击"属性"按钮，在弹出的"Internet 协议版本 4（TCP/IP v4）属性"对话框中单击"高级"按钮。在打开的"高级 TCP/IP 设置"对话框中选择"选项"选项卡，选中"TCP/IP 筛选（所有适配器）"，然后再单击"属性"按钮。在打开的"TCP/IP 筛选"对话框中选中"启用 TCP/IP 筛选（所有适配器）"复选框，然后把左边"TCP 端口"上方的"只允许"选上，增加允许使用的端口，如"80""21""25"等，如图 5-2 所示，重新启动以后未经允许的端口就被关闭了。

（2）用第三方软件管理端口。管理端口最常用的第三方软件就是防火墙软件了。其实防火墙就是一整套制定好的 IP 地址及其端口的访问规则，可以改变这些规则来打开和关闭指定的端口。如图 5-3 所示的是瑞星个人防火墙的端口管理界面。

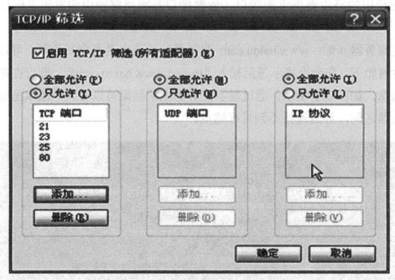

图 5-2 "TCP/IP 筛选"对话框

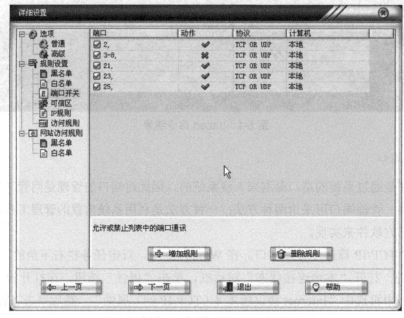

图 5-3 瑞星个人防火墙的端口管理界面

5.3 显示网络配置信息及设置命令

1. ipconfig命令

ipconfig 命令的主要功能是查看 IP 地址、子网掩码、默认网关、DNS、以太网卡硬件地址等网络配置参数,如表 5-3 所示。

表 5-3　ipconfi 命令格式

选　项	含　义
/?	显示帮助信息
/all	显示所有相关信息
/release	释放特定的适配器 IP 地址
/renew	更新特定的适配器 IP 地址
/flushdns	清空 DNS 分析器的高速缓冲存储器
/registerdns	更新所有 DHCP 的租约时间和登录 DNS 的 DNS 名
/displaydns	显示 DNS 分析器的高速缓冲存储器
/showclassid	显示所有的连接器允许的 DHCP 的类型 ID
/setclassid	改变 DHCP 的类型 ID

1）ipconfig 命令的使用格式

ipconfig [/all] [/batch file] [/renew all] [/release all] [/renew n] [/release n] [flushdns] [vegisterdns] [displaydns] [showclassid] [setclassid]

2）ipconfig 命令参数使用

● ipconfig：当使用 ipconfig 不带任何参数选项时，显示每个已经配置了接口的 IP 地址、子网掩码和默认网关值。

● ipconfig/all：当使用 all 选项时，ipconfig 能为 DNS 和 WINS 服务器显示它已配置且所有使用的附加信息，并且能够显示内置于本地网卡中的物理地址 MAC。

如果 IP 地址是从 DHCP 服务器租用的，ipconfig 将显示 DHCP 服务器分配的 IP 地址和租用地址预计失效的日期。

● ipconfig/release 和 ipconfig/renew：只能在向 DHCP 服务器租用其 IP 地址的计算机上起作用。使用 release 选项，则所有接口的租用 IP 地址便重新交付给 DHCP 服务器（归还 IP 地址）。使用 renew 选项，则本地计算机设法与 DHCP 服务器取得联系，并租用一个 IP 地址。大多数情况下网卡将被重新赋予和以前所赋予的相同的 IP 地址。

2. nbtstat命令

nbtstat 命令使用 TCP/IP 上的 NetBIOS 显示协议统计和当前 TCP/IP 连接，使用这个命令可以得到远程主机的 NetBIOS 信息，比如用户名、所属的工作组、网卡的 MAC 地址等。nbtstat 可以刷新 NetBIOS 名称缓存和注册的 Windows Internet 名称服务（WINS）名称。使用不带参数的 nbtstat 时会显示帮助信息。

1）nbtstat 命令的使用格式

nbtstat [-a remotename] [-A IPaddress] [-c] [-n] [-r] [-R] [-RR] [-s] [-S] [Interval]

2）nbtstat 命令参数使用

nbtstat-A：使用远程计算机的 IP 地址并列出名称表。

nbtstat-a：对指定 name 的计算机执行 NetBIOS 适配器状态命令。适配器状态命令将返回计算机的本地 NetBIOS 名称表，以及适配器的媒体访问控制地址。

nbtstat-c：显示 NetBIOS 名称缓存，包含其他计算机的名称对地址映射。

nbtstat-r：列出 Windows 网络名称解析的名称解析统计。在配置使用 WINS 的 Windows 2000 计算机上，此选项返回要通过广播或 WINS 来解析和注册的名称数。

nbtstat-R：清除名称缓存，然后从 Lmhosts 文件中重新加载。

nbtstat-RR：释放在 WINS 服务器上注册的 NetBIOS 名称，然后刷新它们的注册。

3．网络设置命令

具体操作步骤如下。

步骤 1. 使用 ipconfig 命令设置 DHCP 的类别 ID

DHCP 服务器为了增加安全性，通常都会创建一些 DHCP 类，并为该类指定相应的信息（如：网关、DNS 等），只有当客户端的 DHCP 加入到该类别，才可访问相应的资源。若要将客户端加入到指定的 DHCP 类，可按如下操作方法进行：

在命令提示符后输入"ipconfig/setclassid * fileshare"即可将所有的网络接口 DHCP 类别设置为 fileshare。

在命令提示窗口中的提示符后输入"ipconfig"即可查出所有网络接口的 DHCP 类别。

若需要设置某个特定网卡的 DHCP 类别，只需将命令中的"*"改为网卡名，如 Vmnet2 即可。

步骤 2. 使用 ipconfig 命令初始化 DNS 和 IP 地址

如果需要对 DNS 名称和 IP 地址的手工动态注册进行初始化，可利用 ipconfig 命令完成，该命令根据 TCP/IP 高级属性中的 DNS 设置进行初始化，具体操作如下：

（1）在命令提示窗口的提示符后面输入"ipconfig/registerdns"，按回车键，即可完成初始化操作。

（2）该命令会对计算机中所有的网络接口进行初始化，若初始化过程中出现任何错误，15 分钟后可使用事件查看器查看产生错误的原因。

步骤 3. 使用 ipconfig 命令释放动态分配的 IP

在当用户需要重新动态分配网卡上的 IP 地址时，首先应该将已经分配的地址归还给 DHCP 服务器。可以使用 ipconfig 来释放动态分配的 IP，具体操作如下：

（1）在命令提示窗口的提示符后输入"ipconfig/release"，即可将本机所有网卡上动态分配的 IP 地址取消。

（2）命令执行后，所有动态分配的 IP 地址的网卡 IP 地址及子网掩码都变成了 0.0.0.0，如果需要取消指定网卡上动态分配的 IP（如：取消 vmnet0 的 IP），运行"ipconfig/release vmnet0"命令即可。

步骤 4.使用 ipconfig 命令更新 DHCP 配置信息

当 DHCP 服务器出现故障重启或客户端网络出现故障无法联网时，用户可能需要手动更新当前网卡的 DHCP 信息，以解决出现的故障，具体操作如下：

（1）在命令提示窗口中的提示符后输入"ipconfig/renew"，按回车键，即可完成对当前计算机上所有网卡的更新。

（2）如果仅需对某个网卡的 DHCP 信息更新，在命令后加上指定网卡名即可。例如，要对 vmnet3 网卡更新，只需运行"ipconfig/renew vmnet3"命令。

步骤 5.使用 ipconfig 命令清除 DNS 客户端缓存中的信息

若出现使用域名无法联网，但直接使用 IP 地址却可以联网时，很可能是由于用户的 DNS 缓存过期引起的。要解决这类问题，用户需要使用 ipconfig 手动清除 DNS 缓存中的信息，具体操作如下：

（1）在命令提示窗口中的提示符后输入"ipconfig/flushdns"命令，按回车键，即可清除 DNS 缓存中的信息。

（2）成功清除 DNS 缓存后，在命令提示符后输入"ipconfig/displaydns"命令，按回车键。

4. 使用nbtstat命令查看远程计算机上的NetBIOS名称表

若想在家里查看公司计算机或其他远程计算机上的 NetBIOS 名称表，可以使用 nbtstat 命令来实现，具体操作如下：

（1）如果知道远程计算机名（如：dida），可以在命令提示窗口中的提示符后输入"nbtstat a chuzhi dida"命令，按回车键，即可在屏幕上显示名为 dida9285 的远程计算机上的 NetBIOS 名称表按钮。

（2）如果不知道远程计算机名，而知道远程计算机的 IP 地址（如：192.168.0.20），在命令提示窗口中的提示符后输入"nbtstat a 192.168.0.20"命令，按回车键，即可以在屏幕上显示 IP 地址为 192.168.0.20 的远程计算机上的 NetBIOS 名称表。

5. 使用nbtstat命令查看本地计算机上的NetBIOS名称缓存信息

若用户想查看本地计算机上的 NetBIOS 名称缓存的信息，可以使用 nbtstat 命令来实现，具体操作如下：在命令提示窗口中的提示符后输入"nbtsta c"命令，按回车键，即可在屏幕上显示本地计算机上的 NetBIOS 名称缓存的信息。

6. 使用nbtstat命令重新注册NetBIOS名称

若想对 WINS 服务器注册的 NetBIOS 名称进行重新注册，可以使用 nbtstat 命令来实现，具体操作如下：在命令提示窗口中的提示符后输入"nbtstat RR"命令，按回车键，即可对通过 WINS 服务器注册的 NetBIOS 名称进行重新注册。

7. 使用nbtstat命令重装本地LMHOSTS文件中带#PRE标记的项目

若想清除 NetBIOS 名称缓存信息，并重新装载本地 LMHOSTS 文件中带#PRE 标记的项目，可以使用 nbtstat 命令来实现，具体操作如下：在命令提示符窗口中的提示符后输入"nbtstat R"命令，按回车键，即可重新装载本地 LMHOSTS 文件。

8. 使用nbtstat命令每隔 10 秒钟以IP地址统计NetBIOS会话信息

若用户想每隔 10 秒钟，对不同 IP 地址显示的 NetBIOS 会话记录进行统计，这时可以使用 nbtstat 命令来实现，具体操作如下：

（1）在命令提示窗口中的提示符后输入"nbtstat s 10"命令，按回车键，即可开始统计不同 IP 地址显示的 NetBIOS 会话记录。

（2）命令执行后，nbtstat 会始终监视计算机中所有网络接口的 NetBIOS 连接情况，并且每隔 10 秒钟自动更新一次。要停止程序运行，可按 Ctrl+C 键。

5.4 显示连接监听端口命令

1. netstat命令

netstat 命令的作用是显示活动的 TCP 连接、计算机侦听端口、以太网统计信息、IP 路由表、IPv4 统计信息（对于 IP、ICMP、TCP 和 UDP 等协议），以及 IPv6 统计信息（对于 IPv6、ICMPv6、通过 IPv6 的 TCP 已经通过 IPv6 的 UDP 等协议）。

2. netstat命令格式

netstat [-a] [-b] [-e] [-n] [-o] [-p proto] [-r] [-s] [-v]

基本参数介绍如下：

- -a 显示所有连接和监听端口。
- -b 显示包含于创建每个连接或监听端口的可执行组件。
- -e 显示以太网统计信息。
- -n 以数字形式显示地址和端口号。
- -o 显示与每个连接相关的所属进程 ID。
- -s 显示按协议统计信息。
- -r 显示路由表，等价于命令"route print"。
- -v 与-b 选项一起使用时将显示包含于为所有可执行组件创建连接或监听端口的组件。

3. netstat命令常见的状态列表

- listen：在监听状态中。
- established：已建立联机的联机情况。
- time_wait：该联机目前已经处于等待的状态。

4. 监听端口命令

操作步骤如下：

步骤 1. 使用 netstat 命令查看当前本机活动的 TCP 连接状态

在命令提示符后输入"netstat"，即可在屏幕上显示当前活动的 TCP 连接信息，屏幕上显示了每个 TCP 的状态、远程 IP 地址，以及本地打开该连接的进程。

步骤 2. 使用 netstat 命令查看当前活动的 TCP 连接状态的详细信息

在命令提示符后输入"netstat-o"命令，即可详细查看当前有哪些进程打开了 TCP 连接，屏幕上详细显示了每个 TCP 的状态、远程 IP 地址，以及本地的打开该连接进程和所对应的 PID 号。

步骤 3. 使用 netstat 命令查看当前所有活动的 TCP 连接，以及侦听的 TCP 和 UDP 端口

在命令提示符后输入"netstat-a"命令，即可在屏幕上显示当前所有活动的 TCP 连接，以及计算机侦听的 TCP 和 UDP 端口。

步骤 4. 使用 netstat 命令查看本地计算机数据包发送与接收情况

在命令提示符后输入"netstat-e"命令，即可在屏幕上显示当前本地计算机上数据包发送

与接收的字节数和数据包数。

步骤 5. 使用 netstat 命令查看网络流量信息

在命令提示符后输入"netstat-e-s"命令，即可在屏幕上显示关于以太网的统计数据包括传输的字节数、数据包、错误等。

步骤 6. 使用 netstat 命令查看当前活动的 TCP 的连接 IP

在命令提示符后输入"netstat-n"命令，即可在屏幕上显示当前活动的 TCP 连接的 IP 地址。

步骤 7. 使用 netstat 命令以数字形式显示当前活动的 TCP 连接 PID 进程

在命令提示符后输入"netstat-n-o"命令，即可在屏幕上以数字形式显示当前活动的 TCP 连接的 PID 进程信息。

步骤 8. 使用 netstat 命令查看本机所有 TCP 连接情况

在命令提示符后输入"netstat-s-p tcp"命令，即可在屏幕上显示本地计算机上所有 TCP 连接情况。

步骤 9. 使用 netstat 命令查看本机所有 UDP 连接情况

在命令提示符后输入"netstat-s-p udp"命令，即可在屏幕上显示本地计算机上所有 UDP 连接情况。

步骤 10. 使用 netstat 命令查看本机所有 ICMP 连接情况

在命令提示符后输入"netstat-s-p icmp"命令，即可在屏幕上显示本地计算机上所有 UDP 连接情况。

步骤 11. 使用 netstat 命令查看本机所有 IP 连接情况

在命令提示符后输入"netstat-s-p ip"命令，即可在屏幕上显示本地计算机上所有 IP 连接情况。

步骤 12. 使用 netstat 命令查看指定时间内显示的活动 TCP 连接的 PID 进程

若想让系统每 5 秒钟自动显示当前活动的 TCP 连接的 PID 进程信息，可以在命令提示符后输入"netstat-o 5"命令，即可在屏幕上显示当前活动的 TCP 连接和进程 ID，接下来每等待 5 秒钟后，会自动显示当前活动的 TCP 连接的 PID 进程。

5.5　查询删改用户信息命令

1. net 命令

net 命令用于核查计算机之间的 NetBIOS 连接，可以查看和管理网络环境、服务、用户、登录等信息内容，其主要功能是查看计算机上的用户列表、添加和删除用户、与对方计算机建立连接、启动或者停止某网络服务等。

2. net view

作用：显示域、计算机或由指定计算机共享资源的列表。如果在没有参数的情况下使用，则 net view 显示当前域中的计算机列表。

语法：net view [ComputerName] [/domain[:DomainName]]

net view /network：nw [ComputerName]

参数：输入不带参数的 net view 显示当前域的计算机列表。

ComputerName：指定包含要查看共享资源的计算机。

/domain[: DomainName]: 指定要查看其可用计算机的域。如果省略 DomainName，/domain 将显示网络上的所有域。

/network：nw：显示 NetWare 网络上所有可用的服务器。如果指定计算机名，/network：nw 将通过 NetWare 网络显示该计算机上的可用资源，也可以指定添加到系统中的其他网络。

net help command：显示指定 net 命令的帮助。

3. net user

作用：添加或更改用户账号或显示用户账号信息。该命令也可以写为 net users。

语法：net user [UserName [Password | *] [options]] [/domain]

net user [UserName {Password | *} /add [options] [/domain]]

net user [UserName [/delete] [/domain]]

参数：输入不带参数的 net user 命令可查看计算机上的用户账号列表。

UserName：指定要添加、删除、修改或查看的用户账号名。用户账号名最多有 20 个字符。

Password：为用户账号指派或更改密码。输入星号（*）产生一个密码提示，在密码提示行处输入密码时不显示密码。

/domain：在计算机主域的主域控制器中执行操作。

options：指定命令行选项。下面列出了可以使用的有效命令行选项。

● /active：{no | yes}：启用或禁用用户账号。如果用户账号不活动，该用户就无法访问计算机中的资源，默认设置为 yes（即活动状态）。

● /comment："text"：提供关于用户账户的描述性说明，该注释最多可以有 48 个字符，会给文本加上引号。

● /countrycode：nnn：使用操作系统"国家（地区）"代码为用户帮助和错误消息实现指定的语言文件。数值 0 代表默认的"国家（地区）"代码。

● /expires：{{mm/dd/yyyy | dd/mm/yyyy | mmm，dd，yyyy} | never}：使用户账号根据指定的 date 日期。date 日期采用[mm/dd/yyyy]、[dd/mm/yyyy]或[mmm，dd，yyyy]格式。

● /fullname："name"：指定用户的全名而不是用户名，将名称用引号括起来。

● /homedir：Path：设置用户主目录的路径。该路径必须存在。

● /passwordchg：{yes | no}：指定用户是否可以更改自己的密码。默认设置为 yes。

● /passwordreq：{yes | no}：指定用户账号是否必须有密码。默认设置为 yes。

● /profilepath：[Path]：设置用户登录配置文件的路径。该路径指向注册表配置文件。

● /scriptpath：Path：设置用户登录脚本的路径。Path 不能是绝对路径，可以是%systemroot% System32ReplImportScripts 的相对路径。

● /times：{day[-day][，day[-day]]，time[-time][，time[-time]] [；| all}：指定用户可以使用计算机的时间。time 的增加值限制为 1 小时。

● /usercomment："text"：指定管理员添加或更改账号的"用户注释"，会给文本加上引号。

● /workstations：{ComputerName[，...] | *}：最多列出 8 个用户可以登录到网络的工作站，要用逗号分隔列表中的多个项。如果/workstations 没有列表，或列表为星号*，则该用户可以从任何计算机登录。

4. 查询删改用户

操作步骤如下。

步骤 1.使用 net share 命令共享本机资源

net share 命令用来管理和设置共享资源，以及配置共享资源的各种参数，如：设置共享资源用户访问数和缓存方式等，非常方便快捷。

在命令提示符后输入"net share hs=e：\\hs"命令，按回车键，即可将 E:\\hs 文件夹中的资源共享在局域网中，并在屏幕上显示 hs 共享成功。

步骤 2.用 net use 命令将指定的共享目录映射为本地计算机的盘符

net use 命令用来映射网络共享目录到本地计算机的盘符，以及显示当前网络连接信息和建立持久的网络连接。其命令格式为 net use［Device Name［/home［{Password|*}］［/delete：{yes|no}］］。

在命令提示符后输入"net use N：\\hjc \ name"命令，即可将 hjc 服务器上的 name 共享映射到本地的 N 驱动器。

步骤 3.使用 net user 命令为指定的用户账号设置密码保护

net user 命令用于添加和修改用户账号或者显示账号信息。默认情况下，Windows 的账号可以不创建密码，但为了增加系统的安全性，可以强制账号必须使用密码。使用 net user 命令可以强制用户开启密码保护功能。

在命令提示符后输入"net user guest/passwordreq：yes"命令，按回车键，即可强制 Guest账号必须设置密码，要查看设置后的效果，可在命令提示符后输入"net user guest"。

从显示的账号属性中可知，"需要密码"字段已经被设置为 yes，即该账号必须使用密码。如果要取消 guest 账号的密码保护功能，在提示符后输入"net user guest/passwordreq：no"命令，按回车键即可。

5. 黑客入侵中常用的net命令

net user——查看用户列表。

net user：用户名 密码——更改用户密码。

net user：用户名 密码 /add——添加用户。

net localgroup administrators：用户名 /add——添加用户到管理组。

net user：用户名/delete——删除用户。

net user：用户名——查看用户的基本情况。

net user：用户名/active：no——禁用该用户。

net user：用户名/active：yes——启用该用户。

net share：查看计算机 IPC$——共享资源。

net share：共享名——查看该共享的情况。

net share：共享名=路径——设置共享，例如"net share c$=c："。

net share：共享名/delete——删除 IPC$共享。

net use——查看 IPC$连接情况。

net use：//ip/ipc$"密码"/user："用户名"——建立 IPC$连接。

net time：//ip——查看远程计算机上的时间。

6. net share

作用：创建、删除或显示共享资源。

命令格式：net share sharename=drive：path

[/users：number | /unlimited] [/remark：″text″]

有关参数说明：

不带参数的 net share　显示本地计算机上所有共享资源的信息。

sharename　表示共享资源的网络名称。

drive：path　指定共享目录的绝对路径。

/users：number　设置可同时访问共享资源的最大用户数。

/unlimited　不限制同时访问共享资源的用户数。

/remark：″text″　添加关于资源的注释，注释文字用引号括起来，例如：net share yesky=c：\temp /remark：″my first share″，以 yesky 为共享名共享 C:\temp。

net share yesky /delete　停止共享 yesky 目录。

7. net accounts

作用：更新用户账号数据库、更改密码及所有账号的登录要求。

命令格式：net accounts [/forcelogoff：{minutes|no}] [/minpwlen：length]

[/maxpwage：{days | unlimited}] [/minpwage：days]

[/uniquepw：number] [/domain]

有关参数说明：

输入不带参数的 net accounts　显示当前密码设置、登录时限及域信息。

/forcelogoff：{minutes|no}　设置当前用户账号或有效登录时间到期时在结束用户与服务器的会话前要等待的分钟数。默认值 no 可以防止强制注销用户。

/minpwlen：length　设置用户账号密码的最少字符数。

/maxpwage：{days|unlimited}　设置用户账号密码有效的最大天数。

/minpwage：days　设置用户必须保持原密码的最小天数。

/uniquepw：number　要求用户更改密码时，必须在经过 number 次后才能重复使用与之相同的密码。

/domain　在当前域的主域控制器上执行该操作。

/sync　当用于主域控制器时，该命令使域中所有备份域控制器同步。

例如：net accounts /minpwlen：8　将用户账号密码的最少字符数设置为 8。

5.6　创建任务命令

1. at命令

at 命令是 Windows XP 中内置的命令，它也可以媲美 Windows 中的"计划任务"，而且在计划的安排、任务的管理、工作事务的处理方面，at 命令具有更强大的功能。at 命令可在指定时间和日期在指定计算机上运行命令和程序。

2. at用法

要使用 at 命令，计划服务必须已在运行中。其命令格式为：

at [\\computername] [[id] [/delete] | /delete [/yes]]

at [\\computername]time[/interactive][/every：date[，...]|/next：date[，...]] ″command″

有关参数说明：

\\computername　远程计算机。如果省略这个参数，会计划在本地计算机上运行命令。

id　指定给已计划命令的识别号。

/delete　删除某个已计划的命令。如果省略 id，计算机上所有已计划的命令都会被删除。

/yes　不需要进一步确认时，跟删除所有作业的命令一起使用。

time　指定运行命令的时间。

/interactive　允许作业在运行时，与当时登录的用户桌面进行交互。

/every：date[，...]　每个月或每个星期在指定的日期运行命令。如果省略日期，则默认为在每月的本日运行。

/next：date[，...]　指定在下一个指定日期（如，下周四）运行命令。如果省略日期，则默认为在每月的本日运行。

″command″　准备运行的 Windows NT 命令或批处理程序。

创建任务操作步骤如下。

步骤 1.定时关机

命令：at 21：00 ShutDown －S －T30

该命令运行后，到了 21：00 点，计算机会出现"系统关机"对话框，并默认 30 秒延时自动关机。

步骤 2.定时提醒

命令：at 12：00 Net Send 10.10.36.132

其中 Net Send 是 Windows 内部程序，可以发送消息到网络上的其他用户、计算机中。10.10.36.132 是本机计算机的 IP 地址。这个功能在 Windows 中也称为"信使服务"。

步骤 3.自动运行批处理文件

如果公司的数据很重要，要求在指定的日期/时间进行备份，那么可以运行如下命令。

命令：at 1：00AM /Every：Saturday My_BackUp.bat

这样，在每个 Saturday（周六）的凌晨 1：00 点，计算机定时启动 My_BackUp.bat 批处理文件。My_BackUp.bat 是一个自行编制的批处理文件，它包含能对系统进行数据完全备份的多条命令。

步骤 4.取消已经安排的计划

命令：at 5 /Delete

安排好的计划可能临时变动，可以及时地用上述命令删除该计划（5 为指派给已计划命令的标识编号），当然，删除该计划后，可以重新安排。

第6章 无线局域网安全

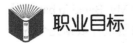

知识导读

　　随着无线技术运用的日益广泛，无线网络的安全问题越来越受到人们的关注。通常网络的安全性主要体现在访问控制和数据加密两个方面。访问控制保证敏感数据只能由授权用户进行访问，而数据加密则保证发射的数据只能被所期望的用户接受和理解。对于有线网络来说，访问控制往往以物理端口接入方式进行监控，它的数据输出通过电缆传输到特定的目的地，一般情况下，只有在物理链路遭到破坏的情况下，数据才有可能被泄露，而无线网络的数据传输则利用微波在空气中进行辐射传播，因此只要在 Access Point（AP）覆盖的范围内，所有的无线终端都可以接收到无线信号，AP 无法将无线信号定向到一个特定的接收设备，因此无线的安全保密问题就显得尤为突出。

　　无线局域网在带来巨大应用便利的同时，也存在许多安全上的问题。由于局域网通过开放性的无线传输线路传输高速数据，很多有线网络中的安全策略在无线方式下不再适用，在无线发射装置功率覆盖的范围内任何接入用户均可接收到数据信息，而将发射功率对准某一特定用户在实际中难以实现。这种开放性的数据传输方式在带来方便的同时也带来了安全性方面的新的挑战。

职业目标

学习目标：
- 了解无线网常见的攻击
- 了解无线网秘钥协议
- 了解无线网的加密机制

能力目标：
- 掌握无线网的安全配置
- 掌握 VPN 安全
- 掌握无线网安全新进展

 相关知识

6.1　无线网络概念

无线局域网于 1990 年出现在人们的现实生活中。当它出现时，就有人预言完全取消电缆和线路连接方式的时代即将来临。目前，随着无线网络技术的日趋完善，无线网络产品价格的持续下调，无线局域网的应用范围也迅速扩展。过去，无线 LAN 仅限于工厂和仓库使用，现在已进入办公室、家庭，乃至其他公共场所。

无线局域网是指以无线信道作传输媒介的计算机局域网（Wireless Local Area Network，WLAN）。它是无线通信、计算机网络技术相结合的产物，是有线联网方式的重要补充和延伸，并逐渐成为计算机网络中一个至关重要的组成部分。

目前，无线通信一般有两种传输手段，即无线电波和光波。无线电波包括短波、超短波和微波。光波指激光、红外线。

短波、超短波类似电台或电视台广播采用的调幅、调频或调相的载波，通信距离可达数十千米。这种通信方式传输速率慢、保密性差、易受干扰、可靠性差，一般不用于无线局域网。激光、红外线由于易受天气影响，不具备穿透的能力，在无线局域网中一般也不用。

因此，微波是无线局域网通信传输媒介的最佳选择。目前，使用微波作传输介质通常以扩频方式传输信号。这种扩频通信最早始于军事通信，由于扩频通信在提高信号接收质量、抗干扰、保密性、增加系统容量方面都有突出的优点，扩频通信迅速地在民用、商用通信领域普及开来。在国内，近年来扩频通信技术已经应用于室内局域网互联和室外城域网互联等领域。

6.2　无线网发展趋势

无线局域网（WLAN）作为一种能够帮助移动人群保持网络连接的技术，在全球范围内受到来自多个领域用户的支持，目前已经获得迅猛发展。无线局域网的发展主要从公共热点（在公共场所部署的无线局域网环境）和企业组织机构内部架设两个方向铺开。世界范围内的公共无线局域网热点数量近三年增加近 60 倍。

在企业、学校等组织机构内部，笔记本电脑的普及也带动了无线局域网（WLAN）的普及。

以英特尔公司为例，全球 79,000 名员工中有 65%以上的人使用笔记本电脑，其中 80%以上的办公室都部署了无线局域网（WLAN），英特尔公司围绕具备无线能力的笔记本电脑如何改变其员工的生活习惯和工作效率进行了调查，结果表明，员工的工作时间平均每周提高了两小时以上，远远超过了所花费的升级成本，而且完成一般办公室任务的速度提高了37%。此外，无线移动性还迅速改变了员工的工作方式，使其能够更加灵活自主地安排自己的工作。

6.3 无线网常见攻击

由于无线局域网采用公共的电磁波作为载体，电磁波能够穿过天花板、玻璃、楼层、砖、墙等物体，因此在一个无线局域网接入点（Access Point）所服务的区域中，任何一个无线客户端都可以接收到此接入点的电磁波信号，这样就可能包括一些恶意用户也能接收到其他无线数据信号。这样恶意用户在无线局域网中相对于在有线局域网当中，去窃听或干扰信息就来得容易得多。

WLAN 所面临的安全威胁主要有以下几类。

1. 网络窃听

一般说来，大多数网络通信都是以明文（非加密）格式出现的，这就会使处于无线信号覆盖范围之内的攻击者可以乘机监视并破解（读取）通信。这类攻击是企业管理员面临的最大安全问题。如果没有基于加密的强有力的安全服务，数据就很容易在空气中传输时被他人读取并利用。

2. AP 中间人欺骗

在没有足够的安全防范措施的情况下，很容易受到中间人利用非法 AP 进行的欺骗攻击。解决这种攻击的通常做法是采用双向认证方法（即网络认证用户，同时用户也认证网络）和基于应用层的加密认证（如 HTTPS＋Web）。

3. WEP 破解

现在互联网上存在一些程序，能够捕捉位于 AP 信号覆盖区域内的数据包，收集到足够多的 WEP 弱密钥加密的包，并进行分析以恢复 WEP 密钥。根据监听无线通信的机器速度、WLAN 内发射信号的无线主机数量，以及由于 802.1x 帧冲突引起的 IV 重发数量，最快可以在两个小时内攻破 WEP 密钥。

4. MAC 地址欺骗

即使 AP 起用了 MAC 地址过滤，使未授权的黑客的无线网卡不能连接 AP，这并不意味着能阻止黑客进行无线信号侦听。通过某些软件分析截获的数据，能够获得 AP 允许通信的 STA MAC 地址，这样黑客就能利用 MAC 地址伪装等手段入侵网络了。

6.4 WEP 协议的威胁

1. 无线网络中的 WEP 密钥

相对于有线网络来说，通过无线网络发送和接收数据更容易被窃听。在 IEEE802.1x 标准中采用了 WEP（Wired Equivalent Privacy，有线对等保密）协议来设置专门的安全机制，WEP 是建立在 RC4 流密码机制上的协议，并使用 CRC-32 算法进行数据校验和计算从而确保数据在无线网络中的传输完整性。RC4 流密码机制其目的在于对无线环境中的数据进行加密，从而达到数据在传递过程中不被窃听和破解。它采用对称加密机理，即数据的加密和解密采用相同的密钥和加密算法，WEP 使用加密密钥（也称为 WEP 密钥）。WEP 工作流程如图 6-1 所示。

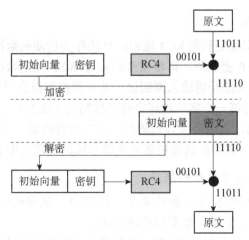

图 6-1　WEP 工作流程

2．加密过程

WEP 支持 64 位和 128 位加密，对于 64 位加密，加密密钥为 10 个十六进制字符或 5 个 ASCII 字符；对于 128 位加密，加密密钥为 26 个十六进制字符或 1、3 个 ASCII 字符。依赖通信双方共享的密钥来保护所传的加密数据帧。其数据的加密过程如下。

（1）计算校验和（Check Summing）。

① 对输入的数据进行 CRC-32 完整性校验和计算。

② 把输入的数据和计算得到的校验和组合起来得到新的加密数据，也称为明文，明文作为下一步加密过程的输入数据。

（2）加密：在这个过程中，将第（1）步得到的数据明文采用 RC4 算法加密。对明文的加密有两层含义：明文数据的加密，保护未经认证的数据。

① 将 24 位的初始向量和 40 位的密钥连接并进行校验和计算，最终得到 64 位的数据。

② 将 64 位的数据输入到基于 RC4 流密码算法的虚拟随机数产生器中，它对初始向量和密钥的校验及加密计算。

③ 经过校验和计算的明文与虚拟随机数产生器的输出密钥流进行按位异或运算得到加密后的信息，即密文。

（3）传输：将初始向量和密钥串接起来，得到要传输的加密数据帧，在无线网络上传输。

3．解密过程

（1）恢复初始明文。重新产生密钥流，将其与接收到的密文信息进行异或运算，以恢复初始明文信息。

（2）检验校验和。接收方依照恢复的明文信息来检验校验和，并将恢复的明文信息进行分离，重新计算校验和，并检查它是否与接收到的校验和相匹配。这样即确保只有正确校验和的数据帧才会被接收方所接收，并获取无线网络中的数据。

6.5　WEP 的密钥缺陷

WEP 密钥缺陷主要源于以下三个方面。

1. WEP帧的数据负载

由于 WEP 加密算法实际上利用 RC4 流密码算法作为伪随机数产生器，并由初始向量和 WEP 密钥组合而生成 WEP 密钥流，再将该密钥流与 WEP 帧的数据负载进行异或运算来实现加密运算。RC4 流密码算法是将输入密钥进行某种置换和组合运算来生成 WEP 密钥流。由于 WEP 帧的数据负载的第一个字节是逻辑链路控制的 802.2 头信息，这个头信息对于每个 WEP 帧的数据都是相同的，攻击者很容易猜测，利用猜得的第一个明文字节和 WEP 帧的数据负载密文即可通过异或运算得到伪随机数发生器生成的密钥流中的第一个字节。

2. CRC-32 算法在WEP过程中的缺陷

在 802.1.1.b 协议中允许初始向量被重复多次使用，这就构成了恶意攻击者充分利用 CRC-32 算法在 WEP 中的缺陷进行数据窃听和攻击。

于 WEP 而言，CRC-32 算法的作用在于对数据进行完整性校验。但是 CRC-32 其校验和并不是 WEP 中的加密函数，它只是负责检查原文是否完整。也就是说在整个过程中，恶意的攻击者可以截获 CRC-32 数据明文，并可重构自己的加密数据并结合初始向量一起发给接收方。

在 WEP 过程中，无身份验证机制。恶意攻击者通过简单的手段就可以实现与无线局域网客户端的伪链接，即可获取相应的异或文件，并通过 CRC-32 进行完整性校验，从而攻击者能用异或文件伪造 ARP 包，然后依靠这个包去捕获无线局域网中的大量有效数据。

6.6 WEP 密钥缺陷攻击

目前针对 WEP 密钥缺陷引发的攻击可大致分为以下两类。

1. 被动无线网络窃听，破解WEP密码

这种攻击模式的主要特征在于，在无线网络中进行大量的数据窃听，收集到足够多的有效数据帧，并利用这些信息对 WEP 密码进行还原。从这个数据帧里攻击者可以提取初始向量值和密文。对应明文的第一个字节是逻辑链路控制的 802.2 头信息。通过这一个字节的明文和密文，攻击者做异或运算就能得到一个字节的 WEP 密钥流，由于 RC4 流密码产生算法只是把原来的密码打乱次序，攻击者获得的这一字节的密码仅是初始向量和密码的一部分。但由于 RC4 的打乱处理，攻击者并不知道这一个字节具体的位置和排列次序。但当攻击者收集到足够多的初始向量值和密码之后，就可以进行统计分析运算。利用上面的密码碎片重新排序，最终得到密码碎片正确的顺序排列，从而分析出 WEP 的密码。

2. ARP请求攻击模式

攻击者抓取合法无线局域网客户端的数据请求包。如果截获到合法客户端发给无线访问接入点的 ARP 请求包，攻击者便会向无线访问接入点重发 ARP 包。由于 802.1.1.b 允许初始向量值重复使用，所以无线访问接入点接到这样的 ARP 请求后就会自动回复到攻击者的客户端。这样攻击者就能搜集到更多的初始向量值。攻击者捕捉到足够多的初始向量值后就可以进行被动无线网络窃听并进行 WEP 密码破解。但当攻击者没办法获取 ARP 请求时，其通常采用的模式即使用 ARP 数据包欺骗，让合法的客户端和无线访问接入点断线，然后在其重新连接的过程中截获 ARP 请求包，从而完成 WEP 密码破解。

6.7　WEP 对应决策

目前针对 WEP 密钥的破解技术和相应工具已经相当成熟。通过互联网搜索引擎可以找到大量的相关信息，使得任意一个用户都可能成为恶意攻击者，并对使用 WEP 密钥的无线网络造成威胁。

为此越来越多的用户开始转向于使用 WPA 加密方案，但是由于其完整的 WPA 实现起来比较复杂，操作过程较为困难（微软针对这些设置过程还专门开设了一门认证课程），一般用户不容易掌握。对于企业和政府来说，很多设备和客户端并不支持 WPA，最重要的是 TKIP（暂时密钥集成协议）加密并不能满足一些更高要求的加密需求，还需要技术复杂度更高的加密方式，所以 WPA 的使用中出现了较多的问题。同时公认为较为安全的 WPA 加密方案的破解技术也已经出现，仅因为目前计算机运算速度等多方面原因使得破解 WPA 加密需要花费大量的时间。但我们可以预见的是：在不久之后 WPA 加密方案也会如 WEP 加密一样脆弱。

当今比较成熟的无线网络安全方案通常不仅仅局限于一种安全策略的方案，这是源于其单一策略的功能局限性，我们提出了安全策略组，如图 6-2 所示。根据这些策略自身的特点构建出一个安全的无线环境。

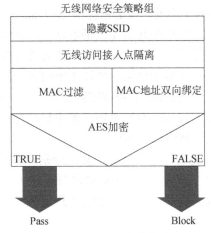

图 6-2　无线网络安全策略组

1. 隐藏SSID策略

SSID，即 Service Set Identifier 的简称，让无线客户端对不同无线网络的识别，客户端只有收到这个参数或者手动设定与无线访问接入点相同的 SSID 才能连接到无线网络。SSID 策略可以保障在当前网络的无线信道中的数据不被窃听，从而保障了对应的无线网络密码安全。这一策略为无线网络策略组的第一步，仅当通过这一策略之后，才能进入到无线访问接入点隔离阶段。

2. 无线访问接入点隔离策略

无线访问接入点隔离策略类似于有线网络的 VLAN，即将所有的无线客户端设备完全隔离，使其只能访问无线访问接入点连接的固定网络。不同的 VLAN 之间不能直接通信，从而降低了无线接入点被恶意攻击者攻击的概率。当无线用户接入点进入到访问接入点隔离策略阶段时，各自接入交换机后将会被自动划分到相应的 VLAN 上。划分完毕之后，策略组就自动对各个接入点进行第三阶段的策略判断。

3. MAC过滤策略

在这一策略中包含两个详细的规则：①MAC 地址过滤，这种方式就是通过对无线访问接入点的设定，将指定的无线网卡的物理 MAC 地址输入到无线访问接入点中。而访问接入点对收到的每个数据包都会做出判断，只有符合设定标准的才能被转发，否则将会被丢弃。这样就从很大的程度上保障了非当前的无线网络中注册的计算机不能登录网络。②MAC 地址双向绑定策略，MAC 地址双向绑定的方法多用于企业内部针对 ARP 欺骗病毒进行防御，不过对于伪造 MAC 地址非法入侵无线网络来说同样奏效。其从根本上可以防御无线网络中的 ARP 请求攻击。在这一策略过程中，仅当接入点设备满足如上两个详细规则后，才能进行最终的无线通信，并在通信的过程中使用 AES 加密策略。

4. AES加密策略

AES 加密策略是整个策略组中最重要的策略，虽然上面的 4 种策略能从一定策略上保障整个网络的安全。但是为了更为有效地确保网络安全，则 AES 加密策略是整个策略组的核心部分。

AES 加密作为一种全新加密标准，其加密算法采用对称块加密技术，提供比 WEP 中 RC4 算法更复杂的加密性能，是密码学中的高级加密标准（Advanced Encryption Standard，AES），又称 Rijndael 加密法。尽管人们对 AES 还有不同的看法，但总体来说，AES 作为新一代的数据加密标准汇聚了强安全性、高性能、高效率、易用和灵活等优点。这个标准已经替代了原先的 DES，被多方分析且广为全世界所使用。经过 5 年的甄选流程，美国国家标准与技术研究院（NIST）于 2001 年 11 月 26 日发布 FIPS PUB 1.97，并在 2002 年 5 月 26 日成为有效的标准。2006 年，高级加密标准已然成为对称密钥加密中最流行的算法之一。仅当通过安全策略组时，接入点才能正常地进行网络信息通信。

上面 4 种安全策略构建的无线网络策略组，其中分别从 VLAN、MAC 两个方面来降低无线接入点被恶意攻击的风险。隐藏 SSID 策略则降低了接入点信息被窃听的风险。其安全系数已经完全能够抵御大多数无线网络攻击，并保证其正常工作和无线接入点的各个用户的数据安全。

6.8　无线安全机制

由于无线网络，没有网线的束缚，任何在无线网络范围之中的无线设备，都可搜索到无线网络，并可以共享连接无线网络。这就对我们自己的网络和数据造成了安全问题，如何解决这种不安全因素呢？这就需要对我们的无线网络进行安全设置，详细过程及步骤如下。

无线网络安全设置，只要在路由器中设置即可，现在的路由器多使用 Web 设置，因此从浏览器地址栏中输入路由器的 IP 地址，进入路由器设置页面进行设置即可。

对路由器无线安全设置，可通过设置取消 SSID 广播（无线网络服务用于身份验证的 ID 号，只有 SSID 号相同的无线主机才可以访问本无线网络）或采用禁用 SSID 广播的方法。

1. 设置取消SSID广播

SSID（Service Set Identifier）也可以写为 ESSID，用来区分不同的网络，最多可以有 32 个字符，无线网卡设置了不同的 SSID。SSID 通常由 AP 广播出来，通过 Windows 自带的扫描功能可以查看当前区域内的 SSID。出于安全考虑可以不广播 SSID，此时用户就要手工设置 SSID 才能进入相应的网络。简单地说，SSID 就是一个局域网的名称，只有设置为名称相同 SSID 的值的计算机才能互相通信。

2. 禁用SSID广播

通俗地说，SSID 便是我们给自己的无线网络所取的名字。需要注意的是，同一生产商推出的无线路由器或 AP 都使用了相同的 SSID，一旦那些企图非法连接的攻击者利用通用的初始化字符串来连接无线网络，就极易建立起一条非法的连接，从而给我们的无线网络带来威胁。因此，最好能够将 SSID 命名为一些较有个性的名字。

无线路由器一般都会提供"允许 SSID 广播"功能。如果不想让自己的无线网络被别人通过 SSID 名称搜索到，那么最好"禁用 SSID 广播"。此时无线网络仍然可以使用，只是不会出现在其他人所搜索到的可用网络列表中。

注意：通过禁用 SSID 广播设置后，无线网络的效率会受到一定的影响。而且由于没有进行 SSID 广播，该无线网络被无线网卡忽略了，尤其是在使用 Windows 管理无线网络时，达到"掩人耳目"的目的。

首先我们进入路由器设置界面，选择无线参数，取消"允许 SSID 广播"，一般路由器设置的 SSID，厂家都会默认使用厂家的标志或机型，因此，如果不想让别人猜出无线网络的 SSID，我们可手动修改 SSID，可指定任意个性化的 SSID，但也可不指定，采用默认的 SSID。

6.9　无线 VPN 配置

1. 需求描述

一些中小型企业和政府机构出于布线系统困难的考虑，采用无线局域网部置，主要有以下情况：

- 布线困难和安装成本高，如历史建筑、腐蚀性环境和开阔地带。
- 频繁变化的环境，如零售店、工厂和银行频繁地重新安排工作场所和改变工作地点。
- 用于特殊的项目或高峰时间的临时局域网，零售店和航空公司在高峰时期需要额外的工作站。展览会和交易展会短期内需要安装临时局域网。
- 应急局域网，在网络遭遇灾难被破坏时，需要快速安装和紧急恢复。

2. 解决方案

上述网络构建需求可以通过采用 Avaya 公司的 VPN 网关 VSU-100 和 VSU-2000 实现 VPN 安全网络。其中 VSU-100 是用于小型和中型业务的 VPN 设备，它具有 2 个局域网端口，采用 16Mbps 速率的加密 3DES 算法，可以同时支持 100 个 VPN 隧道；而 VSU-2000 适合用于分支办事处，它具有 2 个局域网端口，采用 16Mbps 速率的加密 3DES 算法，可以同时支持 100 个 VPN 隧道。VPN 安全网络如图 6-3 所示。

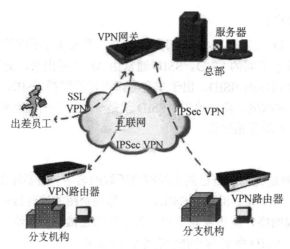

图6-3　VPN安全网络

无线局域网由于采用无线电波的方式传输信息，所以信息很容易被接收，其安全对于一些企业和单位成为非常关注的问题。采用VPN后，在空中传输的是经过加密的信息，因此不会出现安全隐患。该解决方案的VPN隧道安全服务还具有以下特点：

- 采用IPSec安全协议。
- 采用信息压缩技术压缩，提高了传输效率。
- 采用密钥管理技术（IKE和SKIP）。
- 具有设备验证（数字认证和共享机密）的功能。
- 具有用户检查的功能，采用了LDAP、CHAP/PAP、RADIUS和SecurID等技术。

Avaya公司的无线VPN解决方案为企业和业务提供者的IP-VPN网络提供了安全措施和基于策略的管理。随着IEEE 802.1.1.b和IEEE 802.1.1.a标准的出台，无线局域网市场将有很大的发展，所以该解决方案对于安全性要求较高的用户具有很大的吸引力。

通过Avaya公司为该网关配置的Avaya VPN-manager，用户可以采用集中的策略管理。使用了VPN-manager配置和VPN策略，信息可以被集中管理，并被有效而透明地发送到VSU网关。这样，就减少了对用来支持VPN配置和管理的昂贵IT资源的需要。

6.10　无线网络安全配置

WLAN是Wireless LAN的简称，即无线局域网。所谓无线网络，顾名思义就是利用无线电波作为传输媒介而构成的信息网络，由于WLAN产品不需要铺设通信电缆，可以灵活机动地应付各种网络环境的设置变化。

WLAN技术为用户提供更好的移动性、灵活性和扩展性，在难以重新布线的区域提供快速而经济有效的局域网接入，无线网桥可用于为远程站点和用户提供局域网接入。但是，当用户对WLAN的期望日益升高时，其安全问题随着应用的深入表露无遗，并成为制约WLAN发展的主要瓶颈。

1. 威胁无线局域网的因素

首先应该考虑的问题是，由于WLAN是以无线电波作为上网的传输媒介，因此无线网络存在着难以限制网络资源的物理访问，无线网络信号可以传播到预期的方位以外的地域，具体情况要根据建筑材料和环境而定，这样就使得在网络覆盖范围内都成为了 WLAN 的接入点，给入侵者有机可乘，他们可以在预期范围以外的地方访问 WLAN，窃听网络中的数据，有机会入侵 WLAN，应用各种攻击手段对无线网络进行攻击。

其次，由于 WLAN 是符合所有网络协议的计算机网络，所以计算机病毒一类的网络威胁因素同样也威胁着所有 WLAN 内的计算机，甚至会产生比普通网络更加严重的后果。

因此，WLAN 中存在的安全威胁因素主要是：窃听、截取或者修改传输数据、置信攻击、拒绝服务等。

IEEE 802.1.x 认证协议发明者 VipinJain 接受媒体采访时表示："谈到无线网络，企业的 IT 经理人最担心两件事。首先，市面上的标准与安全解决方案太多，使得用户无所适从；第二，如何避免网络遭到入侵或攻击?无线媒体是一个共享的媒介,不会受限于建筑物实体界线,因此有人要入侵网络可以说十分容易。"因此 WLAN 的安全措施还任重而道远。

2. 无线局域网的安全措施

（1）采用无线加密协议防止未授权用户。保护无线网络安全的最基本手段是加密，通过简单地设置 AP 和无线网卡等设备，就可以启用 WEP 加密。WEP 是对无线网络上的流量进行加密的一种标准方法。许多无线设备商为了方便安装产品，交付设备时关闭了 WEP 功能。但一旦采用这种做法，黑客就能利用无线嗅探器直接读取数据。建议要经常对 WEP 密钥进行更换，在有条件的情况下启用独立的认证服务为 WEP 自动分配密钥。另外一个必须注意的问题就是用于标识每个无线网络的服务者身份（SSID），在部署无线网络时一定要将出厂时的默认 SSID 更换为自定义的 SSID。现在的 AP 大部分都支持屏蔽 SSID 广播，除非有特殊理由，否则应该禁用 SSID 广播，这样可以减少无线网络被发现的可能。

但是目前 IEEE 802.1.1 标准中的 WEP 安全解决方案，在 15 分钟内就可被攻破，已被广泛证实不安全。所以如果采用支持 128 位的 WEP，破解 128 位的 WEP 是相当困难的，同时也要定期地更改 WEP，保证无线局域网的安全。如果设备提供了动态 WEP 功能，最好应用动态 WEP，值得庆幸的是，Windows 本身就提供了这种支持，可以选中 WEP 选项"自动为我提供这个密钥"。同时，应该使用 IPSec、VPN、SSH 或其他 WEP 的替代方法，不要仅仅使用 WEP 来保护数据。

（2）改变服务集标识符并且禁用 SSID 广播。SSID 是无线接入的身份标识符，用户用它来建立与接入点之间的连接。这个身份标识符是由通信设备制造商设置的，并且每个厂商都有自己的默认值。例如，3COM 的设备都用"101"来标识。因此，知道这些标识符的黑客可以很容易不经过授权就享受无线服务。因此需要给每个无线接入点设置一个唯一并且难以推测的 SSID。如果可能的话，还应该禁止你的 SSID 向外广播。这样，你的无线网络就不能够通过广播的方式来吸纳更多用户。当然这并不是说你的网络不可用，只是它不会出现在可使用网络的名单中。

（3）静态 IP 与 MAC 地址绑定。无线路由器或 AP 在分配 IP 地址时，通常默认使用 DHCP 即动态 IP 地址分配，这对无线网络来说是有安全隐患的，"不法"分子只要找到了无线网络，很容易就可以通过 DHCP 而得到一个合法的 IP 地址，由此就进入了局域网络中。因此，建议关闭 DHCP 服务，为每台计算机分配固定的静态 IP 地址，然后再把这个 IP 地址与该计算机网卡的 MAC 地址进行绑定，这样就能大大提升网络的安全性。"不法"分子不易得到合法的 IP 地址，即使得到了，因为还要验证绑定的 MAC 地址，相当于两重关卡。设置方法如下：首先，在无线路由器或 AP 的设置中关闭"DHCP 服务器"，然后激活"固定 DHCP"功能，把各台计算机的"名称"设置好（即 Windows 系统属性中的"计算机描述"选项），以后要固定使用的 IP 地址，其网卡的 MAC 地址都如实填写好，最后单击"执行"按钮就可以了。

6.11 无线 VPN 安全

由于架设 VPN 的需要，各网点原来使用的无线路由器需要重新设置。具体设置方法如下所示（这里截取的是 TP LINK 路由器的图片，华为路由器设置请参考本方法对照设置执行）：

（1）打开浏览器，在地址栏中输入"http：//192.168.1.1"后按回车键，进入路由器登录界面，如图 6-4 所示。

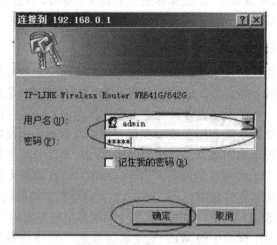

图 6-4　路由器登录界面

输入用户名、密码后单击"确定"按钮。

打开"网络参数"中的"LAN 设置"界面，如图 6-5 所示。

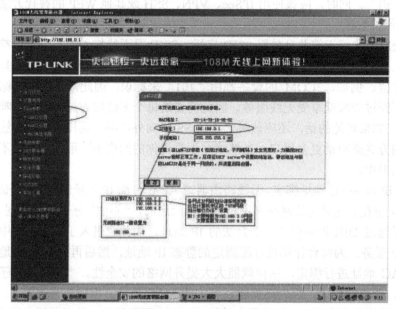

图 6-5　"LAN 设置"界面

（2）打开"网络参数"中的"WAN 设置"界面进行更改，如图 6-6 所示。

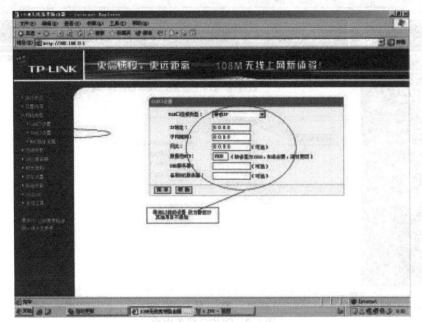

图 6-6　"WAN 设置"界面

（3）打开"无线参数"中的"基本设置"界面进行更改，如图 6-7 所示。

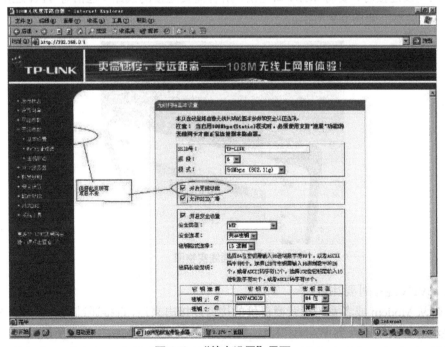

图 6-7　"基本设置"界面

（4）打开"DHCP 服务器"中的"DHCP 服务"界面进行更改，如图 6-8 所示。

（5）其他未列出的项目均不做更改和设置。

（6）更改设置完成后，切记要保存，然后重新启动路由器。

图 6-8　DHCP 服务界面

（7）设置完成后，无线路由器将会当作无线交换机的功能使用，不再使用原有的路由功能，所以在网线连接时，要将 WAN 口空出，所有需要连接的线路（包括与 VPN 连接的主线）都插在 LAN 口上，如图 6-9 所示。

图 6-9　插线实物图

另外，VPN 连接时要注意：

● 宽带从 Modem 或者宽带运营商提供的接口连接出来后，直接通过网线连接到 VPN 上。连接时要注意将网线插入到 WAN1 口上，WAN2 口为预留口，如图 6-10 所示。

● 架设 VPN 后，需将全部网内计算机的本机 IP 地址设置为自动获取，待计算机取得 IP 后才能连接网络。如果手动添加 IP 则需要注意自己所在的网段。

● VPN 连接成功后，一律将各网点电子监控设备（硬盘录象机）的主机 IP 地址设置为 192.168.1.28，端口一律更改为 8001，否则监控系统不能连网。

图 6-10　插线实物图

第7章　物理环境安全

 **知识导读**

　　计算机网络实体是网络系统的核心，它既是对数据进行加工处理的中心，也是信息传输控制中心。它包括网络系统的硬件、软件和数据资源。因此保证计算机网络实体安全，即是保证网络硬件和环境、存储介质、软件和数据安全。实体安全（Physical Security）又叫物理安全，是保护计算机设备、设施（含网络）免遭地震、水灾、火灾、有害气体和其他环境事故（如电磁污染等）破坏的措施和过程。实体安全主要考虑的问题是环境、场地和设备的安全以及实体访问控制和应急处置计划等。本任务通过几个小任务依次介绍机房的安全等级；机房的安全保护；机房的"三度"要求；机房的电磁干扰防护；机房接地保护与静电保护；机房电源系统；机房的防火、防水与防盗等内容。

 职业目标

学习目标：
- 了解机房相关的国家标准
- 了解机房给水排水、消防、安全防范等标准规范
- 熟悉机房设备布置方法
- 熟悉电磁干扰的传播途径和对计算机系统的影响
- 熟悉机房防鼠、虫措施
- 熟悉机房防火和疏散措施

能力目标：
- 掌握机房的安全等级
- 掌握各级机房性能要求
- 掌握电子信息系统机房位置选择
- 掌握机房电磁干扰的防护措施
- 掌握机房给水排水管道敷设方法
- 掌握机房消防设施
- 掌握机房安全防范系统等设计

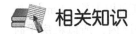 **相关知识**

7.1　机房的安全等级

1. 机房的安全等级划分

电子信息系统机房应划分为 A、B、C 三级。设计时应根据机房的使用性质、管理要求及其在经济和社会中的重要性确定所属级别。

（1）符合下列情况之一的电子信息系统机房应为 A 级

A 级为容错型，电子信息系统运行中断将造成重大的经济损失；电子信息系统运行中断将造成公共场所秩序严重混乱。

A 级举例：国家级信息中心、计算中心；重要的军事指挥部门；大中城市的机场、广播电台、电视台、应急指挥中心；银行总行；国家和区域电力调度中心等的机房。

（2）符合下列情况之一的电子信息系统机房应为 B 级

B 级为冗余型，电子信息系统运行中断将造成较大的经济损失；电子信息系统运行中断将造成公共场所秩序混乱。

B 级举例：科研院所；高等院校；三级医院；大中城市的气象台、信息中心、疾病预防与控制中心、电力调度中心、交通（铁路、公路、水运）指挥调度中心；国际会议中心；大型博物馆、档案馆、会展中心、国际体育比赛场馆；省部级以上政府办公楼；大型工矿企业等的机房。

（3）不属于 A 级或 B 级的电子信息系统机房为 C 级

C 级为基本型。在异地建立的备份机房，设计时应与原有机房等级相同；同一个机房内的不同部分可以根据实际需求，按照不同的标准进行设计。

2. 电子信息系统机房位置选择

电子信息系统机房位置选择应符合下列要求：电力供给应稳定可靠，交通通信应便捷，自然环境应清洁；应远离产生粉尘、油烟、有害气体以及生产或储存具有腐蚀性、易燃、易爆物品的场所；远离水灾火灾隐患区域；远离强振源和强噪声源；避开强电磁场干扰。

对于多层或高层建筑物内的电子信息系统机房，在确定主机房的位置时，应对设备运输、管线敷设、雷电感应和结构荷载等问题进行综合考虑和经济比较；采用机房专用空调的主机房，应具备安装室外机的建筑条件。

机房不宜设置在地下室的底层。当设置在地下室的底层时，应采取措施，防止管道泄漏、消防排水等水浸损失。

3. 机房选址、平面规划举例

某单位在城郊新建 6 层半圆弧型办公楼，机房位于四楼，场地的建筑结构层高 3.6m。梁下净高 2.8m，建筑面积大约 140m²，施工项目有：装饰工程、电气照明系统、新风空调系统、安防、门禁场地监控系统、UPS 电源系统、KVM 系统及综合布线等的设计与施工。

（1）通过现场调查、与甲方交谈了解

本机房场地的形状一面是弧型，层高不理想，梁下净高 2.8m，建筑面积大约 140m²；机房工作人员的办公区在机房同楼层，并相邻。监控中心和操作室在办公区内，所以机房平时无人；目前设备总容量不超过 15kV·A。考虑将来业务发展，甲方要求将 UPS 容量设计为 40+10kVA；空调室外机放在一层呼叫中心的屋顶，落差 7.2m。大楼西侧五楼顶有一挑出的平台；该大楼地处城市郊区，周围环境比较差。

（2）分析决策

机房选址：原机房位置为细长曲线形状，不利于设备布局、施工和后期扩展，另外空调室外机布置在呼叫中心的屋顶上，低于机房太多，不利于空调机的正常运行。而大楼西侧形状比较规则，且五楼顶有一平台适合摆放空调室外机；在大楼的一端，便于安全管理，经论证比较，确定了机房的新位置。

平面规划：本机房面积不大，为便于今后扩展，平面规划为主机房和新风室两个功能区。

机房高度的保证：本机房建筑层高很不理想，为保证机房美观实用，考虑到该机房热负荷不大，采用下送侧回的气流组织形式就可以保证设备冷却的要求，同时对于 140m² 的机房，采用无管网气体灭火系统也是一个很好的选择，最后通过精心设计、精心施工，在保证地板高度 300mm 的基础上，使机房净高达到了可能的最大高度——2.5m。

新风获取：本机房面积不大，需要新风量也不大，且主机房平时很少有人进入，该大楼地处农村，室外空气比较脏，而大楼安装有新风系统。经过综合考虑，采用了在机房边上设置新风室，在新风室内设置一台普通舒适空调机对抽取的新风进行预处理，由大楼内抽取新风的方法。该方法充分考虑了该机房的特点，既节能又节省专用空调机的损耗。

4. 机房设备布置

电子信息系统机房的设备布置应满足机房管理、人员操作和安全、设备和物料运输、设备散热、安装和维护的要求。产生尘埃及废物的设备应远离对尘埃敏感的设备，并宜布置在有隔断的单独区域内。

当机柜或机架上的设备为前进风/后出风冷却方式时，机柜和机架的布置宜采用面对面和背对背的方式。主机房内和设备间的距离应符合下列规定：用于搬运设备的通道净宽不应小于 1.5m；面对面布置的机柜或机架正面之间的距离不应小于 1.2m；背对背布置的机柜或机架背面之间的距离不应小于 0.8m；当需要在机柜侧面维修测试时，机柜与机柜、机柜与墙之间的距离不应小于 1.0m；成行排列的机柜，其长度超过 6m 时，两端应设有出口通道；当两个出口通道之间的距离超过 15m 时，在两个出口通道之间还应增加出口通道；出口通道的宽度不应小于 1m，局部可为 0.8m。

7.2 机房的安全保护

1. 机房安全防护标准

电子信息系统机房应设置安全防范系统，各系统的设计应根据机房的等级，按照国家现行标准《安全防范工程技术标准》（GB 50348—2018）和《智能建筑设计标准》（GB/T 50314—2015）的要求执行。

2. 机房内部安全防护

机房内部实行分区防护，分区采用物理隔离方式。机房划分为生产区、辅助区、测试维修区、开发区。生产区是指放置小型计算机、前置设备、接口设备、网络通信及保密设备、应用服务器等设备的业务运行区域。辅助区是指放置供电、消防、空调等设备的区域。测试维修区是指设备测试维修工作室、备件库等区域。开发区是指用于系统开发的计算机及终端室等区域。

各区分别实行不同的防护措施。生产区、测试维修区、辅助区和开发区均实行出入口控制。若开发区使用了生产系统资源，则开发区要实行生产区的安全保护措施。

3. 机房网络结构安全

应保证关键网络设备的业务处理能力具备冗余空间，满足业务高峰期的需要；应保证接入网络和核心网络的带宽满足业务高峰期的需要；应绘制与当前运行情况相符的网络拓扑结构图；应根据各部门的工作职能、重要性和所涉及信息的重要程度等因素，划分不同的子网或网段，并按照方便管理和控制的原则为各子网、网段分配地址段。

4. 网络设备防护

应对登录网络设备的用户进行身份鉴别；应对网络设备的管理员登录地址进行限制；网络设备用户的标识应唯一；身份鉴别信息应具有不易被冒用的特点，口令应有复杂度要求并定期更换；应具有登录失败处理功能，可采取结束会话、限制非法登录次数和当网络登录连接超时自动退出等措施；当对网络设备进行远程管理时，应采取必要措施防止鉴别信息在网络传输过程中被窃听。

5. 机房主机安全身份鉴别

应对登录操作系统和数据库系统的用户进行身份标识和鉴别；操作系统和数据库系统管理用户身份标识应具有不易被冒用的特点，口令应有复杂度要求并定期更换；应启用登录失败处理功能，可采取结束会话、限制非法登录次数和自动退出等措施；当对服务器进行远程管理时，应采取必要措施，防止鉴别信息在网络传输过程中被窃听；应为操作系统和数据库系统的不同用户分配不同的用户名，确保用户名具有唯一性。

7.3 机房的"三度"要求

1. 机房温度、相对湿度

温度、湿度和洁净度合称为"三度"，为保证计算机网络系统的正常运行，对机房内的"三度"都有明确的要求。为使机房内的"三度"达到规定的要求，空调系统、去湿机、除尘器是必不可少的设备。重要的计算机系统安放处还应配备专用的空调系统，它比公用的空调系统在加湿、除尘等方面有更高的要求。

主机房和辅助区内的温度、相对湿度应满足电子信息设备的使用要求；无特殊要求时，应根据电子信息系统机房的等级，按照规范 GB 50174—2017 的要求执行，如表 7-1 所示。

表 7-1 各级电子信息系统机房"三度"技术要求表

各级电子信息系统机房技术要求			
项目	技术要求		备注
	A 级	B 级	C 级	
环境要求				
主机房温度（开机时）	23±1℃		18～28℃	不得结露
主机房相对湿度（开机时）	40%～55%		35%～75%	
主机房温度（停机时）	5～35℃			
主机房相对湿度（停机时）	40%～70%		20%～80%	
主机房和辅助区温度变化率（开/停机时）	<5℃/h		<10℃/h	
辅助区温度/相对湿度（开机时）	18～28℃、35%～75%			
辅助区温度/相对湿度（停机时）	5～35℃、20%～80%			
不间断电源系统电池室温度	15～25℃			

2. 空气含尘浓度

A 级和 B 级主机房的含尘浓度，在静态条件下测试，每立方米空气中粒径大于或等于 0.5μm 的悬浮粒子数应少于 17 600 粒，如表 7-2 所示。

表 7-2 各级电子信息系统机房空气含尘浓度技术要求表

	A 级	B 级	C 级
粒径	大于≥0.5μm		
数量	3 500 粒/L	10 000 粒/L	18 000 粒/L

3. 空气调节系统设计

（1）要求有空调的房间宜集中布置，室内温度、湿度要求相近的房间，宜相邻布置。

（2）主机房采暖散热器的设置应根据电子信息系统机房的等级，按要求执行。如设置采暖散热器，应设有漏水检测报警装置，并应在管道入口处装切断阀，漏水时应自动切断给水，且宜装温度调节装置。

（3）电子信息系统机房的风管及管道的保温、消声材料和黏合剂，应选用非燃烧材料或难燃 B1 级材料。冷表面需做隔气、保温处理。

（4）采用活动地板下送风时，活动地板下的空间应考虑线槽及消防管线等所占用的空间。

（5）风管不宜穿过防火墙和变形缝。如必须穿过时，应在穿过防火墙处设防火阀；穿过变形缝处，应在两侧设防火阀。防火阀应既可手动又能自动。

（6）空调系统噪声超过规定时，应采取降噪措施。

（7）主机房宜维持正压。主机房与其他房间、走廊间的压差不宜小于 5Pa，与室外静压差不宜小于 10Pa。

（8）空调系统的新风量应取下列两项中的最大值：按工作人员计算，每人 40m³/h；维持室内正压所需风量。

（9）主机房内空调系统用循环机组宜设初效或中效过滤器。新风系统或全空气系统应设初效、中效空气过滤器，也可设置亚高效过滤器。末级过滤装置宜设在正压端。

（10）设有新风系统的主机房，在保证室内外一定压差的情况下，送排风应保持平衡。

（11）打印室等易对空气造成二次污染的房间，对空调系统应采取防止污染物随气流进入其他房间的措施。

（12）分体式空调机的室内机组可安装在靠近主机房的专用空调机房内，也可安装在主机房内。

（13）空调设计应根据当地气候条件，选择采用下列节能措施：大型机房空调系统宜采用冷水机组空调系统；北方地区采用水冷冷水机组的机房，冬季可利用室外冷却塔作为冷源，并应通过热交换器对空调冷冻水进行降温；空调系统可采用电制冷与自然冷却相结合的方式。

4. 设备选择

（1）空调和制冷设备的选用应符合运行可靠、经济适用、节能和环保的要求。

（2）空调系统和设备应根据电子信息系统机房的等级、机房的建筑条件、设备的发热量等进行选择，并按要求执行。

（3）空调系统无备份设备时，单台空调制冷设备的制冷能力应留有15%～20%的余量。

（4）选用机房专用空调机时，空调机宜带有通信接口，通信协议应满足机房监控系统的要求，显示屏宜为汉字显示。

（5）空调设备的空气过滤器和加湿器应便于清洗和更换，设备安装应留有相应的维修空间。

5. 空调设计举例

某南方省级信息中心机房主机房位于新大楼的 8 层，新大楼共 28 层（地下 2 层，地上 26 层），业务不少，24h 工作，近期将有较大扩张，配备 UPS 容量为 120kVA+120kVA，目前设备容量大约为 50kW。空调室外机放置于 8 楼平台上，距离大约 20m，平台因面积所限，室外机必须立式安装。

（1）设计过程

省级信息中心机房应为 B 级机房，24h 工作，所以必须保持空调工作的高可靠性。主机房选用机房专用下送风空调机组，并采用 $n+1$ 的冗余运行方式；监控室和更衣缓冲间、值班休息室等作为辅助房间采用商用吸顶空调机或大楼中央空调对其室内环境进行独立控制。

因机房近期将有较大扩张，用现负荷计算意义不大，所以采用 UPS 容量作为参考依据。

UPS 容量=120×0.8=96kW（功率因素 0.8）

主机容量=96×0.8=76.8kW（UPS 负荷率 0.8）

空调机容量=76.8×1.25=96kW（空调负荷率 0.8）

（2）设计案例

本项目选用某品牌某型号的空调机，查手册制冷量为 60.6kW（电量=制冷量/能效比）。

空调基本容量：2×60.6=121.2kW

富余：121.6－96=25.6kW

考虑建筑传热：300×80=24 000W=24kW（<80W/m²）

所以选用机房精密空调 3 台，组成 2 用 1 备的运行方式。考虑室外机距离较远，又采用立式安装，且南方夏季高温，建议将室外机放大一个型号配置。

7.4　机房的电磁干扰防护

1. 机房电磁干扰产生的来源

（1）来自电力网的干扰

大容量负荷的启停引起的电网电压波动或相间电压瞬时失衡可导致电压波形畸变及高次谐波的产生；电力开关的操作过程引起的强烈电流脉冲和短时电压跌落也可在电网上形成干扰。

（2）来自周围环境的干扰

来自周围环境的干扰源极多也较复杂，其中由雷电引起的干扰最为严重，雷击引起的冲击电流在几个微秒内就可达 75A，由此感应出的浪涌电压也极高；高压输电线路及变压器也是很强的干扰源：工、科、医射频设备（如微波加热、高频焊接、高频医疗器械等）干扰频谱范围更广；此外，一些办公电器、电动工具等也会对电网及周围空间产生干扰；甚至机动车辆在行驶时其点火装置、火花放电也会产生电磁干扰。

（3）来自计算机系统本身的干扰

计算机系统内部大量电子开关电路的动作也可引起快速的脉冲电流变化。如果机房的规模较大，则计算机系统本身产生的电磁干扰也不容忽视。

2. 电磁干扰的传播途径

（1）辐射

干扰源如果不是完全屏蔽的，它就要向外辐射电磁波。辐射的强度与干扰源的电流强度、辐射阻抗、发射频率有关。如果干扰的屏蔽外壳有缝隙或孔洞，辐射泄漏量与孔洞尺寸和波长的比例有关。

（2）传导

传导是电磁干扰传播的重要途径。干扰源通过与其相连的导线或通过公共阻抗耦合（如通过电源回路、接地回路、信号线、通信线等）向外发射电磁能量。

（3）感应

干扰通过导体间的电容耦合、电感耦合、电容电感混合耦合的形式传到与其相邻的其他导线上去。

3. 电磁干扰对计算机系统的主要影响

电磁干扰将会导致下列几种破坏性的后果：①导致数据的丢失。如果是一些重要性数据且没有备份的话，其后果往往是灾难性的。雷击事故引起的尖峰干扰可引起逻辑电路的伪触发，严重的可能引起集成电路电气燃烧，在几秒钟内使硬件设备造成毁灭性的破坏。②可能影响中央处理机的性能，使处理机性能呆滞，而且也会出现错误的后果。③使输入/输出逻辑出错。例如，会影响驱动器和监督程序之间读写操作的精确性。④导致计算机失去瞬间记忆，在数据写入磁盘之前，电源的电涌或冲击确实能破坏暂存于其中的数据。

4. 电磁干扰是如何产生的

（1）电力传输线

电力传输线存在两种噪声：一种是从传输线路的金属和绝缘子发出的电晕噪声，另一种是被载在传输线上的电波，又从金属线铁塔发出二次辐射噪声。根据传输电压的大小，所产生干扰的强弱也不同。在电力传输线的铁塔与铁塔之间，可观测到很强的水平极化波，而在铁塔附近可以观测到很强的垂直极化波。

（2）天线

计算机设备在广播电台、无线电台等大功率发射天线附近几百米范围内，会受到很强的电磁干扰。

（3）日光灯

在使用日光灯时，一个电压崩溃暂能发生而产生 RF 杂波干扰，干扰从灯管（泡）本身辐射出来，经由电源电路传导，或从供给日光灯电源的配线辐射出来。

（4）各种电气设备

如电机、继电器、接触器以及其他打火设备这些感应性负荷，当电流断开时产生高压，将给电源线或信号以脉冲式干扰。此外，计算机机房的其他设备，如吸尘器、UPS 电源、空气调节器等也会成为计算机设备的干扰源。

（5）雷击产生的感应火花放电

在雷击时，感应雷在传输线上的冲击电压有时可高达几千伏甚至几万伏，其对计算机设备的影响很大，甚至会导致计算机零部件损坏或使计算机损坏。

5. 建筑物的自然屏蔽

机房周围环境中电磁干扰源增加，致使机房内的电磁屏蔽问题已不容忽视。采取电磁屏蔽的一些基本措施有：使建筑物结构中含有许多金属构件，如金属屋面、金属网格、混凝土钢筋、金属门窗和护拦等。在建造建筑物时，将这些自然金属构件在电气上连接在一起，就可以对建筑物构成一个立体屏蔽网。这种屏蔽网虽然是格栅稀疏的，但毕竟能对外部侵入的雷电电磁脉冲形成初级屏蔽，使之受到一定程度的衰减，从而有助于减缓对内部信息系统屏蔽要求的压力。在各种钢筋混凝土结构的建筑物中，将全楼的梁、柱、楼板及墙板内的全部钢筋连接成一个电气整体，即形成一个暗装式避雷网——法拉第电磁屏蔽笼，如图 7-1 所示。

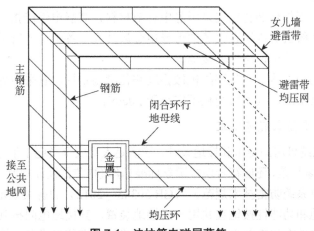

图 7-1 法拉第电磁屏蔽笼

6. 电源线和信号线的屏蔽

从防雷角度来看，建筑物内的所有低压电源和信号线都应采用有金属屏蔽层的电缆。没有屏蔽的导线应穿过金属钢管。在建筑物之间的无屏蔽线路应敷设在金属管道内。出于防雷可靠性的考虑，当低频电磁干扰不严重时，在需要保护的空间内，屏蔽电缆应至少在其两端以及在其所穿过的防雷区界面处接地。当低频电磁干扰严重时，可以将屏蔽电缆穿入金属管内或采用双屏蔽电缆将金属管或电缆外屏蔽层至少在两端接地。而金属管内的电缆屏蔽层或屏蔽电缆的内屏蔽层不接地或只做一端接地。这样既可以保证安全，又能兼顾低频电磁干扰的要求。

7. 仪器和设备的屏蔽

凡是对电磁脉冲干扰敏感的微电子设备和仪器，特别是那些高精尖的信息处理设备，都应采用连续的金属层加以封闭起来，进入仪器及设备的电源线和信号线以及它们之间的传输线应采用屏蔽电缆或穿过金属管进行屏蔽，在信号电缆的两端保持其护套与仪器的屏蔽体（如金属外壳）具有良好的电气接触，使它们能构成一个完整的屏蔽体系。

对于重要的计算机系统，也应加强其屏蔽措施，可根据实际需要采用单个设备屏蔽和将整个机房进行屏蔽等方式。实验研究表明，虽然目前使用的微型计算机具有较好的起屏蔽作用的机壳，但当脉冲电磁场强度达到一定值后，仍会发生误算或死机现象。其原因在于电磁干扰仍能通过键盘、电源电缆和主机与显示器的连线等渠道以感应与耦合等方式侵入机箱内。对于电子仪器设备采取屏蔽措施，还要依据其周围的电磁环境，对那些设置在建筑物易受雷击部位附近的室内电子设备，如位于顶角的微机等，要切实做好对它们的屏蔽。

7.5 机房接地保护与静电保护

1. 机房静电防护国家规范要求

（1）主机房和辅助区的地板或地面应有静电泄放措施和接地构造，防静电地板或地面的表面电阻或体积电阻应为 $2.5\times10^4\sim1.0\times10^9\Omega$，且应具有防火、环保、耐污耐磨性能。

（2）主机房和辅助区中不使用防静电地板的房间，可敷设防静电地面，其静电性能应长期稳定，且不易起尘。

（3）主机房内的工作台面材料宜采用静电耗散材料，其静电性能指标应符合相关规定。

（4）电子信息系统机房内所有设备的可导电金属外壳、各类金属管道、金属线槽、建筑物金属结构等必须进行等电位连接并接地。

（5）静电接地的连接线应有足够的机械强度和化学稳定性，宜采用焊接或压接，当采用导电胶与接地导体粘接时，其接触面积不宜小于 $20cm^2$。

2. 机房接地防雷国家规范要求

（1）电子信息系统机房的防雷和接地设计，应满足人身安全及电子信息系统正常运行的要求。设计除应符合国家规范，还应符合现行国家标准《建筑物防雷设计规范》（GB 50057—2017）和《建筑物电子信息系统防雷技术规范》（GB 50343—2012）的有关规定。

（2）保护性接地和功能性接地宜共用一组接地装置，其接地电阻按其中最小值确定。

（3）对功能性接地有特殊要求需单独设置接地线的电子信息设备，接地线应与其他接地线绝缘；接地线与接地线宜应同路径敷设。

（4）电子信息系统机房内的电子信息设备应进行等电位联结，并应根据电子信息设备易受干扰的频率及电子信息系统机房的等级和规模，确定等电位联结方式，可采用 S 型、M 型或 SM 混合型。

（5）采用 M 型或 SM 型等电位联结方式时，主机房应设置等电位联结网格，网格四周应设置等电位联结带，并应通过等电位联结导体将等电位联结带就近与接地汇流排、各类金属管道、金属线槽、建筑物金属结构等进行连接。每台电子信息设备（机柜）应采用两根不同长度的等电位联结导体就近与等电位联结网格连接。

（6）等电位联结网格应采用截面积不小于 $25mm^2$ 的铜带或裸铜线，并应在防静电活动地板下构成边长为 0.6～3m 的矩形网格。

（7）等电位联结带、接地线和等电位联结导体的材料和最小截面积应符合如表 7-3 所示的要求。

表 7-3　等电位联结带、接地线和等电位联结导体的材料和最小截面积

名称	材料	截面积/mm^2
等电位联结带	铜	50
利用建筑内的钢筋做接地线	铁	50
单独设置的接地线	铜	25
等电位联结导体（从等电位联结带至接地汇流排或其他等电位联结带；各接地汇流排之间）	铜	16
等电位联结导体（从机房内各金属装置至等电位联结带或接地汇流排；从机柜至等电位联结网格）	铜	6

3．机房接地的分类

接地主要有：工作接地、安全保护接地、防雷接地、屏蔽接地和防静电接地。

（1）工作接地。在电子设备中电子线路工作时的接地，分为交流工作接地和直流工作接地。按接地参考点考虑又分为悬浮接地、单点接地、多点接地以及混合接地四种。电子电路中的接地并不总是指接到大地，当电子电路接地被定义为零伏电位的基准点、线或平面时，就构成了电子线路的工作接地。接地基准点、线或平面可以是一台设备的外壳，也可以选用一段导电体作为接地基准。

（2）安全保护接地。安全保护接地是针对室内用电设备的，由于用电设备使用了交流电源，必须符合电力部门的有关规定。如果用电设备还使用了直流电源，而且使用情况又与大地有直接关系，则设备接地还应同时满足设备使用直流电源接地要求。交流电源系统的接地常常和电源配电线路系统有关，根据供电方式的不同特点，室内用电设备的安全保护接地分为 TN－C，TN－S，TN－C－S，TT，IT 系统。

我国目前多采用 TN－C 系统和 TT 系统。在 TN－C 系统中，保护线（PE 线）与中性线（N 线）合而为一，即为 PEN 线，该线通过正常负荷电流，用电设备外壳带电，所以不适合给数据处理设备和精密电子仪器等供电。而 TT 系统则需要采取单独的接地装置接地，并用漏电保护器做接地故障保护，所以它适合用来对接地要求较高的数据处理设备和精密的电子仪器供电。直流电源接地有两种，即利用大地做导电回路而采取的接地和利用大地做参考电位而采取的接地。前者已逐步被淘汰，目前多数情况属于后者。这样就要求参考电位最好是不变的，至少要保证使用同一接地系统的各设备间相对的参考电位没有差别。

（3）防雷接地。当雷电流沿着避雷装置的引下线流到接地装置时，由于雷电流是一个频率极为丰富的、等值频率大约为 10kHz 的脉冲电流，因此引下线和接地体在雷电脉冲电流的

冲击作用下，表现出来既具有电阻又具有电感。为了尽可能地减少沿引下线的电感压降，防止引下线对周围物体发生闪络，一般接闪装置采用多根引下线。这样既可降低每根引下线上的雷电流幅值，又可减小电感压降，所以对于建筑物避雷接地装置而言，它要求的是多点接地方式，而且接地线（引下线）应以最短路径接地。

（4）屏蔽接地和防静电接地。屏蔽接地和防静电接地用于各种仪器仪表，目的是使仪器和仪表测量得更精准些。还有的是防蚀接地，主要采用阳极保护，避免设备电化腐蚀。

总而言之，电力系统的电源与大地有无直接接地和室内用电设备需要什么样的接地，完全取决于实际情况。一般情况下，应根据电源系统是否接地来选取一个主要的接地系统，再辅以必要的接地作为补充。同时力争把仪器仪表的屏蔽接地、防静电接地相互兼容，从而构成整个接地系统，以满足各种接地要求。

7.6 机房电源系统

1. 机房配电系统国家标准

（1）供配电系统应为电子信息系统的可扩展性预留备用容量。

（2）户外供电线路不宜采用架空方式敷设。当户外供电线路采用具有金属外护套的电缆时，在电缆进出建筑物处应将金属外护套接地。

（3）电子信息系统机房应由专用配电变压器或专用回路供电，变压器宜采用干式变压器。

（4）电子信息系统机房内的低压配电系统不应采用 TN−C 系统，而应采用 TN−S 系统。

（5）电子信息设备应由不间断电源系统供电。不间断电源系统应有自动和手动旁路装置。确定不间断电源系统的基本容量时应留有余量。不间断电源系统的基本容量可按下式计算：

$$E \geqslant 1.2P$$

式中，E——不间断电源系统的基本容量，不包括备份的不间断电源系统设备；

P——电子信息设备的计算负荷。

（6）用于电子信息系统机房内的动力设备与电子信息设备的不间断电源系统应由不同回路配电。

（7）电子信息设备的配电应采用专用配电箱（柜），专用配电箱（柜）应靠近用电设备安装。

（8）电子信息设备专用配电箱（柜）宜配备浪涌保护器、电源监测和报警装置，并应提供远程通信接口。当输出端中性线与 PE 线之间的电位差不能满足电子信息设备使用要求时，宜配备隔离变压器。

（9）电子信息系统机房应配置后备柴油发电机系统，当市电发生故障时，后备柴油发电机应能承担全部负荷的需要。

（10）后备柴油发电机的容量应包括不间断电源系统、空调和制冷设备的基本容量及应急照明和关系到生命安全的设备需要的负荷容量。

（11）市电与柴油发电机的切换应采用具有旁路功能的自动转换开关。检修自动转换开关时，不应影响电源的切换。

（12）敷设在隐蔽通风空间的低压配电线路应采用阻燃铜芯电缆，电缆应沿线槽、桥架或局部穿管敷设；当配电电缆线槽（桥架）与通信缆线线槽（桥架）并列或交叉敷设时，配电电缆线槽（桥架）应敷设在通信缆线线槽（桥架）的下方。在活动地板下，电缆线槽（桥架）的布置不应阻断气流通路。

（13）配电线路的中性线截面积不应小于相线截面积，单相负荷应均匀分配在三相线路上。

2. 机房供配电方式

计算机机房供配电方式有很多。应根据不同的设备、不同的场合、不同的环境和不同的供电条件去建立合理的供配电方式。各种供配电方式有各自的优点，要根据实际情况认真设计和施工。下面介绍几种常用的供配电方式。

1）直接供电方式

直接供电方式是把变电站送来的工频交流电（通常为 50Hz 380V/220V）直接送到计算机设备配电柜和辅助设备配电柜。然后，由计算机设备配电柜分送给各种计算机设备；由辅助设备配电柜分配给空调、新风、照明、日常用电等附属设备。

直接供电方式的优点是：供电简单、设备少、投资低、运行费用少、维修方便。

缺点是：这种供电系统对电网的质量要求高，如果电网的质量低，或者电网负载方面引起的波动大时，会直接影响到计算机及其附属设备工作的可靠性。停电时，整个系统将无法工作。

从实际供电情况看，市电电网的质量一般难以满足计算机的要求，特别是在工矿区等用电设备较多的地方，大型设备的启动和停止都对电网有很大的影响。在一个单位里，如果供电都接在一条电路上，单位电梯的频繁使用，锅炉房、水泵房的电机的启停，会给电网带来很大的波动。在这种情况下，就必须对供配系统做进一步改善。

2）组合式供电方式

组合式供电方式是由隔离变压器、稳压器和滤波器等设备构成的。在组合式供电方式中，隔离变压器和低通滤波器对电网瞬变的干扰有隔离作用，稳压器对电网电压波动起到调节作用。

因此，这种组合式供电方式具有稳压、隔离和衰减瞬变干扰的作用。组合式供电方式的优点是：造价较低、运行稳定可靠、维修方便、运行费用低。缺点是：要求电网的频率变化在允许的范围内，电网突然停电时没有保证继续供电的能力。

3）稳压稳频供电方式

稳压稳频供电有两种形式，即静止型和旋转型。这里介绍旋转型稳压稳频供电。

旋转型：旋转型稳压稳频是由市电带动电动机发电机组进行供电的。

旋转型稳压稳频供电方式的优点是：供电系统有较好的抗干扰性和稳压稳频性，能满足计算机及其辅助设备用电的要求。静态型稳压稳频供电系统在建设时应由市电专送一路电。

4）不停电供电系统的供电方式

在计算机机房内建立不停电供电系统是一种比较理想的供电方式。建立不停电供电系统有两种形式：一种是双路供电系统加 UPS 电源设备；另一种是柴油发电机组做备用电源的供电系统加上 UPS 电源设备。

双路供电系统加 UPS 电源设备：双路供电系统加 UPS 电源设备组成的供电系统是比较理想的供电系统。这个供电系统有两路供电，一路为主路供电，从一个供电所来电；另一路为副路供电，从另一个供电所来电。两个供电所不可能同时停电。两个供电所转换供电的停电时间由 UPS 电源不间断地供电，UPS 电源要能保证 5min 以上的供电（一般有 10min 的蓄电池组代供）时间。平时将对 UPS 电源的蓄电池做正常浮充。在双路转换停电的短暂时间，由 UPS 电源将蓄电池的直流电逆变成交流电供计算机使用。

柴油发电机组做备用电源的供电系统加上 UPS 电源设备：基本供电方式同上，除市电正常一路供电外，另一路电由柴油发电机组提供。要求柴油发电机组在 10min 内能正常开机发电，UPS 电源的蓄电池能保证 10～15min 的供电。

双路供电或柴油发电机组做备用电源建立起的不停电供电系统，保证了计算机正常可靠地用电，并使计算机得到一个稳压稳频的比较干净可靠的电源。这种供电方式是目前计算机机房各种供电方案中比较理想的。但是，前一种方法造价比较高，又要受到供电部门在计算机场地附近是否有双路供电系统的限制；后一种方法是比较容易接受的方案。目前，许多计算机都采用这种方案。

ATS 开关和 STS 开关用于在两个独立的 AC 电源之间转换供电，第一路出现故障后自动切换到第二路给负载供电。

STS 静态切换开关主要由智能控制板、高速可控硅、断路器构成。其标准切换时间小于 8ms，不会造成 IT 类负载断电。既对负载可靠供电，同时又能保证 STS 在不同相切换时的安全性。STS 的基本应用包括电力工业的自动化系统、石化工业的电源系统、计算机和远程通信中心、大楼的自动化和安全系统，以及其他对电源中断敏感的设备。

ATS 为机械结构，以接触器为切换执行部件，切换功能用中间继电器或逻辑控制模块组成二次回路完成控制功能。其缺点是主回路接触器工作时需要二次回路长期通电，容易产生温升发热、触点粘结、线圈烧毁等故障。同时在大负载情况下，转换时间相对比较长，为 100ms 以上，会造成负载断电。

3. 配电设备的安装和线路敷设问题

在机房设备布局确定的前提下，按照电气设备用途和设计图纸进行设备安装和线路敷设。

1）设备安装

机房配电柜、UPS 电源柜落地安装；动力配电箱、照明配电箱底边距地 1.4m 墙上安装；根据机房内设备负荷容量和分布情况，机柜（箱）内元器件配置做到排列有序、安装牢固、理线整齐、接线正确、标志明显、外观良好、内外清洁。分设单相、三相回路，配用小型真空断路器，如 C65N 等线路保护开关。箱内设置辅助等电位接地母排。电源柜及其他电气装置的底座应与建筑物楼层地面牢靠固定。电气接线盒内无残留物，盖板整齐、严密、紧贴墙面。同类电气设备安装高度应一致。吊顶内电气装置应安装在便于维修处。特种电源配电装置应有明显标志，并注明频率、电压。照明箱或开关面板应安装在机房出入口附近墙面的方便位置。分体空调插座设置在机房内墙面上距地 1.8m 处。

主机房内应分别设置维修和测试用电源插座，两者应有明显的区别标志。测试用电源插座应由计算机主机电源系统供电。其他房间内应适当设置维修用电源插座。单相检修电源回路要在电源管理间各墙面距地 0.3m 处设置检修电源插座，禁止使用 2kW 以上大功率电感性电动工具。确需使用这类工具以及三相检修设备，应使用施工移动式配电盘从机房所在楼层附近的动力或照明配电箱接取电源。

2）线路敷设

供电距离应尽量短，主要从供电安全方面考虑，电子计算机电源间应靠近主机房设备。主机房内活动地板下部的低压配电线路应采用铜芯屏蔽导线或铜芯屏蔽电缆。机房内的电源线、信号线和通信线应分别敷设，排列整齐，捆扎固定，长度留有余量。UPS 电源配电箱（柜）引出的配电线路，穿薄皮钢管或阻燃 PVC 管，沿机房活动地板下敷设至各排机柜和配线架的背面，经带穿线孔的活动地板引上，穿管保护进入金属导轨式插座线槽、机柜或配线架。控制台或设备桌后的敷线，用金属导轨式插座线槽并用螺栓固定，安装在设备桌背面距活动地板 0.1～0.3m 处。

信号线缆在活动地板下从机柜、配线架至各设备，应采用金属线槽沿设备周围或主机房从设备背面的活动地板穿线孔引入的设备（注意不得与电源线路共用活动地板穿线孔，且间距大于 0.1m），信号线缆避免沿机房墙边敷设以防与强电线管交叉。活动地板下部的电源线应尽可能远离计算机信号线，并避免并排敷设。当不能避免时，应采取相应的屏蔽措施。桌上设备之间的信号连线是短线的（长度小于 3m）应沿设备背部桌面明敷，但不得悬吊在设备桌背侧空中；是长线的（长度大于 3m）应从活动地板穿线孔翻下（上）穿薄皮钢管在活动地板下敷设。机房照明负荷和普通空调负荷，由电源管理间分别引出动力和照明回路供电。照明和空调负荷线路均沿吊顶内或墙面敷设。

3）可靠接地

总配电柜、UPS 电源柜、动力配电箱、照明配电箱的金属框架及基础型钢必须接地（PE）或接零（PEN）可靠。门和框架的接地端子间用裸铜线连接。柜、箱内配线整齐。照明配电箱内的漏电保护器的动作电流不大于 30mA，动作时间不大于 0.1s。接地（PE）或接零（PEN）支线必须单独与接地（PE）或接零（PEN）干线相连接，不得串联连接。UPS 电源柜输出端的中性线（N 极），必须与由接地装置直接引来的接地干线连接，做重复接地，接地电阻小于 4Ω。当灯具距地面高度小于 2.4m 时，灯具的可接近裸露导体必须接地（PE）或接零（PEN）可靠，并应有专用接地螺栓和标志。外电源进线至机房电源管理间时，应将电缆的金属外皮与接地装置连接；从楼外引入的安装信号电缆和屏蔽信号线，进入弱电机房前也应注意采取防雷措施，避免沿建筑外墙或防雷引线引雷入室，遭受雷击和高频电磁干扰。同轴电缆的屏蔽层必须与机壳一起接地。

7.7　机房的防火、防水与防盗

1. 机房给水排水标准

（1）给水排水系统应根据电子信息系统机房的等级，按照电子信息系统机房设计规范标准执行。

（2）电子信息系统机房内安装有自动喷水灭火系统、空调机和加湿器的房间，地面应设置挡水和排水设施防水。

2. 机房消防标准

（1）电子信息系统机房应根据机房的等级设置相应的灭火系统，并符合现行国家规范《建筑设计防火规范》（GB 50016—2014）、《高层民用建筑设计防火规范》（GB 50045—2005）和《气体灭火系统设计规范》（GB 50370—2017）。

（2）A 级电子信息系统机房的主机房应设置洁净气体灭火系统。B 级电子信息系统机房的主机房以及 A 级和 B 级机房中的变配电、不间断电源系统和电池室宜设置洁净气体灭火系统，也可设置高压细水雾灭火系统。

（3）C 级电子信息系统机房以及 A 级、B 级中规定区域以外的其他区域，可设置高压细水雾灭火系统或自动喷水灭火系统。自动喷水灭火系统宜采用预作用系统。

（4）电子信息系统机房应设置火灾自动报警系统，并应符合现行国家标准《火灾自动报警系统设计规范》（GB 50116—2017）的有关规定。

3. 机房监控与安全防范

（1）电子信息系统机房应设置环境监控和设备监控系统及安全防范系统，各系统的设计应根据机房的等级，按照国家现行标准《安全防范工程技术规范》（GB 50348—2018）和《智能建筑设计标准》（GB 50314—2015）要求执行。

（2）环境和设备监控系统宜采用集散或分布式网络结构，系统应易于扩展和维护，并应具备显示、记录、控制、报警、分析和提示功能。

（3）环境和设备监控系统、安全防范系统可设置在同一个监控中心内，各系统供电电源应可靠，宜采用独立不间断电源系统供电，当采用集中不间断电源系统供电时，应单独回路配电。

4. 机房防鼠、虫

（1）封堵工程范围内所有与其他区域、其他楼层相通的孔洞，在使用或施工过程中新开的孔洞及时进行封堵。

（2）所有进出机房的管、槽之间的空隙均采取密封措施。

（3）装修过程中原则上不使用木材，局部地方的零星材料要进行防虫害处理。

（4）机房内所有电缆、电线均在金属线槽、线管内敷设，与设备连接的引上线采用金属软管保护，尽量使机房无裸线。

（5）机房范围内的新（排）风系统与大楼新（排）风管道连接处设防鼠钢网。

（6）加强机房环境的管理，禁止可能引起鼠害的东西（如食品）带入机房。

5. 机房防火和疏散

（1）电子信息系统机房的建筑防火设计，除应符合电子信息系统机房规范，还应符合现行国家标准《建筑设计防火规范》（GB 50016—2018）的有关规定。

（2）电子信息系统机房的耐火等级不应低于 2 级。

（3）当 A 级或 B 级电子信息系统机房位于其他建筑物内时，在主机房和其他部位之间应设置耐火极限不低于 2h 的隔墙，隔墙上的门应采用甲级防火门。

（4）面积大于 $100m^2$ 的主机房，安全出口应不少于两个且应分散布置。面积不大于 $100m^2$ 的主机房，可设置一个安全出口，并可通过其他相邻房间的门进行疏散。门应向疏散方向开启，且应自动关闭，并应保证在任何情况下都能从机房内开启。走廊、楼梯间应畅通，并应有明显的疏散指示标志。

（5）主机房的顶棚、壁板（包括夹芯材料）和隔断应为不燃烧体，且不得采用有机复合材料。

7.8　计算机网络机房存储介质防护

存储介质通常指磁盘、磁带、光盘。存储介质或其存储信息的丢失，都将对网络系统造成不同程度的损失。因此要保护存储介质及其存储信息的安全。

1. 存储介质的保护

建立专门的存储介质库（柜）并进行如下管理：限制只有少数人可以接触存储介质库（柜）；存储介质库（柜）内带盘的目录清单要标明相关参数，并定期检查旧存储介质销毁前进行了消磁和数据清除；存储介质库（柜）房要保持合适的温、湿度。

2. 存储介质信息的保护

为存储介质的信息分级：对重要信息要备份并存放于防火、防水、防电磁场的保护设备中；对存储介质信息的复制和备份要有严格的权限控制。

3. 软件和数据文件保护

非法复制、非授权侵入和修改是对软件和数据文件的主要危害，这些危害将使工商业、金融及军政部门的网络系统受到的损失不可估量。

软件和数据文件保护：目前主要使用市场策略、法律策略和技术策略这三种策略抵抗非法复制。

- 市场策略：以优惠价格和后续的技术支持使得用户愿意购买。
- 法律策略：软件保护相应法规的约束和威慑使得人们去购买软件。
- 技术策略：如采用抗软件分析法、唯一签名法和软件加密法。抗软件分析法可使攻击者不能动态跟踪与分析软件程序；唯一签名法可保证软件不被非法复制；软件加密后使得即使复制了该软件也无法读懂，也就无法分析和使用它。

7.9　安全管理

1. 安全管理概念

安全管理（Security Management）是指以管理对象的安全为任务和目标所进行的各种管理活动。

开放系统互连参考模型 OSI/RM（Open System Interconnection Reference Model）中的安全管理主要是指对除通信安全服务之外的、支持和控制网络安全所必需的其他操作所进行的管理。按照国际标准化组织（ISO）的定义，网络管理是指规划、监督、控制网络资源的使用和网络的各种活动，以使网络的性能达到最优。

网络管理的目的在于提供对计算机网络进行规划、设计、操作运行、管理、监视、分析、控制、评估和扩展的手段，从而合理地组织和利用系统资源，提供安全、可靠、有效和友好的服务。网络管理的实质是对各种网络资源进行监测、控制、协调、报告故障等。

2. 现代网络安全管理

现代网络安全管理的内容一般可以用 OAM&P（Operation，Administration，Maintenance

and Provisioning，运行、管理、维护和提供服务）来概括，主要指一组系统或网络管理功能，其中包括故障指示、性能监控、安全管理、诊断功能、网络和用户配置等。

OSI/RM 的安全管理需要处理有关安全服务和安全机制操作的管理信息，这些信息存储在安全管理信息库中，可以是一个数据表或是一个文件，又称为安全管理数据库。OSI/RM 的安全管理包括系统安全管理、安全服务管理和安全机制管理。

7.10　安全管理的原则与规范

1. 安全管理的原则

（1）数据中心机房安全管理应遵循"预防为主，人防、物防、技防相结合"的原则。

（2）合法性原则：必须符合国家的法律法规。

（3）预防性原则：遵循"预防为主，防患于未然"的原则，预防案件、事故的发生。

（4）可审计性原则：机房管理过程必须保留痕迹，可被审计或追溯。

（5）有限授权原则：对任何人都不能授予过度的、不受监督和制约的权限。

（6）职责分离原则：各岗位人员，未经许可不能参与与其职责无关的其他岗位工作。重要岗位必须严格分离，不得混岗、串岗。

（7）监督制约原则：针对机房管理工作中各个环节，建立相应的监督检查机制。

2. 安全管理的制度

安全管理的制度包括人事资源管理、资产物业管理、教育培训、资格认证、人事考核鉴定制度、动态运行机制、日常工作规范、岗位责任制度等。

建立健全网络安全管理机构和各项规章制度，需要做好以下几个方面：完善管理机构和岗位责任制、健全安全管理规章制度、坚持合作交流制度。

3. 安全管理规范

1）场地环境

确定设计方案：设计方案符合《数据中心设计规范》（GB 50174—2017）的要求，并报本地质量监督部门及公安消防部门后，由专业机房工程公司施工。

机房建设：依照《计算机场地安全要求》（GB 9361—2011）、《计算机场地通用规范》（GB/T 2887—2011）、《数据中心设计规范》（GB 50174—2017）的标准，并考虑不同设备对场地的特殊要求。使用活动地板还应符合《防静电活动地板通用规范》（SJ/T 10796—2001）的要求。

机房验收：根据项目管理办法由计算机中心组织有关人员按照设计标准及《数据中心基础设施施工及验收规范》（GB 50462—2015）中的规定对机房进行严格验收，消防系统应通过当地公安消防部门的验收。

功能区域划分：按运行要求可划分为主机室、主控室、前置室、网络室、终端室、监控室、电源室、空调室、值班室、应急调度室等区域。

供电系统除满足国标规定，中心机房应张贴详细的配电系统图（应标明设备、开关的连接；插座、负载的分布；负载、插座的控制连接图等信息），应及时对配电系统图进行更新，确保图纸资料与实际相符；UPS、发电机、空调等设备上张贴详细的启停操作流程及切换步骤；介质室要满足防磁、防火、防水等保管要求。

2）安全设施

设置门禁、监控设备：机房各区域之间通过门禁系统、监控等方式进行区域控制。业务操作区与机房内其他区域分离。

安装防火、防水、防盗报警装置：根据《计算机场地安全要求》标准安装防火、防水、防盗报警装置，安装监控设备，安装和配备自动灭火装置和设施（灭火器等），消防设施应符合《火灾自动报警系统设计规范》（GB 50116—2013）的要求。

为了防止电磁、无线电等干扰，必须考虑电磁、无线电因素，配备防雷系统，设立可靠的接地装置（接地线），中心机房防雷系统应与中心机房所在建筑物的防雷、供配电系统以及通信系统统一考虑设计、施工，设置环境监控系统，将 UPS 和空调的运行状态，主机房区域温、湿度，漏水检测等重要信息进行集中监控，使各类报警信息能及时告知到值班人员。

3）设备管理

进出管理：中心机房内的设备均为生产设备，进入时需由设备管理部门做进入登记后方可进入，搬出时需由设备管理部门做搬出登记后方可搬出。

设备的放置：设备进入机房后应根据设备功能，统一安排放置在不同的功能区，设备使用的电源、网络信息节点由数据中心统一安排。

设备档案：机房设备管理部门应建立设备档案，记录设备的用途、配置、启用日期及维修记录。

设备的变更：现有设备及设施的变更，严格按相关要求执行，并进行变更登记。

4）进出人员管理

基本原则：数据中心机房为重要工作场所，非工作人员不得入内。

机房保安：数据中心设专职保安 24 小时值班，对进出机房的人员和设备进行控制。

运行及维护人员：数据中心运行及维护人员通过审定进出区域后发放门禁卡，进入机房工作时凭门禁卡进入，进出中心主机房必须双人同进同出，严禁单人滞留在中心主机房。

计算机中心其他人员：计算机中心其他人员（非运维人员）如需临时进入中心机房，凭工单在机房保安处登记，经允许后方可进入。

外来人员：数据中心机房属重点防护区域，一般不允许外来人员参观，如确因工作需要，需填写"外来人员进出中心机房登记簿"，记录人员姓名、事由、陪同人员、时间等，由计算机中心主任批准后方可进入，进入机房应有数据中心人员全程陪同。

5）日常及事件管理

数据中心运行监控实行 24 小时值班制，由值班人员对设备运行状况进行监控，在做好运行监控、环境监控和机房巡视的同时认真填写值班日志和各项情况记录。

值班人员负责管理机房环境卫生，督促机房内工作人员注意卫生、不乱丢纸屑、不乱放其他物品。

环境监控遇有消防报警事件时，值班人员应沉着冷静，立即采取相应的措施，撤离时随手关闭消防门，并立即报告消防部门及上级领导。

机房环境管理部负责对机房安全设备、空调系统、UPS 系统、供电系统、消防系统、门禁系统、监控系统、环境控制系统等，根据设备的具体要求进行日常运行状况监控和定期检查与维护。

综合规划部负责对机房日常安全、视频监控和消防管理工作进行检查和指导，并做好对外联络和协调工作。

4. 网络安全管理新技术

目前，网络正在向智能化、综合化、标准化发展，网络管理技术也正在不断发生新的变化，新的网络管理理念及技术正在不断涌现，如基于 Web 的网络管理模式（Web-Based Management，WBM）；远程 IT 管理的整合式应用，CORBA 网络安全管理技术（通用对象请求代理体系结构，CORBA）。

7.11 安全管理的主要内容

1. 现代网络管理的内容

现代网络管理的内容一般可以用 OAM&P 来概括，主要指一组系统或网络管理功能，其中包括故障指示、性能监控、安全管理、诊断功能、网络和用户配置等。

OSI/RM 的安全管理需要处理有关安全服务和安全机制操作的管理信息，这些信息存储在安全管理信息库中，可以是一个数据表或是一个文件，又称为安全管理数据库。OSI/RM 的安全管理包括：系统安全管理、安全服务管理和安全机制管理。

2. 安全管理的内容

硬件资源的安全管理：硬件设备的使用管理；常用硬件设备维护和保养。
信息资源的安全与管理：信息存储的安全管理；信息的使用管理。
其他管理：主要包括鉴别管理、访问控制管理和密钥管理等。
网络安全管理、安全策略、安全技术的内容和关系如图 7-2 所示。

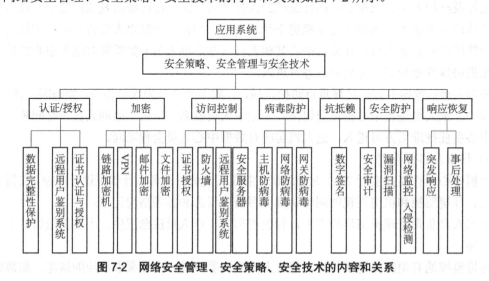

图 7-2 网络安全管理、安全策略、安全技术的内容和关系

3. TCP/IP 网络安全管理体系

TCP/IP 网络安全管理体系结构如图 7-3 所示，包括三个方面：分层安全管理、安全服务与机制、系统安全管理。

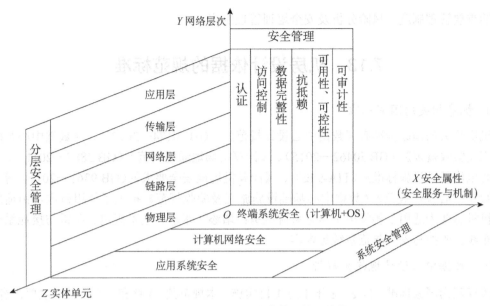

图 7-3　TCP/IP 网络安全管理体系结构

网络安全保障体系包括 5 个部分：网络安全策略、网络安全政策和标准、网络安全运作、网络安全管理、网络安全技术。

4. OSI网络安全体系

OSI 网络安全体系主要涉及网络安全机制和网络安全服务两个方面，需要通过网络安全管理进行具体实施。

7.12　健全管理机构和规章制度

1. 完善管理机构和岗位责任制

网络安全管理的制度包括人事资源管理、资产物业管理、教育培训、资格认证、人事考核鉴定制度、动态运行机制、日常工作规范、岗位责任制度等。

计算机网络系统的安全涉及整个系统和机构的安全、效益及声誉。系统安全保密工作最好由单位主要领导负责，必要时设置专门机构，重要单位、要害部门安全保密工作分别由安全、保密、保卫和技术部门分工负责。

2. 坚持合作交流制度

维护互联网安全人人有责任，网络商更负有重要责任。应加强与相关业务单位、机构的合作与交流，密切配合共同维护网络安全，及时获得必要的安全管理信息和专业技术支持与更新。应进一步加强国内外交流与合作，拓宽国际合作渠道，建立政府、网络安全机构、行业组织及企业之间多层次、多渠道、齐抓共管的合作机制。

3. 常用的网络安全管理规章制度

常用的网络安全管理规章制度，包括 7 个方面，即系统运行维护管理制度；计算机处理控制管理制度；文档资料管理制度；操作及管理人员的管理制度；机房安全管理规章制度；

其他的重要管理制度；风险分析及安全培训管理制度。

7.13　机房设计依据的规范标准

1. 机房相关的国家标准

机房相关的国家标准有《数据中心设计规范》（GB 50174—2017）、《数据中心基础设施施工及验收规范》（GB 50462—2015）、《计算机场地通用规范》（GB 2887—2011）、《数据中心电信基础设施标准》（TIA-942）、《计算机场地安全要求》（GB 9361—2011）等。其中《数据中心设计规范》《数据中心基础设施施工及验收规范》扩大了使用范围，由适用于计算机机房变为适用于各类电子信息系统机房；增添了术语、基本规定、防雷与接地系统、综合布线、监控与安全防范系统等内容。

2.《数据中心设计规范》解析

该规范为国家标准，自 2018 年 1 月 1 日实施。本规范共 13 章和一个附录，主要内容有：总则、术语、分级与性能要求、选址及设备布置、环境要求、建筑与结构、空气调节、电气、电磁屏蔽、网络与布线系统、智能化系统、给水排水、消防与安全。

为规范数据中心的设计，确保电子信息系统设备安全、稳定、可靠地运行，做到技术先进、经济合理、安全适用、节能环保，制定本规范。

本规范适用于新建、改建和扩建的数据中心的设计。数据中心的设计应遵循近期建设规模与远期发展规划协调一致的原则。数据中心的设计除应符合本规范，还应符合国家现行有关标准的规定。

3. 依据国家现行的规程、规范和标准，并参照国外关于机房的相关规程、规范和标准

《计算机场地通用规范》（GB 2887—2011）

《数据中心设计规范》（GB 50174—2017）

《数据中心基础设施施工及验收规范》（GB 50462—2015）

《计算机场地安全要求》（GB 9361—2011）

《计算机机房用活动地板技术条件》（GB 6650—86）

《智能建筑设计标准》（GB 50314—2015）

《供配电系统设计规范》（GB 50052—2009）

《建筑物防雷设计规范》（GB 50057—2010）

《建筑物电子信息系统防雷技术规范》（GB 50343—2012）

《火灾自动报警系统设计规范》（GB 50116—2013）

4. 其他机房规范

《防静电活动地板通用规范》（SJ/T 10796—2001）

《低压配电设计规范》（GB 50054—2011）

《通用用电设备配电设计规范》（GB 50055—2011）

《工业企业照明设计标准》（GB 50034—92）

《建筑物电气装置》（GB 16895.25—2005）

《不间断电源技术性能标定方法和试验要求》（现行国标电工标准）

《通信局站防雷与接地工程设计规范》（GB 50689—2011）

《电气装置安装工程接地装置施工及验收规范》（GB 50169—2016）

《智能建筑工程质量验收规范》（GB 50339—2013）

《综合布线系统工程设计规范》（GB 50311—2016）

《综合布线系统工程验收规范》（GB 50312—2016）

《安全防范工程程序与要求》（GA/T 75—1994）

《安全防范工程技术标准》（GB 50348—2018）

《视频安防监控系统工程设计规范》（GB 50395—2007）

《建筑设计防火规范》（GB 50016—2014）

《建筑内部装修设计防火规范》（GB 50222—2017）

《气体灭火系统设计规范》（GB 50370—2005）

《工业建筑供暖通风与空气调节设计规范》（GB 50019—2015）

《通风与空调工程施工质量验收规范》（GB 50243—2016）

第8章 电子货币安全

知识导读

中国电子商务研究中心讯，"随着这几年网上银行、电子支付、电子货币的发展，我们完全可以自豪地说，中国整个社会进入了非现金支付时代！"日前，中国人民银行支付结算司原司长欧阳卫民如是说。欧阳卫民表示，从20世纪90年代开始到现在的20多年的时间里，整个社会的支付量每年都在成倍地增加。然而，社会流通当中的现钞量几乎没有增加，一直稳定在3万亿元左右。2008年，全国的支付量是1 130万亿元，其中，700万亿元是通过大额支付系统完成的电子支付，300万亿元是通过各大银行完成的交易，是通过各家商业银行的电子支付完成的。127万亿元是通过中国银联的银行卡系统完成的，剩下3万亿元就是现钞。如果没有现代化支付系统的建设，我们恐怕要多建造100个中国印钞厂，成千上万的印刷工人在那里印钞。

中央财政为人民币的印刷、保管、运输、销毁所花费的成本非常大。目前，我们还有很多押钞运钞公司，运输成本巨大。不仅如此，现在的货币一定要保证七八成新，旧了之后就要进行销毁。统计显示，现在零售交易上使用的现金，其成本大概占1.7%左右，而电子货币成本占0.6%左右。所以，电子货币的使用，对整个社会节省开支是非常有效的。

案例启示：货币本质上是起一般等价物作用的特殊商品。纵观人类社会的发展，货币作为商品交易的媒介在形态上发生了相应的改变。迄今为止，大致经历了"实物货币——金融货币——信用货币"几个阶段。在电子技术迅速发展的今天，电子货币取代传统纸币而成为主要的交易和支付手段是必然趋势。作为信息技术和网络银行业务相结合的一种新型货币形式，电子货币影响并改变着我们的生活。随着网络和计算机技术的不断发展，作为电子商务活动的基本要素之一，电子货币的形式不断发生着变化，出现了诸如电子现金、信用卡、智能卡、电子支票、电子钱包等形式的电子货币。

职业目标

学习目标：
- 了解电子货币的运行机制
- 了解网络虚拟货币
- 了解网络支付系统
- 了解 ATM 系统
- 了解 POS 机工作原理

能力目标：

- 掌握虚拟货币交易安全知识
- 掌握网络支付系统安全架构
- 掌握移动支付体系安全架构

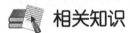 **相关知识**

8.1　认知电子货币

作为一般等价物的特殊商品，货币体现了一定的社会生产关系。货币的形态有实物货币、金属货币、纸币、电子货币等，其中电子货币是现代商品经济高度发达和银行转账与结算技术不断进步的产物，代表了现代信用货币形式的发展方向，体现了现代支付手段的特征。

8.1.1　电子货币的概念及其特征

所谓电子货币，是以金融电子化网络为基础，以商用电子化机具和各类交易卡为媒介，以电子计算机技术和通信技术为手段，以电子数据形式存储在银行的计算机系统中，并通过计算机网络系统以电子信息形式传递实现流通和支付功能的货币。它的本质在于消费者或企业能够以在线方式通过提供信息交换完成货币的转移。简单地讲，电子货币就是在通信网络中流通的"金钱"，是通过网络进行的金融电子信息的交换。

电子货币的特征主要表现在如下几个方面。

1. 形式方面的特征

传统货币以贵金属或纸币等有形的形式存在，且形式比较单一。而电子货币以一种电子符号或电子指令的形式存在，其存在形式随处理的媒体不同而不断变化，如在磁盘上存储时是磁介质，在网络中传播时是电磁波或光波，在 CPU 处理器中是电脉冲等。电子货币在形式方面的特点体现了它的虚拟性。

2. 技术方面的特征

电子货币的发行、流通、回收的过程是用电子化的方法进行的。为了防止对电子货币的伪造、复制、非正当使用，电子货币依靠的不是普通的防伪技术，而是通过用户密码、软硬件加密解密系统以及路由器等安全保护技术，构成高度的保密对策。电子货币在技术方面的特点体现了它的安全性。

3. 结算方式的特征

电子货币在支付结算中资金的应用状况表现为预付型、即付型和后付型。预付型的特征是"先存款，后使用"，如目前广泛使用的银行借记卡、路费储值卡等。即付型指在购买商品时从银行账户即时自动转账支付，如目前使用的 ATM 或银行 POS 机进行商务结算时的现金卡。后付型则是目前国际通行的真正的信用卡（贷记卡）的结算方式，其特点是"先消费，后付款"，如使用中国工商银行发行的牡丹卡在 POS 机上的透支消费。

4. 使用上的特征

电子货币在使用和结算中特别简便。电子货币的使用和结算不受金额限制、不受对象限制、不受区域限制，且使用极为简便。

5. 电子化方法的特征

电子货币可分为"支付手段的电子化"和"支付方法的电子化"。"支付手段的电子化"是指对货币价值本身进行电子化，电子货币即电磁记录本身保有"价值"，可以理解为"电子等价物"，如电子现金。"支付方法的电子化"是指在支付结算中，并不是"等价物"本身在网上传递，而是转移"等价物"的电子指令完成支付结算，如 ATM 转账结算、银行 POS 机的信用卡结算以及通过互联网的银行转账与结算。

8.1.2　电子货币发行与运行

1. 无中介机构介入的电子货币发行和运行的运作流程

（1）发行。电子货币的使用者 X 向电子货币的发行者 A（银行、信用卡公司等）提供一定金额的现金或存款并请求发行电子货币，A 接受了来自 X 的有关信息之后，将相当于一定金额的电子货币的数据对 X 授信。

（2）流通。电子货币的使用者 X 接受了来自 A 的电子货币，为了清偿对电子货币的另一使用者 Y 的债务，将电子货币的数据对 Y 授信。

（3）回收。A 根据 Y 的支付请求，将电子货币兑换成现金支付给 Y 或者存入 Y 的存款账号。

2. 有中介机构介入的电子货币发行和运行的运作流程

（1）A 根据 A 银行的请求，发行电子货币与现金或存款交换。

（2）X 对 A 提供现金或存款，请求电子货币，A 将电子货币向 X 授信。

（3）X 将由 A 接受的电子货币用于清偿债务，授信给 Y。

（4）Y 的开户银行 B 根据 Y 的请求，将电子货币兑换成现金支付给 Y（或存入 Y 的存款账户）。

（5）A 根据从 Y 处接受了电子货币的银行 B 的请求，与电子货币兑换将现金支付给 B（或存入 B 的存款账户）。

8.1.3　电子货币与传统货币的区别

电子货币的使用是货币史上的一次重大变革。电子货币与传统货币相比存在下列区别。

1. 发行机制与发行主体不同

电子货币是不同发行主体（中央银行、商业银行、非银行金融机构、信息产业或其他企业）自行开发设计发行的产品，使用范围受到物理设备、相关协议的限制，被接受和使用的程度依赖于各发行者的信誉和实力，其发行机制针对不同的商户根据不同的产品进行调整，而且发行效力不具有强制性。而传统货币则是由中央银行或特定机构垄断发行的，中央银行承担其发行的成本和收益，发行机制由中央银行独立设计、管理与控制，并被强制接受、流通与使用。

2. 发行量的基础关系不同

在传统货币的流通规律中，货币的需求量与商品价格总额成正比，与货币流通速度成反比，而电子货币的发行量仅与人们的认同程度相关，它是以人们在商业银行开立的账户为基础的。

3. 存储空间和传递方式不同

传统货币需要保存在钱箱、保险箱或金库里，需要占用很大的空间。而电子货币所占的空间极小，装有各种电子货币的电子钱包、信用卡、手机等存储的货币数额都可以不受限。传统货币需要随身携带，大量的货币需要运钞车和保安人员押运，运送时间长，传递数量和距离十分有限。而电子货币利用网络和通信技术进行电子化传递，传递的只是各个金融机构间的数字信息，又可在极短时间内将资金传递到联网的任何地方去。所以电子货币既打破时空的界限，又快捷、方便、安全。

4. 货币形态和币值的可分性不同

电子货币是一种虚拟货币，不具有物理形态，其币值的空间具有无限可分割性，可以满足任何小单位的交易支付，而传统货币具有物理形态，币值是固定的，是不可无限分割的。

5. 货币真伪辨别技术的不同

电子货币的更新、防伪只能通过技术上的加密算法或认证系统来实现。由于货币真伪辨别技术发展迅速，电子货币的防伪技术必须及时更新，以防范系统性的攻击行为。传统货币防伪主要依赖物理设置，并且货币的使用和流通具有一定的地域性，防伪设计在货币流通之前；而电子货币的防伪在货币流通之中。

6. 匿名程度不同

传统货币既不完全匿名，也不能做到完全非匿名，通过交易或多或少地可以了解到一些支付方的情况。相比而言，电子货币要么是匿名的，几乎不可能追踪到其使用者的个人信息；要么是非匿名的，不仅可以记录交易详情，甚至保存交易者的所有情况。

7. 交易方式不同

传统货币通常需要面对面地进行交易，而电子货币基本上不需要面对面地进行交易，交易双方不见面、不接触是电子货币的重要特点。

8. 流通地域范围不同

传统货币的使用具有严格的地域限制，除欧元以外，一国货币一般都是在本国被强制使用的唯一货币，而电子货币打破了地域的限制，只要商家愿意接受，消费者可以较容易地获得和使用各国货币。

8.1.4　电子货币的优势

1. 降低商业银行的经营成本

发行电子货币必将减少现金使用，节省现金流量，实现无纸化交易，从而大大降低商业银行的经营成本。商业银行和其他金融企业、非金融企业拥有电子货币的发行权后，商业银行的职能将发生重大转型，传统银行以存款、贷款、转账结算为主的资金信用中介和结算中介的功能将逐渐弱化。

2. 加快资金周转速度，提高资金使用效益

采用电子货币进行存取款、消费、结算、信贷及各种金融活动时，其资金清算是通过银

行支付结算系统和信息通信网络流通而进行的，其流通形式表现为电子流而不是纸张流，高速运行的电子流可以最大限度地缩短资金在途时间，资金回笼速度加快。同时，电子货币还具有一定消费信贷功能。即先向银行贷款，提前使用电子货币支付，这是传统货币所不具备的。这些方面既有利于提高社会资金利用程度，又能够提高银行和企业资金的使用效益。

3. 简化结算手续，提高效益

首先，电子货币采取数据传输方式，既可省去使用现金的烦琐手续，又可免除客户携带现金安全风险大的顾虑。其次，由于 ATM、POS 机等高科技银行作业的产生，使结算可以不受银行营业时间、营业场所的限制，客户可以得到全天候、全方位的服务。再次，采用电子货币结算，无须填写各种结算凭证，可以省去许多麻烦，节约更多时间，因此更能吸引顾客，能达到准确、迅速的目的，无论工作数量还是工作效率，都是传统操作不能比拟的。所有这些，无疑都将大大提高银行效益。

目前，电子货币主要有三种形式：银行卡、电子现金和电子支票。此外，某些金融机构开发出了电子钱包软件，它方便用户管理和使用各种电子货币，并供用户存储交易信息和进行安全电子支付。

8.1.5 网络虚拟货币

近年来，由于网络游戏等领域的飞速发展，人们对于互联网上的事物往往冠以"虚拟"一词。因此，有人把互联网上正在使用的货币称为"虚拟货币"。其实，像"腾讯 Q 币""新浪 U 币""盛大元宝""网易 POPO 币"等，都应该算是"网络货币"，并不是金融意义上的电子货币，它们并不具有真正货币所具有的特征。

以腾讯 Q 币为代表的网络货币，其实就是用于计算用户使用腾讯等网站各种增值服务的种类、数量或时间等的一种统计代码，用户可以通过腾讯 Q 币等使用相关增值服务。比如，腾讯 Q 币由腾讯公司销售，用户通过腾讯公司及其合作伙伴以及授权经销商购买腾讯 Q 币并充值到自己的 QQ 号码对应的个人账户中。

"网络货币"并非由金融机构发行的，无法得到社会的普遍认同。无论是腾讯 Q 币，还是新浪 U 币，亦或盛大元宝、网易 POPO 币，它们都仅仅是一家互联网厂商推出的，用于代表自己所提供的某种商品或服务的数据符号而已。至今为止，没有哪家银行参与到这种"网络货币"的推出之中。由于厂商之间往往存在某种竞争性，为了保护自身的商业利益，它们的"网络货币"体系往往是相互独立的。因此，"网络货币"并不能够像人民币或电子货币一样得到整个社会的普遍认同，并在现实社会中流通。它只是一种虚拟货币。

"网络货币"仅是一种提货凭证，"单向流通"的特性使其无法起到一般等价物的作用，推出"网络货币"的厂商，一般都是互联网服务企业，它们推出"网络货币"的最终目的是给用户提供消费自己所提供的商品或服务的一种便利的支付渠道。

由于互联网服务往往具有"额度小""发生频繁"等特点，互联网企业都在寻找一种能够使用户"一次支付，多次使用"的渠道。显然，先让用户使用一定数额的现金购买"提货凭证"，然后使用该"提货凭证"换取厂商所提供的服务，是一个不错的解决方案。在这种情况下，用户往往只需要在购买"提货凭证"时支付真正意义上的现金或电子货币，而在互联网服务商那里只需要凭自己的用户名和密码，就可以将购得的"提货凭证"换成自己希望得到的数个商品或多次服务。这种便利性是不言而喻的。

毫无疑问，"网络货币"就是我们所说的数据化的"提货凭证"。既然是"提货凭证"，它往往只能兑换该互联网服务商的产品或服务，却无法得到另外的服务商和用户的认同。除非我们能够把这种"提货凭证"自由合法地兑换为真正意义上的现金或电子货币。

目前，几乎所有推出"网络货币"的厂商，都不提供"网络货币"兑回现金的服务。而双向甚至多向流通，正是货币能够充当一般等价物的基础所在，"单向流通"的特性决定了"网络货币"是无法充当一般等价物的。

类似腾讯 Q 币的网络服务收费模式，不具有货币的基本属性，也不称其为所谓的"电子货币"，其不具有一般等价物的交换功能，不能在不同法律主体之间进行等价交换，不能逆向换为人民币。在法律性质上更类似于电话充值卡等，用户以人民币购买腾讯 Q 币，不是为了其交换或投资功能，仅是能够实现在腾讯提供的诸多互联网增值服务中灵活的、小额的服务。以人民币购买腾讯 Q 币支付完成，就像购买任何实物的商品；用户购买腾讯 Q 币后，即与腾讯这一确定的单一主体建立了合同关系，而不是像对人民币一样具有物权。

8.2　货币类型

8.2.1　银行卡

银行卡是由商业银行（含邮政金融机构）向社会公开发行的，具有消费信用、转账结算、存取现金等全部或部分功能，并作为结算支付工具的各类卡的统称。

银行卡通常用塑料卡片制成。银行卡上印有持卡人姓名、号码、有效期等信息，这些信息凸印在卡片上，可以通过压卡机将信息复制到能复写的签购单上。为了加强保密性及利用电子技术，银行卡的磁条通常也记录持卡人的有关资料，这些资料人的肉眼是看不见的，可供 ATM、POS 机等专门计算机终端鉴别银行卡真伪时使用。持卡人从商户处购买商品，并刷卡付账；商户向收单银行提供交易凭证（电子化的凭证），收单银行向商户偿付交易金额；收单银行向银行卡组织发送电子交易凭证，银行卡组织在确认发卡银行后把交易凭证发送到发卡行；发卡行进行结算，并扣除商户回佣中的一部分，银行卡组织扣除商户回佣中的转接费用后把金额传递给收单银行。

8.2.2　银行卡的功能

1. 存取款功能

持卡人凭卡可以在发卡行或与其签约代理行的营业机构办理通存通兑现金业务。这是银行储蓄功能的拓展。根据中国人民银行的相关规定，持卡人在异地存取现金应收取一定的手续费。发卡行利用银行卡的存取款功能，吸收了存款，方便了银行卡持卡人及时还付款项和避免大额携现的不便，增加了资金来源，同时也增加了手续费收入。同时，银行对于信用卡以外的活期存款应按照活期储蓄存款利率计付利息，对于在银行卡上开立的定期账户，应按照国家规定以相应挡次的利率支付利息。

2. 消费支付功能

持卡人凭借银行发行的银行卡，可以在发卡行与信息结算中心发展的全部或部分指定特约商户（国际卡可在所加入国际组织的特约商户处）直接购物消费，即客户在购物、用餐、住宿、旅游等进行账务结算时，可以凭银行卡在特约商户处直接刷卡结算，而不需支付现金，特约商户事后凭单向发卡银行或收单银行收取结算金额，并按规定的手续费率向银行支付消费结算的手续费。根据中国人民银行的规定，借记卡不许透支，因此，其消费时的最大消费额不得（当然也不可能）超出其存款额，而准贷记卡在客户的存款支付消费金额完毕后，可酌情给予一定的消费透支，贷记卡则规定持卡人必须在限定的信用消费额度内使用。根据国际银行卡业惯例，银行卡持卡人消费时，特约商户不得向持卡人收取消费金额以外的手续费，持卡人不应支付消费金额以外的手续费用。也就是说，付给银行的回佣收入，买单的应该是特约商户。

3. 转账结算功能

持卡人凭借银行发行的银行卡可以在特约商户处办理大额购货转账结算，也可在发卡行的营业机构办理同城转账、异地电汇、信汇等业务。持卡人通过办理转账结算业务，减少了携带现金办理业务的不便，有效地支持了商品流通和商品交换，方便了持卡人与特约商户。根据中国人民银行的规定，在办理转账结算业务时，转账金额应为其实际存款额，并可根据中国人民银行规定的转账结算收费标准收取一定的手续费和工本费。

4. 代收付功能

随着竞争的不断加剧，银行为了拓展业务领域，扩大银行卡的服务范围，纷纷开办了利用银行卡为企事业单位员工办理代发工资、奖金的代发业务，为满足持卡人缴纳电话费、水电费等日常生活需要而开办的代缴费业务，利用银行卡作为结算账户为客户办理的股票转账交易结算业务等，这些崭新的中间业务实际上是银行转账结算功能的延伸。银行卡通过代收代付业务的办理，拓展了自身的服务领域和范畴，扩大了客户群，还可以增加一定的代办手续费收入，可谓一举多得。

5. 消费信贷功能

信用卡由于事先对客户进行了信用评估，因此能给予客户一定的透支消费额度，甚至可以取现，以满足持卡人的不时之需。信用卡透支实际上就是一种短期信贷业务。

6. 自动存取款功能

目前国内绝大多数银行都具有自动柜员机业务，通过银联的牵线，各银行发行的转账卡均可在带有银联标志的 ATM 机上存取现金。部分银行也开放了信用卡在自动柜员机存取款服务的功能。自动柜员机的使用方便了客户 24 小时办理现金业务。持卡人凭卡就可以在自动柜员机上自助操作，办理现金存取、转账、查询余额、更改密码等业务。

7. 网上支付功能

随着金融业的发展和金融新产品的不断产生，银行卡的功能也在不断发展和完善。网上支付功能就是随着互联网技术的发展应运而生的。

8. 自助服务功能

各种银行自助机的发展，自助缴费机和电话银行服务的日渐普及，使银行卡具备了主动缴费和查询交易明细的功能。而银行卡与其他移动工具（如手机、计算机等）结合起来，催生了移动理财、家居理财服务等新型的自助服务功能。

8.2.3　银行卡的种类

银行卡按不同的标准有不同的分类。

1. 按性质分

可分为贷记卡（Credit Card）、准贷记卡（SemiCredit Card）、借记卡（Debit Card）三种。

（1）贷记卡（信用卡）：也就是我们常提及的狭义上的信用卡，是指由商业银行或非银行发卡机构向其客户提供的具有消费信用、转账结算、存取现金等功能的信用支付工具。根据客户的资信以及其他情况，发卡行给每个信用卡账户设定一个"授信限额"。一般发卡行每月向持卡人寄送一次账单，持卡人在收到账单后，在一定宽限期内，可选择付清账款，则不需付利息。如选择付一部分账款，或只付最低还款额，则需按有关约定支付利息。信用卡其核心特征是信用销售和循环信贷。它的特征是"先消费，后还款"，如图 8-1 所示。

（2）准贷记卡：也是一种"具有中国特色"的信用卡，随着信用机制的健全，它将逐步退出历史舞台。准贷记卡兼具贷记卡和借记卡的部分功能，一般需要交纳保证金或提供担保人，使用时先存款后消费，存款计付利息，在购物消费时可以在发卡银行核定的额度内进行小额透支，但透支金额自透支之日起计息，欠款必须一次还清，没有免息还款期和最低还款额。

（3）借记卡：是指银行发行的一种要求先存款后使用的银行卡。借记卡与储户的活期储蓄存款账户相联结，卡内消费、转账、ATM 取款等都直接从存款账户扣划，不具透支功能。为获得借记卡，持卡人必须在发卡机构开设账户，并保持一定量的存款。持卡人用借记卡刷卡付账时，所付款项直接从持卡人在发卡银行的账户上转到售货或提供服务的商家的银行账户上。借记卡的支付款额不能超过存款的数额，如图 8-2 所示。

图 8-1　贷记卡

图 8-2　借记卡

2. 按介质类型划分

按介质类型划分，银行卡可以分为塑料卡、磁卡、IC 卡、激光卡。现代银行卡的卡片的片基是由高性能的 PVC 塑料制成的，数据载体有两类：一类数据存储在磁条中，相应的银行卡是磁卡；另一类数据存储在集成电路中，相应的银行卡是 IC 卡。

（1）塑料卡。20 世纪 50 年代末，发达国家率先用塑料卡制成信用卡，客户消费时，必须先出示此卡以示身份，验明无误后，即可享受信用消费。塑料卡与计算机无关。

（2）磁卡。磁卡诞生于 1970 年，它是在塑料卡片上粘贴一条磁条而成的。磁条是存储介质，用于存储信用卡业务相关数据，使用时必须有专门的读卡设备才能读出其中所存储的数据信息。

磁卡中存储数据的磁条有三个磁道，可记录相关信息，但存储容量小，在 100 字节以下，其中第三磁道可进行读写操作，其他两个磁道是只读磁道，记录有关持卡人姓名、标识号、有效期、账号、国家代码、有效日期、服务类型等信息。

磁卡的制作相对简单，成本较低，通常需要联机系统支持。磁条中的数据易于破译和复制，因而磁卡较容易被复制、读写，效率低、可靠性有限。据统计，全球每年由非法信用卡造成的损失达 10 亿美元以上。

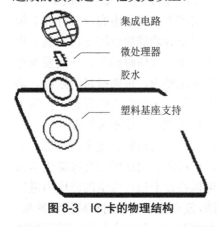

集成电路

微处理器

胶水

塑料基座支持

图 8-3 IC 卡的物理结构

（3）IC 卡。IC 卡（Integrated Circuit Card）也称智能卡，存储介质是集成电路芯片（如微型 CPU 与存储器 RAM 等），用来存储用户的个人信息和电子货币信息。智能卡除了支付功能，还可以附加其他功能，如身份认证等，满足持卡人的多样化需求，可多种系统共用一张卡。IC 卡的物理结构如图 8-3 所示。

（4）激光卡。激光卡也称"光卡"，国际标准称之为"光储卡"，是在塑料卡片中嵌入激光存储器而成的。激光卡是一种新型的存储介质，在美国、欧洲、日本等发达国家和地区已经开始使用。光卡的特殊性表现为：信息存储量大、安全性好、经久耐用。

8.2.4 银行卡发展历程

我国银行卡产业发展历程，大体可划分为四个阶段。

第一阶段，1985 年至 20 世纪 90 年代初期，为起步阶段。1985 年 3 月，我国第一张银行卡"中银卡"在中国银行珠海分行问世，1986 年，中国银行发行了国内第一张信用卡——人民币长城信用卡。

第二阶段，20 世纪 90 年代初期至 1996 年初，为各银行大中城市分行独立发展银行卡业务阶段。1993 年 6 月国务院启动了金卡工程。金卡工程建设的总体目标是要建立起一个现代化的、实用的、比较完整的电子货币系统，形成和完善符合我国国情又能与国际接轨的金融卡业务管理体制，基本普及金融卡的应用。

第三阶段，从 1997 年至 2001 年年底，为我国银行卡逐步实现联网通用阶段。

第四阶段，2001 年至今，为我国银行卡联网通用深入发展阶段。从 2002 年 1 月 10 日开始，中国工商银行、中国农业银行、中国银行、中国建设银行、交通银行等 80 余家银行在内的金融机构都陆续发行"银联"标识卡。各商业银行都有了自己的银行卡品牌，如表 8-1 所示。2002 年 3 月 26 日，我国正式成立了自己的银行卡组织——中国银联，实现银行卡全国范围内的联网通用，推动我国银行卡产业的迅速发展，实现"一卡在手，走遍神州"，乃至"走遍世界"的目标。

表 8-1 国内部分银行卡品牌

发卡银行	品牌名称	发卡银行	品牌名称
中国工商银行	牡丹卡	招商银行	一卡通、招商银行信用卡
中国农业银行	金穗卡	华夏银行	华夏卡
中国银行	长城卡	兴业银行	兴业卡
中国建设银行	龙卡	上海浦东发展银行	东方卡
交通银行	太平洋卡	广东发展银行	广发卡

（续表）

发卡银行	品牌名称	发卡银行	品牌名称
中信实业银行	中信卡	深圳发展银行	发展卡
中国光大银行	阳光卡	北京银行	京卡
中国民生银行	民生卡	上海银行	申卡

8.3　信用卡

信用卡是银行或金融机构发行的、授权持卡人在指定的商店或场所进行记账消费的信用凭证，是一种特殊的金融商品和金融工具。信用卡分为贷记卡和准贷记卡，贷记卡是指银行发行的并给予持卡人一定信用额度、持卡人可在信用额度内先消费后还款的信用卡；准贷记卡是指银行发行的，持卡人按要求交存一定金额的备用金，当备用金账户余额不足支付时，可在规定的信用额度内透支的卡。而我们所说的信用卡，一般单指贷记卡。招商银行信用卡如图 8-4 所示。

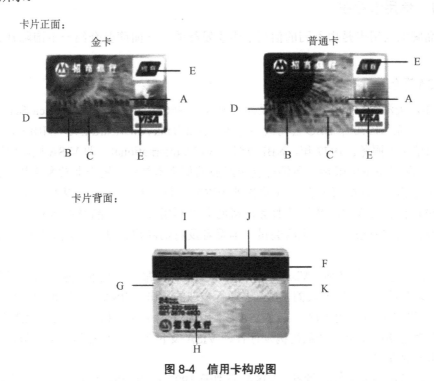

图 8-4　信用卡构成图

A——信用卡卡号：16 位凸印的数字代表招商银行信用卡卡号。

B——启用月/年（MM/YY）：卡片开始使用时间（前面为月份，后面为年份后两位）。

C——有效月/年（MM/YY）：卡片使用的有效时间（前面为月份，后面为年份后两位），亦是续卡换发时间，如逾期未收到换发的新卡，请立即与招商银行联系。

D——你的英文姓名：在填写申请书时填写的英文姓名，建议使用护照上的英文姓名（一般情况下与汉语拼音姓名相同），以避免使用上的不便。

E——信用卡种类的标志：持有的信用卡种类。根据标志，信用卡可在有相应标志的特约商店消费，在有相应标志的 ATM 机上预借现金。

F——卡片磁条：磁条上录有持卡人重要资料，请避免刮伤或与磁性物品放置在一起，以免磁条受损。

G——个人签名栏：拿到卡片后，请立即签上惯用的签名式样（建议使用油性签字笔或圆珠笔），日后用卡交易时也请签上相同式样的签名。

H——客户服务热线：在使用卡片过程中有任何的疑问，可拨打全年 365 天、每天 24 小时客户服务热线 800-820-5555，手机用户及未开通 800 业务的地区则请拨打 021-38784800。

I——海外服务热线：在国外使用卡片过程中有任何的疑问，可拨打 86-21-38784800 致电 24 小时客户服务热线咨询。

J——卡号末四位号码：信用卡卡号的末四位号码，与正面凸印的卡号末四位号码一致，以防止卡片被不法分子伪冒。

K——CVV2 码（威士卡）：在信用卡背面的签名栏上，紧跟在卡号末四位号码的后面印有 3 位保安数字，即 CVV2 码（威士卡），当使用信用卡进行电视、电话购物和网上交易时，特约商户会根据需要要求你输入此号码以核实身份。

8.3.1　信用卡组织

不同品牌的信用卡是由不同的信用卡组织发行的，下面简要介绍一下国际几大信用卡组织。

1. VISA简介

1959 年，美洲银行发行了第一张银行信用卡，1966 年，Bank of America Service Corp.（BSC）公司成立。1970 年 BSC 公司改名为 National Bank Americard INC（NBI），为美国各地银行提供信用卡服务。1977 年，NBI 改组成 VISA International，即 VISA 国际集团。

VISA 国际组织是由国际上各银行会员组成的信用卡组织，属于非营利机构。总部设在美国加州旧金山。VISA 帮助会员开发各种 VISA 支付工具（又称信用卡）及旅行支票业务，为会员提供各种 VISA 产品及服务，帮助会员利用 VISA 产品及服务获取利润，降低会员在网络上的重复投资，提供给会员、消费者及特约商户自动"无现金"的付款工具及系统。

VISA 全球电子支付网络（Visa Net）是世界上覆盖面最广、功能最强和最先进的消费支付处理系统，不断履行使持卡人的 VISA 卡通行全球的承诺。VISA 的全球网络让持卡人不论身在何处，都能方便地使用 VISA 卡。VISA 国际组织本身并不直接发卡。在亚太地区，VISA 国际组织有超过 700 个会员金融机构发行各种 VISA 支付工具，包括信用卡、借记卡、公司卡、商务卡及采购卡。

在中国，经中国人民银行批准，VISA 分别于 1993 年和 1996 年在北京和上海成立代表处，并拥有包括银联在内的 18 家中资会员金融机构和 5 家外资会员银行。到 2009 年 6 月 30 日，在中国发行的 VISA 国际卡累计达到 86 万张，占中国发行国际卡份额的 70%以上。

在电子商务方面，"VISA 验证"服务为持卡人和特约商户提供安全、便捷的网上购物支付方式。

2. MasterCard简介

万事达国际组织于 20 世纪 50 年代末至 60 年代初期创立了一种国际通行的信用卡体系，

旋即风行世界。在 1966 年，该组织先组成了一个名为银行卡协会（Interbank Card Association）的组织，1969 年银行卡协会购下了 MasterCharge 的专利权，统一了各发卡行的信用卡名称和式样设计。随后 10 年，将 MasterCharge 改名为 MasterCard。MasterCard 是全球第二大信用卡集团，它是一个服务于全球多家金融机构的非营利性协会组织，其会员包括商业银行、储蓄与贷款协会以及信贷合作社。MasterCard 的宗旨是为会员提供全球最佳的支付系统和金融服务。

万事达卡国际组织拥有 MasterCard、Maestro、Mondex、Cirrus 等品牌商标。万事达卡国际组织本身并不直接发卡，MasterCard 品牌的信用卡是由参加万事达卡国际组织的金融机构会员发行的。2012 年其会员约有 2 万个，拥有超过 2100 多万家商户及 ATM。MasterCard 已发展成为仅次于 VISA 国际的全球第二大信用卡国际组织。

中国银行系统中的中国银行、中国工商银行、中国建设银行和中国农业银行等大多数商业银行都已加入 MasterCard 国际组织。

3. JCB简介

1961 年，JCB 作为日本第一个专门的信用卡公司宣告成立。在亚洲地区，其商标是独一无二的。其业务范围遍及世界各地 100 多个国家和地区。JCB 信用卡的种类成为世界之最，达 5000 多种。JCB 的国际战略主要瞄准了工作、生活在国外的日本实业家和女性。为确立国际地位，JCB 也对日本、美国和欧洲等国家和地区的商户实现优先服务计划，使其包括在 JCB 持卡人的特殊旅游指南中。

4. 大莱信用卡有限公司

大莱卡（Diners Club）于 1950 年由创业者 Frank MC Mamaca 创办，是第一张塑料付款卡，最终大莱卡发展成为一种国际通用的信用卡。1981 年，美国最大的零售银行——花旗银行的控股公司——花旗公司接受了 Diners Club Intenational 卡。大莱卡公司在尚未被开发的地区增加其销售额，并且巩固该公司在信用卡市场中所保持的强有力的位置。该公司通过大莱现金兑换网络与 ATM 网络之间形成互惠协议，从而集中加强了其在国际市场上的地位。

5. 美国运通国际信用卡组织

美国运通公司自 1958 年发行第一张运通卡以来，迄今为止已在 68 个国家和地区，以 49 种货币发行了运通卡，构建了全球最大的自成体系的特约商户网络，并拥有超过 6000 万名的优质持卡人群体。美国运通公司凭借百余年的服务品质和不断创新的经营理念，保持着自己"富人卡"的形象。过去美国运通公司一直走独立发卡之路，从 1996 年才开始向其他金融和发卡机构开放网络，1997 年成立环球网络服务部（GNS），允许合作伙伴发行运通卡，至今 GNS 已与全球 90 多个国家的 80 个合作伙伴建立了战略合作伙伴关系。它在亚太地区的 17 个国家拥有 28 个合作伙伴，包括中国工商银行、中国台湾的台新银行、新加坡发展银行、新西兰银行、澳大利亚国立银行等。

6. 中国银联

中国银联是经国务院同意，由中国人民银行批准设立的中国银行卡联合组织，成立于 2002 年 3 月，总部设于上海。目前已拥有近 300 家境内外成员机构。

作为中国的银行卡联合组织，中国银联处于我国银行卡产业的核心和枢纽地位，对我国银行卡产业发展发挥着基础性作用，各银行通过银联跨行交易清算系统，实现了系统间的互连互通，进而使银行卡得以跨银行、跨地区和跨境使用。在建设和运营银联跨行交易清算系统、实现银行卡联网通用的基础上，中国银联积极联合商业银行等产业各方推广统一的银联卡标准规范，创建银行卡自主品牌；推动银行卡的发展和应用；维护银行卡受理市场秩序，防范银行卡风险。

中国银联的成立标志着"规则联合制定、业务联合推广、市场联合拓展、秩序联合规范、风险联合防范"的产业发展新体制正式形成，标志着我国银行卡产业开始向集约化、规模化发展，进入了全面、快速发展的新阶段。在中国银联与各家商业银行共同努力下，我国银行卡的联网通用不断深化。截至 2009 年 9 月底，境内联网商户达 147 万户，联网 POS 机达 227 万台，联网 ATM 达 18.8 万台，一个规模化的银行卡受理网络在我国已经形成。随着联网通用的不断深化和国内银行卡受理环境的不断改善，银行卡交易额呈现快速递进增长。2008 年全国银行卡跨行交易金额达到 4.6 万亿元，是银联成立前 2001 年的 50 倍。银行卡消费额在社会消费品零售总额中的占比由 2001 年的 2.7% 上升到目前的 30%。

为把境内商业银行的服务通过银联网络延伸到境外，中国银联积极展开国际受理网络建设。截至 2009 年 12 月，银联卡已在境外 83 个国家和地区实现受理；与此同时，中国银联还积极推动境外发行银联标准卡，为境外人士到中国工作、旅游、学习提供支付便利，目前已有 10 多个国家和地区的金融机构正式在境外发行了当地货币的银联标准卡。银联卡不仅得到了中国持卡人的认可，而且得到了越来越多国家和地区持卡人的认可。银联标志和全息防伪标志如图 8-5 所示。

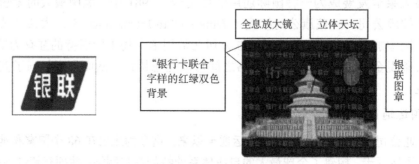

图 8-5　银联标志和全息防伪标志

8.4　电子支票

1. 电子支票的概念

所谓电子支票，英文一般描述为 E-Check，也称数字支票，是将传统支票的内容全部电子化和数字化，形成标准格式的电子版，借助计算机网络（Internet 与金融专用网）完成其在客户之间、银行与客户之间以及银行与银行之间的传递与处理，从而实现银行客户间的资金支付结算。简单地说，电子支票就是传统纸质支票的电子版。它包含和纸支票一样的信息，如支票号、收款人姓名、签发人账号、支票金额、签发日期、开户银行名称等，具有和纸质支票一样的支付结算功能。

在使用上，电子支票与纸质支票一样需要经过数字签名，支付人用数字签名背书，使用数字凭证确认支付者/被支付者的身份、支付银行以及账户，金融机构就可以使用签名和认证过的电子支票进行账户存储。

电子支票的样式如图 8-6 所示。该支票中各标号分别代表：①使用者姓名及地址；②支票号；③传送路由号；④账号。

2. 电子支票支付的优缺点

（1）优点

● 与传统支票类似，用户比较熟悉，易于被用户接受，可广泛应用于 B2B 结算。

● 电子支票具有可追踪性，所以当使用者遇到支票遗失或被冒用时可以停止付款并取消交易，风险较低。

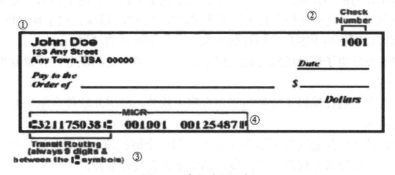

图 8-6　电子支票示例

● 通过应用数字证书、数字签名及各种加密/解密技术，提供比传统纸质支票中使用印章和手写签名更加安全可靠的防欺诈手段。加密的电子支票也使它们比电子现金更易于流通，买卖双方的银行只要用公开密钥确认电子支票即可，数字签名也可以被自动验证。

（2）缺点

● 需要申请认证，安装证书和专用软件，使用较为复杂。

● 不适合用于小额支付和微支付。

● 电子支票通常需要使用专用网络进行传输。

3. 电子支票使用中的安全性要求

（1）电子支票的认证。电子支票是客户用其私钥所签署的一个文件。接收者使用支付者的公钥来解密客户的签名。这样将使得接收者相信发送者的确签署过这一支票。

（2）公钥的发送。发送者及其开户行必须向接收者提供自己的公钥。提供方法是将他们的 X.509 证书附加在电子支票上。

（3）私钥的存储。为了防止欺诈，应向客户提供一个实体卡，以实现对私钥的安全存储。

（4）银行本票。银行本票由银行按如下方式发行：发行银行首先产生支票，用私钥对其签名，并将证书附加到支票上。接收银行使用发行银行的公钥来解密数字签名。

8.5　电子现金

1. 电子现金的概念

电子现金（E-Cash）又称数字现金，是一种以数据形式流通的货币。它把现金数值转换成为一系列的加密序列数，通过这些序列数来表示现实中各种金额的币值。用户在开展电子现金业务的银行开设账户并在账户内存钱后，就可以在接受电子现金的商店购物了。

电子现金是纸币现金的电子化，具有与纸币现金一样的优点，随着电子商务的发展，必将成为网络支付的一种重要工具，特别是涉及个体、小额 C2C 电子商务时的网络支付与结算。

2. 电子现金的制作

电子现金是由荷兰的 David Chaum 在 1982 年最先开发出来的，已经基本形成了一套可行的电子现金制作与应用体系，目前应用中的电子现金大都遵循这个体系。电子现金有着较为严格的制作程序，并且充分利用数字签名等尖端安全技术，以保证电子现金的防伪与可靠。电子现金的制作过程相当于客户从银行购买或兑换电子现金的过程。

（1）客户在发行电子现金的银行建立资金账户，存储一定的现金，并领取相应的客户端电子现金应用软件。

（2）客户在自己的计算机上安装电子现金应用软件，利用此软件产生一个原始数字代币及其原始序列号 X。

（3）客户端借助软件通过将原始序列号 X 与另一个随机数（隐藏系数）相乘，得到一个新的序列号 Y，与原始数字代币一起，发送到电子现金发行银行。

（4）银行收到客户传来的相关信息后，只可以看见这个新序列号 Y 与原始数字代币的联合体，银行用其签名私钥对其进行数字签名，认可申请人的电子现金价值，并从客户资金账号中扣去对应资金余额。

（5）银行将经过数字签名的新序列号 Y 与原始数字代币的联合体回送客户。

（6）客户收到后再用隐藏系数分解新序列号 Y，变换出这个原始数字代币的原始序列号 X，这时收到的经过签名的原始数字代币与原始序列号 X 联合体就是产生的具有一定价值的电子现金。客户可把这个电子现金存在硬盘上、IC 卡中或电子钱包中以备使用。

在上述的步骤中，可以一次产生多个电子现金，即批量操作。电子现金不断产生的过程就是不断在银行进行兑换的过程，客户的资金账号中的余额也相应地减少。任何收到这些带有发行银行数字签名的电子现金的实体均可以去这个发行银行兑换成相应货币，如纸币。

采用这种产生机制的一个突出特点是，银行不能追溯到刚产生的数字现金客户，因为银行看不到电子现金的原始序列号 X，所以也不知道具体那些电子现金现在归谁所有。这种隐蔽签名（Blind Signature）技术，是由荷兰阿姆斯特丹 DigiCash 公司的创始人 David Chaum 发明的具有专利权的数学算法，可用来实现银行对电子现金的认证，而且允许电子现金的匿名，就像纸币具有的匿名性一样。

3. 电子现金的分类

目前，广为接受的电子现金有两种模式：e 现金（E-Cash）和 IC 卡型电子现金。

（1）e 现金是一种在线电子现金，可存储在计算机硬盘中，将代表纸币或辅助币的所有信息进行电子化的数字信息块。这个数字信息块可以认为是遵循一定规则排列的一定长度的数字串。例如，"01100100"这个数字串表示 100 元人民币，如果在某台计算机的硬盘中预存了一个"01100100"字符串，就表示硬盘存储了 100 元的电子现金。就像这样，现金数值转换成了一系列的加密序列数，通过这些序列数来表示现实中各种金额的币值。用户在开展电子现金业务的银行开设账户，并在账户内存钱后就可以在接受电子现金的商店购物了。

（2）IC 卡型电子现金，是一种存在 IC 卡的存储器内，由消费者在自己的钱包里保存的虚拟货币。这种 IC 卡是一种专门用于存储电子现金的智能卡。其中，最典型的就是 Mondex 系统。Mondex 系统使用 IC 卡作为货币价值的计数器，即可以将 Mondex 的 IC 卡看成记录货币余额的账簿。在从卡内支出现金或是向卡内再存入现金时，通过改写卡内的余额记录进行处理。因此，Mondex 类似于存款货币，Mondex 的专用 IC 卡相当于存款账户。

4. 典型的电子现金系统

下面介绍几种目前国际上使用的电子现金系统。

（1）E-Cash 系统。E-Cash 是一种实现无条件匿名的电子现金系统，由 DigiCash 公司（www.digicash.com）开发，也是最早的电子现金系统。目前使用该系统发布 E-Cash 的银行有十多家，包括 Mark Twain，Eunet，Deutsche，Advance 等世界著名银行。在使用 E-Cash 时，买方和卖方必须在发放 E-Cash 的银行建立一个账户，银行向他们提供 Purse 软件，用于管理和传送 E-Cash。然后，资金从常规账户输入到 Purse 软件上，并且在被支出前存储在买方的内置硬盘上。

（2）Mondex 系统。Mondex（www.mondex.com）是由英国最大的 West Minster 银行和 Mid land 银行为主开发和倡议的以智能卡为存储介质的电子现金系统，它属于预付式电子现金系统的一种，类似智能卡的应用模式。Mondex 于 1995 年 7 月在英国斯温顿市正式开始使用，可以说是全球唯一国际性的电子现金系统，也是现今最先进最完整的智能卡系统。日本于 1997 年引入 Mondex，澳大利亚四家银行、新西兰六家银行都准备推广 Mondex，中国香港汇丰和恒生银行已经发行 40000 余张 Mondex 智能卡。

（3）CyberCash 系统。1994 年 8 月，CyberCash（www.cybercash.com）开始提供一种 CyberCoin 软件，用于处理小额电子现金事务。在资金传输方面，CyberCoin 与 DigiCash 相似，资金从常规银行账户上传输给 CyberCoin 钱夹，然后，买方能用这些钱进行各种事务处理。

（4）NetCash 系统。NetCash 是由美国南加里福尼亚大学信息科学研究所（www.isi.edu）设计的电子现金系统，具有高可靠性和匿名性，且能安全地防止伪造。系统中的电子现金是经过银行签字的具有顺序号的比特串。其主要特点是通过设置分级货币服务器来验证和管理数字现金，比较安全。NetCash 产生的电子现金由如下字段组成：货币服务器名称（负责产生这个现金的银行名称及 IP 地址）、截止日期（电子现金停止使用的日期，到期后，银行将使其顺序号不再流通，同时银行还将记录未兑现账单数据库的余额）、顺序号（银行记录尚未兑现的有效账单的顺序号）、币值（电子现金的数量及货币类型）。

（5）IBM Mini-Pay 系统。IBM 的 Mini-Pay 系统提供一种电子现金模式，主要用于网上的微额交易。该产品使用 RSA 公开密钥数字签名，交易各方的身份认证是通过数字证书来完成的，电子现金的证书当天有效。

随着电子现金系统不断完善，电子现金一定会像商家和银行界预言的那样，成为方便的网络支付工具。网上支付工具的比较如表 8-2 所示。

表 8-2　网上支付工具的比较

支付类型 特点	银行卡支付系统	电子现金	电子支票
事先/事后付款	事后付款	事先付款	事后付款
使用对象	银行卡持有人	任何人	在银行有账户者
交易风险	由发卡银行承担，当银行卡被盗时，可取消银行卡	由消费者自行承担电子现金丢失、被盗用、出错的风险	付款方可以止付有问题的付款指令或有问题的支票
交易凭证转换	直接由商户向银行查询持卡人账号	自由转换，不需要留下交易参与者的信息	电子支票或付款指令需要经过"背书"方能转让
在线检查	允许在线或离线检查	在线检查电子现金是否重复使用	以在线检查方式运作
目前普及程度	在线付款中最普及的形式	电子现金的未来缺乏国际性的金融网络支持	目前缺乏国际性的标准，法律制度有待建立
交易额度	与银行卡额度相同	电子现金额度通常固定	和传统支票相同，即不大于支票账户的现有余额
是否支持小额支付	每笔交易成本相对较高，不适合进行小额支付	可进行不同面额的电子现金交易与找零，适合进行小额支付	有些系统允许商户累计付款指令到一定金额再进行支付，这些系统适合进行小额支付
与银行的关系	交易信息中银行卡号为持卡人在发卡银行的账号	电子现金从银行提取后，就与银行账号没有关系	由银行账号进行付款

8.6　电子钱包

1. 电子钱包的概念

所谓电子钱包，英文为 E-Wallet 或 E-Purse，它是一个客户用来进行安全网络交易特别是安全网络支付并存储交易记录的特殊计算机软件或硬件设备，如同生活中随身携带的钱包一样，特别在涉及个人的、小额网上消费的电子商务活动中，应用起来很方便而又具有效率。

电子钱包本质上是个装载电子货币的"电子容器"，可把客户有关网上购物的信息，如信用卡信息、电子现金、所有者身份证、地址及其他信息等集成在一个数据结构里，以备整体调用。需要时，只要单击一个相应的图标，就可以把这些信息自动填写在订单上并发送给网上商场，加快购物的速度，是给消费者带来便利又能方便地辅助客户取出钱包中的电子货币进行网络支付的新式虚拟钱包。在电子商务中应用电子钱包时，真正支付的不是电子钱包本身，而是它装载的电子货币。

2. 电子钱包的形式

电子钱包主要有两种形式：一种是特殊的计算机软件，另一种是特殊的硬件装置。前者常称为电子钱包软件，主要通过互联网进行在线支付，如微软公司开发的 Microsoft Wallet。后者常表现为一张智能卡，即 IC 卡，可存储电子现金等电子货币。它不仅可以在线支付，也可以在安装有终端设备的商场刷卡支付。有一些书上则直接把智能卡叫作电子钱包。二者的应用方式基本相同。

本节主要介绍软件式的电子钱包。消费者要使用电子钱包支付，通常需要安装一个客户端软件，该软件一般都是免费提供的，可以直接从相关的银行网站上下载。

3．电子钱包的组成体系

使用电子钱包进行网络支付，需要在客户端、商家服务器与银行服务器建立支持电子钱包支付结算的体系。为使电子钱包可靠运作，其组成体系上一般还要包括商家与银行支持的电子钱包服务系统、电子钱包客户端软件以及电子钱包管理器等构件。

（1）电子钱包服务系统。使用电子钱包，要在电子钱包服务系统中进行。目前世界上最主要的三大电子钱包服务系统是 VISA Cash，Mondex 和 Proton。

（2）电子钱包客户端软件。电子钱包客户端软件安装在用户的计算机上。该客户端软件负责与发卡行的电子钱包管理器进行通信，接收用户输入的 SET 购买指令，并将指令安全地传送到发卡行电子钱包管理器上，再将执行结果安全地取回并显示给用户。电子商务活动中的电子钱包客户端软件通常是免费提供的。许多著名信息厂商研发了许多电子钱包客户端软件，像 Microsoft 的 Microsoft Wallet，IBM 的 Consumer Wallet 和 Cyber Cash 的 Internet Wallet。这些电子钱包软件通常设计为浏览器的 Plug-In 软件，加载在 IE 或是 Netscape 的浏览器上。

（3）电子钱包管理器。在电子商务服务系统中还设有电子货币和电子钱包的功能管理模块，统称为电子钱包管理器。电子钱包管理器安装在银行或第三方金融机构中，它为多个用户提供了有关账号管理、历史交易记录管理及支付处理的服务。它负责与电子钱包用户端进行通信，接收并执行电子钱包用户端传送过来的指令，并将结果以安全的通信方式发送到电子钱包用户端。电子钱包管理器在特定端口监听来自用户端的请求并与用户端协商建立一个 SSL 连接，以便双方可以安全通信。客户可以用它来改变保密口令或保密方式，查看利用电子钱包网络支付的记录以及银行账号上收付往来的电子货币账目、清单和数据。电子商务服务系统中还包括电子交易记录器，顾客通过查询该记录器，可以了解自己都买了些什么物品，购买了多少，也可以把查询结果打印出来。

8.7　一卡通

"一卡通"是招商银行向社会大众提供的、以真实姓名开户的个人理财基本账户，它集定活期、多储种、多币种、多功能于一卡，是国内银行卡中独具特色的知名银行卡品牌，多次被评为消费者喜爱的银行卡品牌。招行从 1995 年 7 月发行"一卡通"以来，凭借高科技优势，不断改进其功能，不断完善综合服务体系，创造了个人理财的新概念。

一卡通申请：持本人有效身份证件到招商银行营业网点办理开户手续。如代办一卡通，需同时出示代理人身份证明。

1．到招商银行开户，获得一卡通

可以从网上直接申请（网址为 www.cmbchina.com）。网上申请一卡通步骤如下。在地址栏中输入"http://www.cmbchina.com/personal/allinonecard"，打开如图 8-7 所示界面，再按照招商银行一卡通申请办法办理。

图 8-7 "在线申请一卡通"界面

2. 一卡通功能

集定活期、多储种、多币种、多功能于一卡，具有"安全、快捷、方便、灵活"的特点：

（1）一卡多户。具有人民币、美元、港币、日元、欧元等币种的活期、定期等各类储蓄账户。

（2）通存通兑。在招行同城任一网点办理各储种存取款业务；在全国各网点办理人民币、港币、美元活期账户异地存取款业务。

（3）自动转存。凡有整存整取存款且到期后，银行自动按原存期连本带息代为办理存款转存。

（4）自助转账。在招行柜面申请自助转账服务功能后，可以直接使用招行电话银行、自动柜员机、查询终端及个人网上银行，办理以下业务：

① 人民币或外币同一币种同一钞汇类的同名账户的同城"一卡通"、存折之间相互划转。

② 特别说明：办理同一"一卡通"内的人民币或同外币同一钞汇类型账户间的定活互转。无须到柜台办理申请手续，由计算机系统自动开通。

3. 商户消费

在招行和中国银联以及当地金卡工程的特约商户直接进行消费结算。

4. 自动柜员机提款

在招行开户地自动柜员机上办理人民币活期取款、修改密码、第三方转账及查询活期账户余额等业务；在招行非开户地自动柜员机上可办理人民币活期取款；还可在加入中国银联或当地金卡工程的他行自动柜员机上办理人民币活期取款、活期账户余额查询业务。

5. 自助存款机

在招行开户地自助存款机可办理人民币活期、整存整取、零存整取等存款业务。

6. 查询服务

招行柜台、自助银行、电话银行、网上银行等各种渠道，为客户提供存款利率、汇率、业务简介及各类账务查询。

7. 电话银行

招行电话银行提供自动语音服务和人工服务。

8. 手机银行

招行手机银行（WAP 版、网页版），无须开通和注销，只要手机可以上网，在浏览器中输入招行手机银行网址"http://mobile.cmbchina.com"，即可访问招行手机银行。

9. 网上支付

在招行柜台或网上银行申请"网上支付"功能后，通过招行网上商城中的特约商户在线选购全国各地商品或享受其他服务，同步完成消费款项的支付。

10. 银证转账

在招行柜台或招行特约券商处申请银证转账服务功能后，通过招行电话银行、网上银行等自助设备，可实现活期账户与指定券商处开立的证券保证金账户之间的资金相互划转。

11. 银基通

在招行柜台申请银基通服务功能并开立银基通账户后，可通过柜台、网上银行、电话银行办理各项开放式基金认购、申购、赎回等交易及查询业务，其他各项开放式基金转托管、非交易过户等业务在柜台办理。

12. 外汇买卖

在招行柜台申请个人外汇买卖业务后可以在招行电话银行、自助终端、柜台、手机银行、网上银行等多渠道办理外汇买卖委托、查询等业务。客户可轻松参与并投资于国际外汇市场获取一定的投资汇报。

13. 自助贷款

在与招行签署协议后，以存入招行一卡通内的自有本外币定期储蓄存款做质押，通过电话银行、网上银行和自助终端等自助设备向招行申请获得贷款并可通过以上渠道自助还款。

14. 自助缴费

在招行柜台或电话银行、网上银行、手机银行等渠道申请自助缴费服务功能后，通过招行电话银行、网上银行向招行的特约收费单位自助交纳各类费用。

8.8　网络支付系统

中国现代化支付系统（CNAPS）是中国人民银行为适应我国经济发展的要求，充分利用现代计算机技术和通信网络技术开发建设的高效、安全处理各银行办理的异地、同城各种资金汇划业务及其资金清算和货币市场交易资金清算的应用系统。

目前，中国现代化支付系统业务覆盖全国所有省、自治区和直辖市，连接中国境内办理结算业务的各银行金融机构、香港和澳门人民币清算行以及中央债券登记结算公司、中国银联、中国外汇交易中心、全国银行同业拆借中心和城市商业银行汇票处理中心，提供实时全额资金清算服务、净额资金清算服务、支付管理信息服务。

2005 年 6 月，中国人民银行建成大额实时支付系统（简称大额支付系统）（HVPS），并实现该系统与各银行业金融机构行内支付系统、中央债券综合业务系统、银行卡支付系统、人民币同业拆借和外汇交易系统等多个系统以及香港、澳门人民币清算行的连接，为银行业金融机构及金融市场提供安全高效的支付清算服务，支持香港、澳门人民币清算业务。

2006 年 6 月，中国人民银行建成小额批量支付系统（简称小额支付系统）（BEPS），该系统支撑多种支付工具的应用，实行 7×24 小时连续运行，为银行业金融机构的小金额、大批量跨行支付清算业务提供了一个低成本的公共支付平台。

2007 年 7 月，中国人民银行建成全国支票影像交换系统（CIS），运用影像技术将实物支票转换为支票影像信息，处理银行机构跨行和行内的支票影像信息交换，实现支票全国通用。近年来，中国人民银行不断改善全社会金融服务环境，推动了现代化支付系统的建设，有效促进了社会资金的安全高效运转，提高了全社会资金的使用效率。当前，我国现代化支付系统在经济领域中已发挥越来越重要的作用，它每天清算的资金量数额巨大。

网络支付系统是电子商务走向成功的关键因素，网络支付要顺利完成，需要具有与之对应的网络支付系统为基础。网络支付系统的建设涉及国家、银行、商家、用户等很多利益相关者。经过多年努力，目前我国已经有了大额支付、小额支付、微支付的网络支付系统，为网络支付和电子商务发展创造了条件。

随着电子商务的蓬勃发展，传统的支付结算方式在电子商务交易中暴露出运作速度慢与处理效率低等许多弱点，不能满足电子商务对支付结算的需求，与电子商务相匹配的网络支付系统应运而生。

8.8.1　网络支付系统的概念

网络支付系统是电子商务系统的重要组成部分，它指的是消费者、商家和金融机构之间使用安全电子商务手段交换商品或服务，即利用现代化支付手段，将支付信息通过网络安全地传送到银行或相应的处理机构，以实现网络支付的系统。网络支付系统是融购物流程、支付工具、安全技术、认证体系以及金融体系为一体的综合大系统。

8.8.2　网络支付系统的构成和功能

1. 网络支付系统的基本构成

网络支付系统是一个由买卖双方、网络金融服务机构、网络认证中心、电子支付工具和网上银行组成的大系统。网络支付系统的基本构成如图 8-8 所示，主要有客户、商家、银行、支付网关、CA 认证中心、支付工具和支付协议。

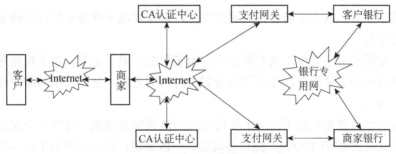

图 8-8 网络支付系统的基本构成

（1）客户

客户是指与某商家有交易关系并存在未清偿的债权债务关系的一方（一般是债务），客户用自己已拥有的支付工具（如信用卡、电子钱包等）来发起支付，是支付体系运作的原因和起点。

（2）商家

商家一般是指交易中拥有债权的一方，它可以根据用户发起的支付指令向银行系统请求货币支付。商家一般准备了专用的后台服务器来处理用户发起的支付过程，包括用户身份的认证和不同支付工具的处理。

（3）银行

电子商务的各种支付工具都要依托于银行信用。作为参与方的银行方面会涉及客户银行、商家银行、银行专用网等方面。

● 客户银行，即用户开户行：是指用户在其中拥有自己账户的银行，用户所拥有的支付工具就是由开户行提供的，用户开户行在提供支付工具的同时也提供了银行信用，即保证支付工具的兑付。在利用银行卡进行支付的体系中，用户开户行即为发卡行。

● 商家银行，即商家开户行：是指商家在其中拥有自己账户的银行，支付过程结束时资金应该转到商家在开户银行的账户中。商家将用户的支付申请提交给开户行后，就由商家开户行进行支付授权的请求并完成与用户开户行之间的清算。商家的开户行是依据商家提供的合法账单来操作的，因此又被称为收单银行。

● 银行专用网：是银行内部及银行之间进行通信的网络，具有较高的安全性。中国的银行专用网主要包括中国现代化支付系统、人民银行电子联行系统、工商银行电子汇兑系统和银行卡授权系统等。

（4）支付网关

支付网关是公用网和银行专用网之间的接口，支付信息必须通过支付网关才能进入银行支付系统，进而完成支付的授权和获取。支付网关的建设关系着支付结算的安全以及银行自身的安全。

电子商务交易中同时传输了两种信息：交易信息与支付信息。这两种信息在传输过程中不应被无关的第三者阅读，此外，商家不应看到用户的支付信息，银行也不应看到用户的交易信息。支付网关将互联网和银行专用网连接起来，保证了电子商务的安全顺利实施，同时还起到了隔离和保护银行专用网的作用。

（5）CA 认证中心

CA 认证中心是第三方公正机构，它的作用与工商局类似。CA 认证中心向参与商务活动的各方发放数字证书，确认交易各方的真实身份，以保证电子商务支付过程的安全性。

（6）支付工具

目前经常使用的电子支付工具有银行卡、电子现金、电子支票、电子钱包等。在网上交易中，消费者发出的支付指令，在由商家送到支付网关之前，是在公用网络中传送的。

（7）支付协议

支付协议的作用就是为公用网络上支付信息的流通制定规则并进行安全保护。目前比较成熟的支付协议主要有 SET 协议、SSL 协议等。一般来说，协议对交易中的购物流程、支付步骤、支付信息的加密、认证等方面做出规定，以保证在复杂的公用网中的交易双方能快速有效、安全地实现支付与结算。

2. 网络支付系统的功能

从前面的介绍可知，与传统支付系统相比，网上支付系统要复杂得多。网上支付系统具有的功能也比传统支付要多，具体来讲有以下几个方面。

（1）使用数字签名和数字证书实现各方的认证

为保证交易的安全性，应对参与交易的各方身份的有效性进行认证，通过认证机构向参与交易的各方发放数字证书，以证实其身份的合法性。

（2）使用加密技术对业务进行加密

可以采用单钥体制或双钥体制来进行加密，采用数字信封、数字签名等技术来加强数据传输的保密性，以防止未被授权的第三者获取信息的真正含义。

（3）使用信息摘要算法以确认业务的完整性

为保护数据不被未授权者建立、嵌入、删除、篡改、重放，而完整无缺地到达接收方，可以采用资料摘要技术，通过对原文生成信息摘要，并传送给接收方，接收方就可以通过摘要判断所接收的信息是否完整。接收方若发现接收的信息不完整，则应要求发送端重发以保证其完整性。

（4）当交易双方出现纠纷时，保证对业务的不可否认性

这用于保护通信用户应对来自其他合法用户的威胁，如发送用户否认他所发送的信息，接收方否认他已接收到的信息等。支付系统必须在交易过程中生成或提供证据来迅速辨别纠纷中的是非，可以通过仲裁签名、不可否认签名等技术来实现。

（5）能够处理贸易业务的多边支付问题

网上贸易支付要牵涉客户、商家和银行等多方，其中发送的购货信息与支付指令必须连接在一起，因为商家只有确认了支付指令后才会继续交易，银行也只有确认了支付指令后才会提供支付。但同时，商家不能读取客户的支付指令，银行也不能读取商家的购货信息，这种多边支付的关系可以通过双重签名等技术来实现。

（6）整个网上支付结算过程的便捷

对网上交易各方，特别对客户来讲，网上支付结算应该是方便、易用的，手续与过程不能太烦琐，大多数支付过程对客户与商家来讲应是透明的。

（7）能够保证电子支付结算的速度

即应该让商家与客户感到快捷，这样才能体现电子商务的效率，发展电子支付结算的优势。

8.8.3　网络支付系统的发展

网络支付系统的发展是与电子银行业务的发展密切相关的，从历史的角度来看，网络支付系统经历了 5 个发展阶段。

第一阶段，银行利用计算机处理银行之间的业务，办理结算。

第二阶段，银行计算机与其他机构计算机之间资金的结算，如代发工资等业务。

第三阶段，利用网络终端向客户提供各项银行业务，如客户在自动柜员机（ATM）上进行取、存款操作等。

第四阶段，利用银行销售点终端（POS 机）向客户提供自动扣款服务，这是现阶段电子支付的主要方式。

第五阶段，支付可随时随地通过互联网进行直接转账结算，形成电子商务环境，这种方式称为网络支付。

目前 EFT（电子资金转账）系统是银行同客户进行数据通信的一种有力工具。通过它，银行可以把支付系统延伸到社会的各个角落，如零售商店、超级市场、企事业单位及家庭等，从而为客户进行支付账单、转账、咨询、缴纳税金、房地产经营等金融活动提供方便、快捷的服务。

在网络时代，EFT 系统的应用已经发展成一个集 Intranet、Extranet 和 Internet 的广泛的电子支付网络系统。调查显示，越来越多的网民在网上购物时选择网络支付。

8.8.4　网络支付系统的分类

根据每次交易额的大小不同，网络支付系统可以分为三类：大额支付系统、小额支付系统、微支付系统。各类系统的主要特点概述如下。

1. 大额支付系统

大额支付系统主要处理银行间大额资金转账，通常支付的发起方和接收方都是商业银行或者在中央银行开设账户的金融机构。大额支付系统是一个国家支付体系的核心应用系统。现在的趋势是，大额支付系统通常由中央银行运行，处理贷记转账。大额支付系统对支付交易虽然可做实时处理，但要在日终进行净额资金清算。大额支付系统处理的支付业务量很少（占总业务量的 1%～10%），但资金额超过 90%，因此大额支付系统中的风险管理特别重要。

2. 小额支付系统

小额支付系统分为脱机小额支付系统和联机小额支付系统两类。小额支付系统主要特点就是交易金额小、业务量大、交易资金采用净额结算。

脱机小额支付系统，亦称批量电子支付系统，主要指 ACH（自动清算所），主要处理预先授权的定期贷记（如发放工资）或定期借记（如公共设施缴费）。支付数据以存储介质或者数据通信方式提交清算所。

联机小额支付系统指 POS 机系统和 ATM 系统，其支付工具为银行卡（信用卡、借记卡等）。

3. 微支付系统

微支付，即 Micro Payment，是指款额特别小的电子商务交易，类似零钱应用的网络支付方式。支付数额上，美国发生的支付金额一般在 5 美元以下，中国相应为 5 元人民币以下，这不是统一标准。目前手机移动支付系统比较适合这种应用状况。另外，一些企业还开发了电子零钱系统，也是实现微支付的方式之一。

8.9 认识与了解 ATM 系统

8.9.1 认识 ATM 系统

ATM 是自动柜员机（Automatic Teller Machine）的英文缩写。ATM 系统是一种多功能、全天候的自动服务系统，是用户利用银行发行的银行卡在自动柜员机上自行执行存取款、转账等功能的一种自助电子银行系统。它是银行柜台存取款系统的延伸，用该系统可把银行的服务扩大到银行柜台以外的地方。因此，ATM 系统是无人管理的自助的出纳装置。ATM 既可安装于银行内，也可安装于远离银行的购物中心、机场、工厂和学校，可提供全天候（每天 24 小时）的日常的银行业务服务。

ATM 系统自 1967 年推出以来，得到了迅速发展，它是客户与金融机构最典型的银行卡授权支付系统的代表，是电子资金转账（EFT）系统中应用最早、最成功的系统之一。

8.9.2 ATM 系统功能和优点

1. ATM 系统主要功能

（1）取现功能

在规定限额内为客户提供自动取款功能，通常 ATM 对每笔取款业务都要做严格的检查。如判定是否为合法客户、取款次数是否超限、取款操作是否超时、是否为挂失户、是否有足够余额等。合格则付钞，整个处理过程通常只要几十秒钟时间。

（2）存款功能

主要用于吸收小额现金和备付转账款项。现代的 ATM 具有纸币识别功能，能识别纸币的真伪和面额。存款检验无误后，系统即将存款金额过账到客户的账户内。

（3）转账、支付功能

ATM 还能提供丰富的转账功能如公用事业费、薪水的转账，支票账户、储蓄账户、信用卡账户之间的转账等。提供抵押货款的偿还和小额贷款的偿还，使 ATM 更为灵活方便。

（4）账户余额查询功能

主要提供各种信息查询，如账户余额、未登折交易笔数及有关利率、汇率等各种信息。有些 ATM 将查询结果直接打印在客户凭条上，不在显示屏上直接显示。

（5）非现金交易功能

如修改密码，每位持有银行卡的用户都拥有一个相应的密码，一旦用户认为有必要时可在 ATM 上利用其提供的功能模块完成修改密码工作。具体操作时必须先准确输入原密码，然后根据提示信息，两次准确输入密码，经确认后便完成修改。

（6）管理功能

例如，查询营业过程中现金耗用、填补及调整后的数据；安全保护功能等。

2. ATM 系统优点

随着银行卡的推广和普及、ATM 系统的完善和发展，ATM 系统的功能将不断增强，ATM 覆盖面将日益扩大，带给持卡人更多的好处。

（1）快捷。一笔 ATM 交易，一般在 70～150 秒内完成，比柜台人工操作快得多。

（2）方便。ATM 可以安装在银行、商店、宾馆等营业厅内，或安装在银行营业厅外，如银行门外、商店、车站、医院等场所的临街墙面上，持卡人可在任何有 ATM 的地方，方便、快捷地提取所需现金。

（3）全天候服务。ATM 可以提供 24 小时服务，不受节假日和时间的限制。

（4）安全。携带银行卡比携带现金安全得多。

8.9.3　ATM 系统基本组成

一个功能完全的 ATM 系统，必须包括以下的几个模块：读卡机模块、键盘输入模块、IC 认证模块、显示模块、吐钱机模块、打印报表模块、监视器模块。

一个完整的 ATM 工作流程，包括五个主体，分别是：持卡人（持有可被 ATM 系统使用的银行卡用户）、ATM 终端设备、发卡银行（它们是共享系统的成员行，发卡行对外发行银行卡）、清算银行（它负责共享系统内跨行账务清算的处理，一般由中央银行担任）、交换中心（它负责共享系统内各种交易信息的转接处理和管理工作）。

上述 ATM 系统各成员之间，通过交换中心，连接成一个大型的共享网络。交换中心可由某个发卡银行，也可由多个发卡行合作经营管理，还可由第三方担任。在共享 ATM 系统里，成员行的持卡人可在共享网络的任何一台 ATM 上进行存取款交易。

8.9.4　ATM 的工作方式

根据 ATM 系统工作时是否与银行主机相连，ATM 的工作方式分为脱机处理方式和联机处理方式。

1. 脱机处理方式

用于脱机处理工作方式的 ATM 不与银行主机相连。自身具有完善的交易控制软件，并配有软盘装置，它自成体系，所有的处理均由 ATM 内的微机完成。每个客户的业务信息都记录在磁盘上，银行职员每天必须复制盘中数据（止付卡表，俗称黑名单、ATM 流水账、交易日志等），与银行主机定时通过交换软盘传递信息。这种 ATM 具有读、译银行卡的所有逻辑功能，能独立检验卡的合法性和持卡人身份。

这种 ATM 存在一定危险性，如使用伪造的磁卡骗取现金等；还有，一旦 ATM 发生故障，银行不能及时掌握实际情况，客户也无法随时查询账号信息和做转账处理。因此，ATM 的脱机处理方式通常只有在通信条件不发达的情况下或联机系统还不够完善的情况下才被选用。

2. 联机处理方式

用于联机处理方式的 ATM 与银行主机相连。使用时，银行主机系统发出控制信号，使之进入工作状态。处理时，每接到一笔业务信息都实时监控录入相关文件，实时处理有关账号信息，用户随时可查询账号资料及有关信息。ATM 的联机方式能够提供安全可靠、方便快捷的自动服务方式，通常情况下选择联机方式较为合适。

依据 ATM 与主机连接方式不同可分为 3 种：

（1）集中式。所有的 ATM 通过网络直接接入银行主机系统。银行原有业务信息的数据和 ATM 的交易数据都存入主机系统中，便于数据的集中管理和通存通兑的实现，但此方式主机负载太大，且通信费用高，扩展容量有限。

（2）分布式。ATM 接入相应的各网点主机，通过网点主机连接主机系统。将原有业务系统的数据及 ATM 的交易数据都存放在网点主机上，当客户要进行通存通兑业务时，由主机系统协助完成各网点之间的账务交易处理，分担了主机的部分工作。但此方式对数据的控制管理办法较为困难。

（3）集中分布式。ATM 直接或经过通信网连接到 ATM 前置机并通过以太网连接到银行主机系统，ATM 交易数据由 ATM 前置机集中控制，且不过多地增加银行主机负担，较受欢迎。

8.10 认识与了解 POS 系统

8.10.1 POS 系统简介

POS 是销售点终端（Point of Sales）的英文简写，它是通过自动设备（如收银机）在销售商品时直接读取商品条形码或 OCR 码（光字符码）的信息，并通过网络传送至有关部门进行分析利用以提高商家经营效率的系统。

POS 终端由主控设备、客户密码键盘和票据打印机三部分组成。主控设备包括磁卡阅读器、信息显示器和数据输入器。磁卡阅读器识别客户类磁卡的信息；信息显示器提供交易信息；数据输入器有键盘、条形码、光字符阅读等多种形式。客户密码由客户密码键盘输入，票据打印机输出交易单据。

POS 系统自 1968 年出现以来，经历了几个发展时期：第一代是使用借记卡的专有系统。第二代是共享的，即联机的 POS 系统，既可用借记卡，也可用信用卡进行购物消费。第三代，是随电子商务快速发展，出现了为完成网上购物、网上支付和电子转账的 POS 系统。

POS 系统通常安装在商店、宾馆、餐厅、超市等场所，通过同银行主机联网可迅速完成消费结算。POS 系统实现了银行、客户与商业部门三方之间的联系，将银行传统业务扩展到了新的领域，渗透到商业、服务领域的经营活动中。

8.10.2 POS 系统的主要功能

目前，被广泛采用的共享 POS 系统可提供下列多种服务。

1. 自动转账支付

自动完成顾客的转账结算，即依据交易信息将客户在银行开立的信用卡账户的部分资金自动划转到商家在银行开立的账户上，具体指 POS 系统能完成消费付款处理、退贷收款处理、账户间转账处理、修改交易处理、查询交易处理、查询余额处理、核查密码处理并打印输出的账单等功能。

2. 自动授权

POS 系统具有信用卡的自动授权功能，如能自动查询信用卡、止付黑名单，自动检测信用卡是否为无效卡、过期卡，自动检查信息卡余额、透支额度等，使商家在安全、可靠的前提下迅速为客户处理信用卡交易。

3. 信息管理

在完成一笔交易后，POS 系统还具有自动更新客户和商家在银行的档案功能，以便今后查询，同时，也可更新商家的存货资料及相关数据库文件，以提供进一步的库存、进货信息，帮助决策管理。

8.10.3　POS 系统的优越性

POS 系统的推广使用，使银行、商场、客户三方的交易都能在短时间内迅速完成，使三方都可以获益，其主要表现在以下几个方面。

1. 减少现金流通

使用 POS 系统后，客户只需随身携带一张银行卡，就能方便地进行消费结算，甚至在必要时还可提取少量现金以供急需。在 POS 系统中，现金已被电子货币所代替，从而减少了货币的印刷、运送、清点和保管，提高了整个社会的经济效益。

2. 加速资金周转

POS 系统的使用，使客户在数秒内就能完成与商户资金的转账结算，保证商户资金及时到账，明显提高资金周转率。

3. 确保资金安全

随身携带现金或支票进行消费往往不安全，尤其进行大额交易时会带来诸多的不便。使用 POS 系统就能防止此类现象的发生，即使丢了信用卡，通过挂失仍能保证资金安全。传统的支付方式使商户手中留有过多现金，也给其安全带来一定的威胁，使用 POS 系统后，商户就不会因为手头存有过多现金而担忧。

4. 提供有用信息

POS 系统一方面能为商户提供各种实时的商品交易信息；同时各种金融交易信息在银行主机系统中被归类、汇总、分析后，也可以帮助银行分析形势，确定适应形势发展的目标。

8.10.4　安全使用 POS 系统

1. 核对购物单据上的金额是否正确

消费者在商场内持卡消费时，根据银行卡交易要求，收银员会要求消费者在交易单据上签字。需要提醒消费者的是，签字以前，应先确认是否为自己的卡号，并仔细核对购物单上的金额及币种是否与实际消费情况一致，只有正确无误才可签名。

2. 信用卡操作特别之处

为了方便消费者使用，有的信用卡在使用时甚至不需要输入密码，即使核对密码也不核对身份证明，收银员只需核对使用者的签名。这方便了消费者的同时也给信用卡制造了一些不安全因素，消费者的信用卡一旦丢失或者遗落都很可能遭遇被盗刷，因此，消费者保存信用卡时应该格外小心，最好将其视作现金予以保管。如果在购物时刷卡消费"受阻"，除了磁条原因，还有可能是消费金额超过目前的信用额度导致拒付，所以持卡人应该及时掌握信用卡余额情况，以免发生拒付现象；此外，短时间里刷卡次数过多也是原因之一，银行为防止银行卡被多次窃用现象发生，在受理程序中设置了短时间多次刷卡的屏障，这时须由收银员致电银行授权中心进行"人工授权"。

3. 交易错误时勿忘撕毁交易单据

若发生交易错误或取消交易的情况，消费者应该将错误的交易单据撕毁，此外，应要求销售员开具一张抵消签账单以消除原交易后，再重新进行交易，或取得商家的退款说明。交易单据是交易凭证，因此，交易单据一定要妥善保存，除了以备日后核查，还可以避免被仿冒使用。

4. 购买不确定商品尽量少使用银行卡

购物后免不了出现对商品不满意或者不合适的情况，退货、更换在所难免。要提醒消费者的是，在购买一些不确定的商品时应尽量避免刷卡，其原因是退换货时，金额已经被划走，退款程序相对麻烦，导致退货款不能及时返回卡中。

8.11　大额资金支付系统

大额支付，尤其是各大商业银行间的巨额资金的转账支付甚至跨国支付需要专业网络和支付系统的支持。国际汇兑信息通常是通过 SWIFT 系统传输的，而国际资金结算通常是通过 CHIPS 系统来完成的。我国基于中国金融骨干网（CNFN）的中国现代化支付系统（CNAPS），将为我国大额资金支付与结算提供可靠的保障。

8.11.1　SWIFT

1. SWIFT的产生和发展

20 世纪 50 年代以来，国际贸易急速发展，计算机及通信技术的应用日益广泛。开始时银行收到的从各地发来的电文格式不同，必须经过人工转换后才能输入计算机进行处理，很不方便，而且传递速度也慢，还容易出错。解决这个问题的办法是建立采用统一电文格式的全球性金融通信网络。

20 世纪 70 年代初，欧洲和北美的一些大银行决定建立一个国际金融通信系统。该系统要能正确、安全、低成本和快速地传递标准的国际资金调拨信息。于是，这些银行于 1973 年 5 月正式成立了 SWIFT（Society Worldwide Interbank Financial Telecommunication），即全球金融通信协会。1977 年夏，完成了 SWIFT 网络系统的各项建设和开发工作，并正式投入运营。SWIFT 系统实现了国际银行间金融业务处理自动化，SWIFT 传输示意图如图 8-9 所示。

1980 年 SWIFT 连接到中国香港，中国银行作为中国第一家入会 SWIFT 成员，1985 年正式开通 SWIFT 服务。中国工商银行于 1990 年正式加入，此后，中国农业银行、中国建设银行、中信实业银行、交通银行和中国投资银行等也陆续加入 SWIFT。随着中国金融的繁荣，中国在 SWIFT 的发报率高速增长，现在的 SWIFT 网络已经成为中国商业银行进行国际结算、外汇买卖、清算兑付的通信主渠道。

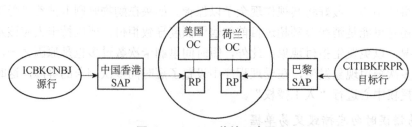

图 8-9　SWIFT 传输示意图

2. SWIFT提供的通信服务

SWIFT 的目标是，在所有金融市场为其成员提供低成本、高效率的通信服务，以满足成员金融机构及其终端客户的需求。包括我国在内的全球的外汇交易电文，基本上都是通过SWIFT 传输的。需要指出的是，SWIFT 仅为全球的金融机构提供通信服务，不直接参与资金的转移处理服务，也就是说，在网络支付机制中起传递支付结算电文的作用，并不涉及支付电文收到后的处理细节。SWIFT 提供的通信服务主要包括：

（1）提供全球性通信服务。189 个国家和地区的 6 673 个金融机构同 SWIFT 网络实现连接。

（2）提供接口服务。使用户能低成本、高效率地实现网络存取。

（3）存储和转发电文服务。1999 年转发的电文达 10 亿条。

（4）业务文件传送服务。SWIFT 提供的银行间的文件传送 IFF（Interbank File Transfer）服务，用于传送处理批量支付结算和重复交易的电文。

（5）电文路由（Message routing）服务与具有冗余的通信能力。

特别要指出的是，SWIFT 服务提供的 240 种以上的电文标准中，专门有支持大额资金支付结算的支付系统电文或转账电文。

SWIFT 系统提供的各类电文通信服务，全部采用标准化的处理程序和标准化的电文格式。这样，SWIFT 系统的通信服务可直接由计算机自动处理，中间不必经过转换和重新输入。实现从端到端的自动处理可以减少出错几率，提高交易处理效率和自动化水平，降低成本，减少风险。一笔通信服务通常 10 分钟内就可提交，传输一笔交易电文仅收费\$0.36。如 1999年时 SWIFT 的年通信量为 10 亿笔，平均每天传送的电文超过 418.5 万笔，每日通过 SWIFT传送的支付电文的平均金额超过 5 万亿美元。

8.11.2 CHIPS

由于 SWIFT 只能完成国际银行间支付指令信息的传递，要真正进行资金调拨还需要另外一套电子业务系统，这就是 CHIPS（Clearing House Interbank Payment System）。CHIPS 具体完成资金调拨，即支付结算过程。

20 世纪 60 年代末，随着经济快速发展，纽约地区资金调拨交易量迅速增加。纽约清算所于 1966 年建立了 CHIPS 系统，中文为"纽约清算所银行同业支付系统"。

CHIPS 系统具体完成资金调拨即支付结算过程。因为纽约是世界上最大的金融中心，国际贸易的支付活动多在此地完成。因此，CHIPS 虽然运行在纽约，但成为了世界性的资金调拨系统。现在，世界上 90% 以上的外汇交易，是通过 CHIPS 完成的。可以说，CHIPS 是国际贸易资金清算的桥梁。

CHIPS 采用层层代理的支付清算体制，构成庞大复杂的国际资金调拨清算网。其体系如图 8-10 所示。

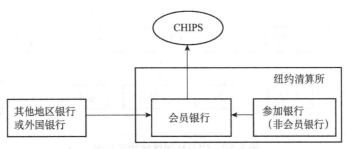

图 8-10　CHIPS 体系结构示意图

会员银行在纽约美联储有存款准备金，具有清算能力，拥有 CHIPS 系统的标识码。参加银行的金融业务需要通过会员银行的协助才能进行清算和支付。其他地区银行是纽约地区之外具有外汇经营能力的美国银行，外国银行是设于美国纽约的分支机构或代理行，当然外国银行也可以选择 CHIPS 中的会员银行作为其代理行。CHIPS 流程图如图 8-11 所示。

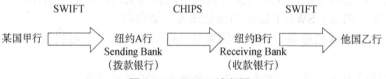

图 8-11　CHIPS 流程图

8.11.3　中国国家金融通信网

中国国家金融通信网，英文为 China National Financial Network，简称 CNFN。CNFN 是把中国人民银行、各商业银行和其他金融系统有机融合在一起的全国性和专业性金融网络系统。

CNFN 的目标是向金融系统用户提供专用的公用数据通信网络，通过文件和报文传输向应用系统如汇兑系统提供服务；我国的金融机构通过该网络可连接全国各领域成千上万企事业信息系统，为广大的客户提供全面的支付服务和金融信息服务；最终成为中国现代化支付系统 CNAPS 的可靠网络支撑（物理结构上有点类似 SWIFT 网络）。

为充分发挥金融通信网的投资效益，实现一网多用，在规划网络建设时，将通信子网与资源子系统分离，建设独立于应用的全国金融通信网络。整个 CNFN 网络分为三个层次的节点，分别是一级节点国家处理中心 NPC，二级节点城市处理中心 CPC，三级节点中国人民银行县支行处理节点 CLB。由 NPC 与几百个 CPC 构成国家主干网，由 CPC 与几千个 CLB 构成城市区域网络。

在 CNFN 的三级节点中，NPC 负责整个系统的控制和管理及应用处理，CPC 和 CLB 主要完成信息采集、传输、转发及必要的应用处理。其网络结构如图 8-12 所示。

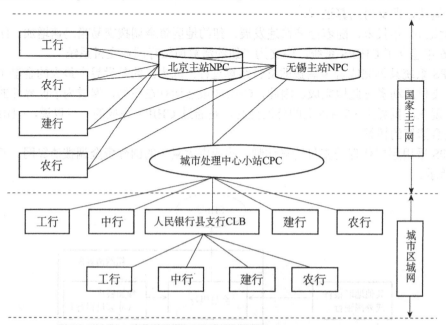

图 8-12　CNFN 网络结构示意图

该图中，虚线表示备用连接。在一般的情况下，主用 NPC 即北京主站控制管理，一旦发生灾难，备用 NPC 即无锡主站就接管遭受破坏的主用 NPC 的所有业务，直到北京主站 NPC 完全恢复使用。两个 NPC 之间由高速卫星线路和高速地面线路相连。两个国家处理中心，互为备份，有同样的结构和处理能力。

8.11.4　中国现代化支付系统

1. CNAPS简介

中国现代化支付系统（China National Advanced Payment System，CNAPS）是在国家级金融通信网上运行的现代化的支付系统，是集金融支付服务、支付资金清算、金融经营管理和货币政策职能为一体的综合性金融服务系统。

CNAPS 试点工程于 1997 年 6 月 1 日正式开工，1998 年年底完成测试验收。试点工程阶段，已经建成在中国国家金融数据通信网上运行的大额实时、小额批量支付系统。试运行时，试点城市停止运行电子联行业务，并把同城支付业务纳入支付系统进行处理。为加快中国国家现代化支付系统的建设，中国人民银行决定，从 1998 年 4 月开始启动 CNAPS 向全国扩展的工程项目。该工程于 2001 年年底完成。

2. CNAPS的逻辑构架

作为现代化的支付系统，CNAPS 是一个非常庞大的复杂金融系统工程。CNAPS 业务系统主要包含大额实时电子支付系统（HVPS）、小额批量电子支付系统（BEPS）、银行卡授权系统（BCAS）、政府证券簿记支付系统（GSBES）、金融管理信息系统（FMIS）、国际支付系统（IPS）等业务系统。其中 HVPS 和 BEPS 可以用来支持企业或组织间的资金调拨与支付结算。

CNAPS 实施者包括中国人民银行、各商业银行及非银行金融机构的企业、政府机关、公共事业单位和个人。根据各自角色的不同，可分为业务发起人、发起行、发报行、接受行和受益人，如图 8-13 所示。

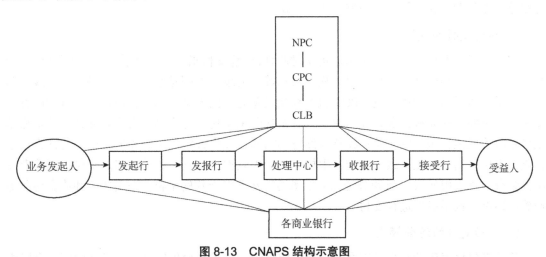

图 8-13　CNAPS 结构示意图

在三级节点 NPC、CPC、CLB 上，都有各商业银行分支的参与，其中业务发起人为工商企业、政府机关和个人等；发起行为各个商业银行和其他金融机构的基层单位，如营业网点等，受客户委托办理业务，是支付业务系统的开始行；发报行是发起行所在的 CNFN 处理中心；业务发起人是需要办理业务的主动方，如要汇款的客户；受益人为业务办理的接受方，如收款人；接受行是受益人的委托办理收汇业务的基层金融单位，是支付业务系统的结束行。

8.12 认识与应用移动支付

移动支付 20 世纪 90 年代初期在美国出现，随后在日本和韩国出现并得到了迅速发展。2002 年以来，中国银联分别和中国移动、中国联通合作，在海南、广东、湖南等地开展了移动支付业务，并取得了可喜的成绩。从 2004 年开始，基于试点成功的经验上，银联开始在全国范围内推广移动支付业务。

8.12.1 移动支付

顾名思义，移动支付是用手机等移动终端实现资金的转移，在移动中实现支付。移动支付更准确的定义为：以手机、掌上电脑和笔记本电脑等移动终端为工具，通过移动通信网络，实现资金由支付方转移到受付方的支付方式。从广义上来讲，移动支付是指以移动终端，包括手机、个人数字助理（PDA）、智能手机、平板电脑等在内的移动工具，通过移动通信网络，实现资金由支付方转移到受付方的一种支付方式。整个移动支付产业链包括移动运营商、支付服务商（比如银行、银联、其他第三方支付机构等）、设备提供商（终端厂商、卡供应商、芯片提供商等）、系统集成商、商家和公共事业服务部门，以及终端用户。移动支付是一种便捷、快速的支付手段，能够克服地域、距离、网点、时间的限制，极大地提高交易效率，为商家和消费者提供方便。

根据毕马威发布的《全球消费与融合调查报告》中的调研数据显示，66%的全球受访者表示愿意使用移动钱包业务，而中国的比率更是高达 84%。庞大的用户基础和移动支付需求，使得移动支付业务在中国有了较好的市场基础。

1. 移动支付的支付方式

移动支付主要包括远程支付和近场支付两种，远程支付指用户通过手机登录银行网页（或是手机下载客户端软件）进行支付、账户操作等；近场支付则是手机通过射频、红外线、蓝牙等通道，实现与自动售货机、POS 机等终端设备之间的本地通信。目前市场上看到的移动支付模式主要包括 4 种：通过发送短信或者是代码来支付交易金额，费用直接计入话费账单或者是从手机银行账号中扣除；在移动商务网站通过预先设定的密码和随机密码验证直接进行电子支付；通过预先下载并安装在手机上的应用软件进行基于移动网络的支付；消费者使用预装有一种采用 NFC（近距离通信）技术的特殊智能卡片的手机，在实体店铺或交通服务设施中通过"刷手机"进行支付。

2. 移动支付的运营模式

移动支付价值链涉及很多方面：标准制定组织、技术平台供应商、网络运营商、金融组织、第三方运营商、终端设备提供商、商品或服务供应商及消费者。移动支付的运营模式由移动支付价值链中各方的利益分配原则及合作关系所决定。成功的移动支付解决方案应该是充分考虑到移动支付价值链中的所有环节，进行利益共享和利益平衡。目前移动支付的运营模式主要有以下几种。

（1）网络运营商独立运营。运营商推出的移动支付业务大多可以提供三种账号设置方式：手机账号、虚拟银行账号和银行账号。除银行账号，消费者可以选择手机，即账号与手机进行绑定，支付款项将从手机话费中扣除，也可以选择虚拟银行账号，这是一种过渡时期的账号形式，用户开户后可以通过指定方式向移动支付平台存入现金，形成一个只能用于移动支付的虚拟的银行账号，账号信息将保留在支付平台本地，支付时金额将从这个虚拟账号中扣除。

（2）银行独立运营。银行也可以借助移动运营商的通信网络，独立提供移动支付服务。银行有足够的在个人账号管理和支付领域的经验，以及庞大的支付用户群和他们对银行的信任，移动运营商不参与运营和管理，由银行独立享有移动支付的用户，并对他们负责。

（3）网络运营商与金融组织联合运营。移动电信运营商与金融组织进行互补，发挥各自的优势，共同运营移动支付服务。在国内，中国移动和中国银联共同投资创办联动优势科技有限公司，共同推出移动支付业务并参与运营。

（4）技术供应商参与运营。技术供应商作为移动支付解决方案的提供者，作为业务平台的实现者，也可以取得参与平台的运营机会。上海捷银就是一个很好的例子，作为解决方案的供应商，它获得了与江苏联通合作运营移动支付业务的机会，为江苏联通提供移动支付业务的技术平台，并参与支付平台的运营。

（5）第三方运营商独立运营。第三方运营商独立于银行和移动电信运营商，利用移动电信的通信网络资源和金融组织的各种支付卡，进行支付的身份认证和支付确认。

最典型的例子是瑞典的 PayBox。PayBox 是瑞典一家独立的第三方移动支付应用平台提供商。公司推出的移动支付解决方案在德国、瑞典、奥地利、西班牙和英国等几个国家成功实施。PayBox 无线支付以手机为工具，取代了传统的信用卡。使用该服务的用户，只要到服务商那里进行注册取得账号，在购买商品或需要支付某项服务费时，直接向商家提供手机号码即可。

可以看到，移动和金融机构（银行、卡类组织等）是移动支付最主要的服务提供商，对于银行和移动运营商来说，进入移动支付市场而没有对方的支持是非常困难的，移动与银行都有各自的优势和劣势：移动运营商拥有账单支付的基础环境与移动通信网络，但是缺乏像银行一样管理支付风险的能力；同样，银行拥有客户支付消费的信任，而缺乏移动支付所需的接入通信网络和未经移动运营商同意接入的移动用户。

8.12.2　移动支付大发展

近几年，国内移动支付产业出现了迅猛的增长。据工信部的统计数据，中国移动支付市场交易规模已超过 81 万亿元人民币，位居全球之首。国家明确要求要"推动移动支付国家标准的制定和普及，同时加快推动移动支付、公交购票、公共事业缴费和超市购物等移动电子商务应用的示范和普及推广。"可见，在政府的支持和鼓励下，移动支付迎来了一个快速发展的春天。

根据国际权威机构移动支付全球调研结果，结合中国的实际情况，促使消费者使用移动支付业务的三大因素是应用范围、使用的便捷性和安全性。

1. 应用范围

在扩大移动支付应用范围方面，政府部门应发挥重要的作用。政府应规范行业运作和制定行业标准；出台具体可行的政策鼓励移动支付产业各方参与者打破行业壁垒、展开合作，推动产业链的各个环节探索合作共赢的发展模式；促进服务提供商和应用提供商在跨行业应用方面展开合作，探讨利益分配模式；从公交、电话费、水电煤气缴费等与人民群众生活密切相关的服务，以及模式固定单一的服务行业（如影院、超市等）入手推广移动支付业务，并研究创新型服务内容，以拓展移动支付的使用空间。由政府主导在国内一些城市设立业务示范基地，为在全国范围内大规模推广移动支付服务提供具有借鉴意义的经验；对安装移动支付受理终端的商家给予政策上的优惠和财政补贴等。

除政府部门，银行、运营商和应用提供者各方应展开合作，降低运营成本，并尽快寻找到能使各方"多赢"的合作模式，从而加速移动支付的产业化进程。

2. 使用的便捷性

生活水平的不断提高、生活节奏的加快及消费升级，都促进了消费者对于便捷、安全的新型支付方式的需求，而这恰恰是移动支付的优势。各服务提供商应从用户角度出发，采取措施以减少使用环节、提高支付效率、提升客户体验，将能使消费者在实际生活中切实体会到移动支付的便捷特性，比如简化开通手续、在超市设立移动支付专用结账通道、加大通信网络基础设施和受理机具的投入，保证通信质量和速度；对于小额支付取消多项身份验证环节等。

3. 安全性

提高移动支付的安全性，将在很大程度上促进移动支付业务的发展。从某种程度上来说，移动支付就是将手机变成了"手机卡+银行卡"，由于使用环境的多变和使用频繁，手机丢失、泄密的几率大大增加，因此，人们普遍认为移动支付的风险高于普通银行卡。如果不能让消费者放心地使用移动支付，则移动支付的应用将局限在缴纳话费、购买游戏点卡等小额支付范围内，这将严重制约移动支付业务的发展。在提高移动支付安全性方面，除了建立健全我国社会信用体制、推广手机实名制，还可以采用多项移动支付安全技术，在定制手机中加入指纹和面部识别功能等。

尽管移动支付目前的市场规模还不是很大，但是可预见，一旦移动支付在大范围内为广大消费者所接受，将必然加快中国建立信息化社会的进程，同时也将成为扩大内需和促进消费升级的推动力。政府、产业参与者和消费者都希望看到产业链条上的各方能够着眼于长远发展，切实从用户角度出发，积极展开合作，在应用范围、使用的便捷性和安全性这些方面取得突破性的进展，引爆消费者需求，从而把行业带入到发展的黄金期。

8.12.3 民生银行手机钱包

"手机钱包"是中国移动、中国银联、联动优势科技有限公司联合各大银行共同推出的一项全新的移动电子支付通道服务。通过把客户的手机号码与银行卡等支付账户进行绑定，使用手机短信、语音、WAP、K-Java、USSD 等操作方式，随时随地为拥有中国移动手机的客户提供移动支付通道服务。使用该通道服务可完成手机缴费、手机理财、移动电子商务付费等类别个性化服务，具体包括：查缴手机话费、动感地带充值、个人账务查询、手机订报、购买数字点卡、电子邮箱付费、手机捐款、远程教育、手机投保、公共事业缴费等多项业务。随着客户对移动电子商务的要求的不断变化，"手机钱包"的功能也将不断扩展和加强。

1. 申办条件

中国移动通信有限公司签约的个人手机用户,要求持有一张商业银行发行的个人银行卡。支持的银行卡如下。

- 中国工商银行:牡丹信用卡、牡丹贷记卡、牡丹灵通卡。
- 中国民生银行:民生借记卡。
- 上海浦发银行:东方借记卡。
- 其他地区银联及银行:请访问各地区频道查看。

2. 网上银行开通

第一步,客户访问网站(www.cmbc.com.cn),单击"开通手机钱包",如图 8-14 所示。

图 8-14 民生银行手机钱包开通界面

第二步,弹出手机钱包客户服务协议,用户阅读后,如无异议,单击"同意"按钮,如图 8-15 所示。

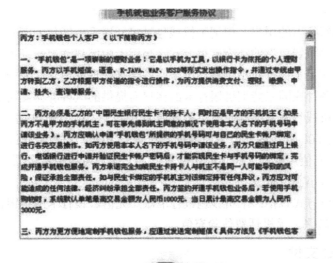

图 8-15 服务协议确认界面

第三步，根据页面提示，输入银行卡号、手机号码、查询密码，再选择开通功能，然后单击"确认"按钮，如图 8-16 所示。

图 8-16　开通功能界面

第四步，确认后弹出手机钱包开通成功信息，如图 8-17 所示。

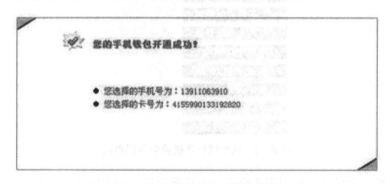

图 8-17　手机钱包成功开通界面

3. U币账户

没有适合捆绑银行卡的用户，申请手机钱包时将开通手机钱包 U 币账户。

U 币账户是"手机钱包"的补充支付方式，是用于中国移动电子商务交易支付的中间账户系统，U 币服务满足了银行对小额移动电子商务结算处理的需求和商户对小额商品交易管理的需求，是为因各种原因未能捆绑银行卡的客户而提供的一种补充支付方式。

客户在定制手机钱包服务的同时即免费开通 U 币账户，U 币账户的初始金额为 0 点（或 0 元），最高不超过 500 点，客户可采用多种方式向 U 币账户进行充值（具体充值方式、限制各省或有差异），充值点数与人民币的比值是 1∶1。客户可将指定金额的资金划转到 U 币账户，日后进行多次小额付费。

U 币账户的充值方式包括：手机钱包银行卡账户充值、银行卡网络银行充值、其他手机钱包用户 U 币账户转账、手机话费体验充值。

8.12.4　NFC 支付

NFC 支付是指消费者在购买商品或服务时，即时采用 NFC 技术（Near Field

Communication）通过手机等手持设备完成支付，是新兴的一种移动支付方式，如图 8-18 所示。支付的处理在现场进行，不需要使用移动网络，而是使用 NFC 射频通道实现与 POS 收款机或自动售货机等设备的本地通信。NFC 近距离无线通信是近场支付的主流技术，它是一种短距离的高频无线通信技术，允许电子设备之间进行非接触式点对点数据传输交换数据。该技术由 RFID 射频识别演变而来，并兼容 RFID 技术，其由飞利浦、诺基亚、索尼、三星、中国银联、中国移动、捷宝科技等主推，主要用于手机等手持设备中，如图 8-19 所示。

图 8-18　移动支付方式

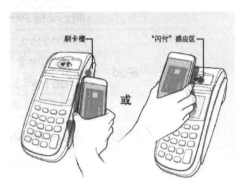

图 8-19　手持设备

1. 优势

（1）安全性高。NFC 通信距离没有蓝牙远，速度没有蓝牙快，所以并不能取代蓝牙。但其短距离通信特征则成就了其天然的优势，对于移动支付来说，安全是最重要的。NFC 刷卡手机支付需要在小于 0.1m 的范围内才能通信，并且只能点对点的通信，这保证了在移动支付通信时数据传输的高度的保密性与安全性。只要终端设备在你的管理范围内，就没有被盗刷的可能性。

（2）便捷性好。传统钱包就是一个"累赘"，到哪里都需要带着，很不方便。而 NFC 刷卡手机拥有钱包功能，可以把所有卡片（银行卡、门禁卡、校园卡、会员卡、公交卡）统统都装在这部智能手机里面，给钱包减负，给自己减负，管理和使用起来更方便，轻松。

（3）耗能低。它的耗电量远远小于蓝牙和红外装置，把 NFC 模块装载在智能手机里，不需要手机供电，一样可以使用。

（4）制造成本低。它只需要把一块 NFC 功能模块搭载到移动终端就可以使用，制造成本低。

2. 市面上常见的基于NFC的移动支付

（1）Apple Pay。Apple Pay，是苹果公司在 2014 年秋季新品发布会上发布的一种基于 NFC 的手机支付功能，于 2014 年 10 月 20 日在美国正式上线。

简单地说，Apple Pay 相当于装在手机里的卡包，手机变成了你的银行卡。每次交易时走的还是传统刷卡的交易流程，信息都是通过 POS 机的网络进行传输的，整个支付过程你的手机不需要联网也可完成。就像用公交卡一样支付时把手机设备靠近 POS 机，屏幕自动点亮，验证指纹，全程预计不会超过 5 秒。其适用设备如图 8-20 所示。其使用步骤描述如下。

设备类型	设备型号	系统版本要求
iPhone	iPhone6	iOS 9.2 或更高版本
	iPhone6 Plus	
	iPhone6s	
	iPhone6s Plus	
iPad	iPad Pro	
	iPad Air 2	
	iPad mini 3	
	iPad mini 4	
Watch	Apple Watch	WatchOS 2.1 或更高版本，需与 iPhone5 或更新机型配套使用

图 8-20　适用设备

① 打开 Wallet App 并轻点加号图标，按屏幕指示操作，如图 8-21 所示。

（a）　　　　　　　　　　　（b）

图 8-21　登录 Wallet

② 单击"下一步"，手动输入或拍照识别添加银行卡，如图 8-22 所示。

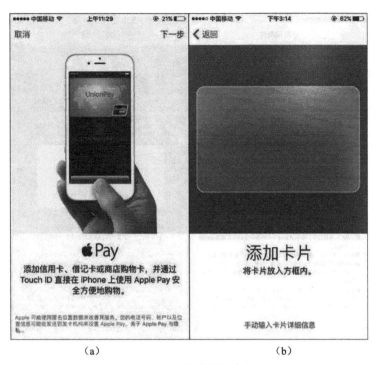

（a）　　　　　　　　　　　　（b）

图 8-22　添加银行卡

③ 输入姓名、卡号，再单击"下一步"，再对信用卡的详细信息进行设置，完成后单击"下一步"，如图 8-23 所示。

（a）　　　　　　　　　　　　（b）

图 8-23　完善卡片信息

④ 查看条款和条件，单击"同意"，弹出确认框，单击"同意"，如图 8-24 所示。

图 8-24　阅读条款

⑤ 单击"文本信息"或"联系中国农业银行",再单击"下一步",然后输入验证码进行信息验证,如图 8-25 所示。

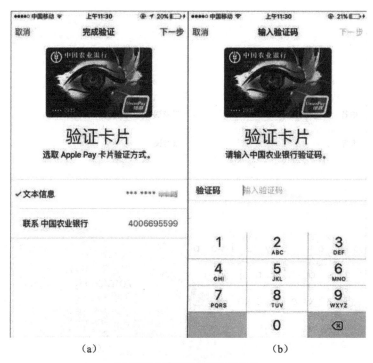

图 8-25　验证预留手机号码

⑥ 卡片激活成功,如图 8-26 所示。

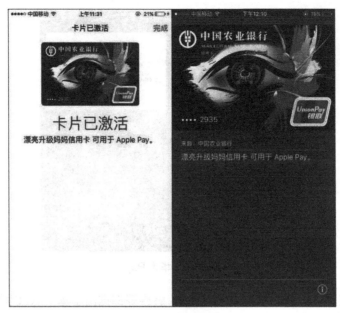

图 8-26 激活成功

（2）Samsung Pay。Samsung Pay 的本质其实与传统的银行刷卡支付一样。不过，Samsung Pay 能将我们银行卡电子化并"存储"在手机中，可以直接刷手机完成支付。值得一提的是，Samsung Pay 不仅支持 NFC 功能的 POS 机，而且其还使用了 MST（磁信号安全传输）技术，能模拟 MST 磁条信息，在旧款磁条 POS 机上面同样能使用，带来更高效、便捷的支付体验。Samsung Pay 如图 8-27 所示。

图 8-27 Samsung Pay

（3）华为 Pay。在苹果的 Apple Pay 带起的 NFC 支付服务之后，银联和华为联合宣布，双方共同推广华为移动设备上基于安全芯片的华为 Pay 服务。致力于提供更实用支付功能的华为 Pay，也是利用内置支付卡和银行卡绑定，达到手机替代银行卡的功能，安全系数非常高。在使用前，需要在手机系统设置中打开 NFC 功能，确保信息能够交换畅通。华为 Pay 如图 8-28 所示。

图 8-28 华为 Pay

除了苹果、三星、华为，国产厂商像小米、魅族等都推出了基于 NFC 技术的服务或者移动支付软件。无论是从支付、身份验证还是快速配对上，NFC 都是未来手机必不可少的一项功能，理所应当像光线传感器、指纹识别一样成为手机的标准配置，而各种流行的 Pay 无疑是一个突破口，让更多厂商有确定的理由来推进这项功能的普及。

8.12.5　二维码支付

二维码支付是一种移动支付方式，是线下实时交易付款的解决方案。通过二维码支付手段，商家可以将使用者的账户、商品价格及其重要属性等信息编码成二维码，并印刷在报纸、杂志、书刊、海报等平面广告上。用户通过手机等移动终端设备扫描二维码，就可以读取用户信息、商品信息等，并可实现与商户账户的支付结算操作，如图 8-29 所示。

图 8-29　二维码支付

第9章　网络支付安全

 知识导读

随着网上交易的日益发展，热钱越来越多地在网络上流动，黑客们也在网络上布下"黑洞"吞噬钱财。一个基于网络的黑色产业链已逐渐形成，中国互联网用户每年因为网络安全损失的钱财竟然高达76亿元。

那么网络黑洞是如何吞噬用户的钱财的呢？采用木马病毒窃取账号是最常用的手段，其中杀伤力最大的就是"网络挂马"。有人到网页上去挂马，有浏览者中了木马以后，他的机器上就被植入了各种病毒或者木马，如果他的计算机上有网银的账号或游戏账号的话，那些有价值的部分，可能就会被种木马的人偷走。比如储蓄卡里面的钱在做网银转账或购买时就被人偷偷转走了。

热钱在网络上流动，令很多黑客眼馋，他们通过各种方法利用网络病毒来套取"黑钱"。回眸近几年，"熊猫烧香""灰鸽子""ＡＶ终结者"等病毒软件一个个集中肆虐，任何一个网络菜鸟都可轻松购得，并一夜之间成为骇人的黑客高手。比如在"灰鸽子"等病毒的帮助下，黑客可以轻松地远程控制被感染的计算机，随意上传、下载、窃取、删除、修改用户的文件，盗取用户的网游账号、银行卡密码、个人隐私等私密信息。据美国网络安全公司Sophos发布的报告，在2008年第一季度，平均每5秒钟就会有一个网页成为黑客们的"盘中餐"。

从理论上讲，网络支付比传统的支付方式有更多的优点，例如便捷、高效、实时等，网络支付正悄悄地影响着、改变着人们生活方式和生活态度。但通过调查也发现，一部分网民由于担心网络支付的安全，对网络支付退避三舍，不敢轻易尝试。有时会采用"网上交易、网下支付"的方式，即先在网上进行商品信息查询，确定价格，进行订货，而采用传统的脱机方式付款，如货到付款、邮局汇款等。尽管网络支付的发展前景十分诱人，但是其安全问题也变得越来越突出。如何建立一个安全、便捷的网络支付应用环境，对信息提供足够的保护，已经成为国家、商家和用户都十分关心的话题。如果安全保障不了，网络支付就无从谈起，网络支付活动就很难在现实生活中蓬勃开展。

 职业目标

学习目标：
- 了解网络支付安全体系
- 了解信息加密技术
- 了解数字摘要技术

- 了解数字签名技术

能力目标：

- 掌握网络安全支付过程
- 掌握网络支付认证过程
- 掌握计算机病毒的防御
- 掌握网络支付安全协议

 相关知识

9.1 网络支付安全概述

9.1.1 网络支付面临的安全问题

由于电子商务的远距离网络操作，不同于面对面的传统交易支付方式，安全问题已成为大家关注电子商务运行的首要方面。电子商务中的网络支付涉及商务主体最敏感的资金流动，是最需要保证安全的方面，也是最容易出现安全问题的地方，如信用卡密码被盗、支付金额被篡改、收款抵赖等。因此保证电子商务安全其实很大部分就是保证电子商务过程中网络支付与结算流程的安全，这正是银行、商家和客户关心的焦点问题。

网络支付中的不安全因素主要有如下几点。

1. 信息被截获或窃取

由于未采用加密措施或加密强度不够，数据信息在网络上以明文形式传送，入侵者可以在数据包经过的网关或路由器上截获传送的信息，或通过对信息流量和流向、通信频度和长度等参数的分析，窃取有用的信息，如消费者的信用卡号码、密码及企业的商业机密等隐私信息。当消费者的信用卡号码和密码在网上被窃取后，盗用者就可以利用消费者的信用卡信息伪造出一张新的信用卡，然后就可以从任何一台 ATM 或 POS 机中取出消费者的资金。

2. 信息被篡改

入侵者可以通过各种技术手段和方法，将网络上传送的交易信息在途中进行修改，然后再发向目的地。信息可以从以下三个方面被篡改：

（1）修改，即改变信息流的次序，更改信息的内容，如支付货币的数量。

（2）删除，即删除某条信息或信息的某些部分。

（3）插入，即在信息中插入一些额外的信息，让接收方读不懂或接受错误的信息。

利用网络支付系统进行支付，数据容易被修改，当支付金额被更改，发生多支付或少支付的问题时，会给交易双方带来很大麻烦。

3. 信息假冒

入侵者可以冒充合法用户的身份发送假冒的信息或者窃取商家的商品信息和用户信息等，而远端用户通常很难分辨。信息假冒有两种方式。

（1）冒充他人身份。例如，冒充领导发布命令、调阅密件；冒充主机欺骗合法主机及合法用户；冒充网络控制程序，套取或修改使用权限、密钥等信息；接管合法用户，占用合法

用户的资源。

（2）发送假冒的信息。例如，伪造电子邮件，虚开网站或网店，给用户发电子邮件，收订货单；发送大量恶意的电子邮件，挤占商家资源，使合法用户不能正常访问网络资源，或使有严格时间要求的服务不能及时得到响应。

4. 否认已经做过的交易

网络支付中还可能存在着发送者事后否认曾经发送过某条信息，或接受者事后否认曾经收到过某条信息的情况。比如消费者不承认已发出的订单，商家发出的商品因价格问题而不承认原有的交易或否认收到消费者的支付款项等。

5. 网络支付系统不稳定

网络支付系统会突然由于技术性中断或被攻击而瘫痪，由于用户的电子货币信息存放在相应的银行后台服务器中，当银行后台服务器出现错误、运行中断或瘫痪时，用户就无法使用电子货币，可能导致正在进行的网络支付中断，从而影响用户的支付行为。

9.1.2　网络支付的安全要求

网络支付的安全可以概括为以下 5 个方面的要求。

1. 保密性

因为网上交易是交易双方的事，交易双方并不想让第三方知道他们之间进行交易的具体情况，包括资金账号、客户密码、支付金额等网络支付信息。但是由于交易是在 Internet 上进行的，在因特网上传输的信息是很容易被别人获取的，所以必须对传送的资金数据进行加密。即由信息发送者加密的数据只有信息接收者才能够解密得到，而别人无法得到。

2. 完整性

数据在传输过程中不仅要求不被别人窃取，还要求数据在传送过程中不被篡改，能保持数据的完整性。因此，在通过 Internet 进行支付结算时，信息接收者收到信息后，必定会考虑收到的信息是否就是信息发送者发送的，在传输过程中数据是否发生了改变。在支付数据传输过程中，可能会因为各种通信网络的故障，造成部分数据遗失，也可能因为人为因素，如有人故意破坏，造成传输数据的改变。如果无法证实网络支付信息数据是否被篡改，是无法在网上进行交易活动的。

3. 身份的可鉴别性

在实际商店中，顾客亲自来到商店，看到商店真实存在。商店营业员与顾客是面对面进行交易的，营业员要检查持卡人的信用卡是否真实，是否上了黑名单，信用卡是不是持卡人本人的，还要核对持卡人的签名、持卡人的身份证等，证实持卡人的身份。

在网上进行交易，交易双方互不见面，持卡人只知道商店的网址，不知道这个商店开在哪里。有可能广东的一家商店在上海建立一个网站，开了一家网上商店，为了扩大对外网上交易，又在美国建立了一个镜像站点，持卡人根本无法知道这家商户到底在哪里。在网上没有方向，没有距离，也没有国界。有可能你在网上看到的一家大规模的商场，实际上只是两个年轻人用一台计算机制造的一场骗局。

所以持卡人要与网上商店进行交易，必须先确定商店是否真实存在，付了钱是否能拿到商品。商店和银行都要担心网上购物的持卡人是否是持卡人本人，否则，扣了张三的款，却将货送给李四，结果持卡人上门来说没买过东西为什么扣我的款，而商户却已经将货物送走了。这样的网上交易是不能进行下去的。所以网上交易中，参加交易的各方，包括商户、持卡人和银行必须要能够认定对方的身份。

4. 不可否认性

在传统现金交易中，交易双方一手交钱，一手交货，没有多大问题。如果在商店里用信用卡付款，也必须要持卡人签名，方能取走货物。

在网上交易中，持卡人与商店通过网上传输电子信息来完成交易，也需要有使交易双方对每笔交易都认可的方法。否则，持卡人购物后，商户将货送到他家里，他却说自己没有在网上下过订单，银行扣了持卡人的购物款，持卡人却不认账。反过来，持卡人已付款，可商家却坚持说没有接收到货款，或者说，没有在大家认可的日子接收到资金。

网上交易中，所有参加交易的各方，包括商家、持卡人和银行必须采用措施能够对其支付行为发生及发生内容不可否认。

5. 可靠性

系统要能对网络故障、操作错误、硬件故障、系统软件错误及计算机病毒所产生的威胁加以控制和预防。

9.1.3　网络支付安全的解决方法

网络支付的安全可以概括为两大方面，一是系统安全，二是网络支付信息安全。

系统安全主要指的是网络支付系统软件、支撑网络平台的正常运行。保证网络支付专有软件的可靠运行、支撑网络平台和支付网关的畅通无阻和正常运行、防止网络病毒和黑客的攻击、防止支付的故意延缓、防止网络通道的故意堵塞等是实现安全网络支付的基础，也是安全电子商务的基础。解决思路主要有：采用网络防火墙技术、用户与资源分级控制管理机制、网络通道流量监控软件、网络防病毒软件等方法。

具体到网络支付信息的安全需求，可以有针对性地采取如下几种解决方法。

1. 交易方身份认证

如建立 CA 认证机构、使用 X.509 数字签名和数字证书实现对交易各方的认证，以证实身份的合法性、真实性。

2. 网络支付数据内容保密

使用相关加密算法对数据进行加密，以防止未被授权的非法第三者获取信息的真正含义。如采用 DES 私有秘钥加密、RSA 公开秘钥加密、SSL 保密通信机制、数字信封等。

3. 网络支付数据流内容完整性

如使用信息摘要（也称为数字指纹）算法以确认支付数据流内容的完整性。

4. 对网络支付行为内容的不可否认性

当交易双方因网络支付出现异议、纠纷时，采用某种技术手段提供足够充分的证据来辨别纠纷中的是非。例如采用数字签名、数字指纹、数字时间戳等技术并配合 CA 认证机构来实现其不可否认性。

5. 处理多方贸易业务的多边支付问题

这种多边支付的关系可以通过双重签名等技术来实现，如 SET 安全支付机制。

6. 政府支持相关管理机构的建立和电子商务法律的制定

建立第三方的公正管理和认证机构，并尽快完成电子商务和网络支付结算相关法律的制定，让法律来保证安全电子商务及网络支付结算的进行。

9.2　信息加密相关技术

9.2.1　信息加密技术

所谓信息加密技术，就是对可以理解的信息（称为"明文"）与一个特殊的字符串结合，按照一定的规则进行运算，变成不可理解的信息（称为"密文"），也就是说，信息加密实际上就是将信息真实内容隐藏起来。其中特殊的字符串就是密钥，运算的规则就是加密算法，在学习信息加密技术之前，要先了解几个基本概念：①加密，是指将数据进行编码，使它成为一种不可理解的形式，即密文；②解密，是加密的逆过程，即将密文还原成原来可理解的形式；③算法，对数据进行编码的规则；④密钥（Secret Key），即秘密关键码。

一条信息的加密传递过程，如图 9-1 所示。

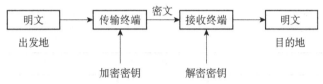

图 9-1　信息的加密传递过程

由此可见，尽管在网上传递的信息有可能被非法接收者捕获，但仍然比较安全，因为在没有密钥和算法的前提下，想恢复明文或读懂密文是非常困难的。

在计算机网络用户之间进行通信时，为了保护信息不被第三方窃取，必须采用各种方法对数据进行加密。最常用的方法就是私有密钥加密技术和公开密钥加密技术。

1. 私有密钥加密技术

私有密钥加密技术的原理：信息发送方用一个密钥对要发送的数据进行加密，信息的接收方能用同样的密钥解密，而且只能用这一密钥解密。由于密钥不能被第三方知道，所以该方法称为私有密钥加密技术。由于双方所用加密和解密的密钥相同，所以该技术又称为对称密钥加密法。由于对称密钥加密法需要在通信双方之间约定密钥，一方生成密钥后，要通过独立的安全的通道送给另一方，然后才能开始进行通信。私有密钥加密示意图，如图 9-2 所示。

图 9-2　私有密钥加密示意图

最常用的对称密钥加密法叫做 DES（Data Encryption Standard）算法。银行内部专用网络传输数据一般都采用 DES 算法加密，比如传输某网络支付方式用的密码。

这种加密方法在专用网络中使用效果较好，并且速度快。因为通信各方相对固定，可预先约定好密钥。但是，它也有缺点，与多人通信时，需要太多的密钥，因此由于电子商务是面向千千万万客户的，不可能给每一对客户配置一把密钥，所以电子商务只靠这种加密方式是不行的。在公开网络中，如在 Internet 上，用对称密钥加密法传输交易信息，就会存在困难。比如，一个商户想在 Internet 上同上万位客户安全地进行交易，每一位用户都要由此商户分配一个特定的密钥并通过独立的安全通道传输，密钥数量巨大，这几乎是不可能的。

2. 公开密钥加密技术

公开密钥加密技术原理：加密、解密共用在数学上相关的 2 个密钥，称为密钥对。用密钥对中任何一个密钥加密，再用另一个密钥解密，而且只能用此密钥对中的另一个密钥解密。公开密钥加密技术中的加密和解密所用的密钥不同，所以该技术也叫非对称密钥加密技术。公开密钥加密技术示意图，如图 9-3 所示。

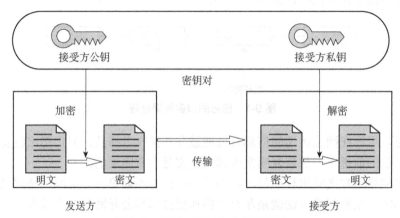

图 9-3　公开密钥加密技术示意图

商家采用某种算法（秘钥生成程序）生成了 2 个密钥后，将其中一个保存好，叫作私人密钥（Private Key），将另一个密钥公开散发出去，叫作公开密钥（Public Key）。任何一个收到公开密钥的客户，都可以用此公开密钥加密信息，再发送给这个商家，这些信息只能被这位商家的私人密钥解密。只要商家没有将私人密钥泄露给别人，就能保证发送的信息只能被这位商家收到。

公开密钥加密法的算法原理是完全公开的，加密的关键是密钥，用户只要保存好自己的私人密钥，就不怕泄密。著名的公开密钥加密算法是 RSA 算法。RSA 算法的安全性能与密钥的长度有关，长度越长越难解密。在用于网络支付安全的 SET 系统中使用的密钥长度有 1 024 位和 2 048 位两种。

公钥加密技术的优点是密钥分配简单，密钥的保存量少，可以满足互不相识的人之间进行私人谈话时的保密性要求，可以完成数字签名和数字鉴别。其缺点是产生密钥很麻烦，速度太慢。

信息加密技术是很多安全技术的基础，网络支付中很多安全技术都会用到。

9.2.2　数字信封技术

公开密钥加密法的强大的加密功能使它具有比私有密钥加密技术更大的优越性。但是，由于公开密钥加密法加密比私有密钥加密速度慢得多，在加密数据量大的信息时，要花费很长时间。而对称密钥在加密速度方面具有很大优势，所以，在网络交易中，对信息的加密往往同时采用两种加密方式，将两者结合起来使用，这就是数字信封技术。

数字信封技术（Digital Envelope）的原理：对需传输的信息（如电子合同、支付指令）的加密采用对称密钥加密法；但密钥不先由双方约定，而是在加密前由发送方随机产生；用此随机产生的对称密钥对信息进行加密，然后将此对称密钥用接收方的公开密钥加密，发送给接收方。这就好比用"信封"将之封装起来，该技术称为数字信封（封装的是对称密钥）技术。数字信封技术示意图，如图 9-4 所示。

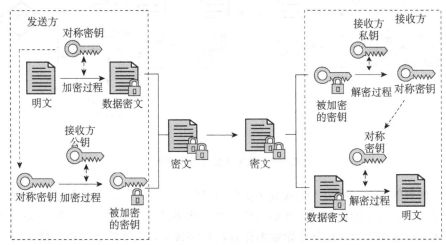

图 9-4　数字信封技术示意图

接收方收到信息后，用自己的私人密钥解密，打开数字信封，取出随机产生的对称密钥，用此对称密钥再对所收到的密文解密，得到原来的信息。因为数字信封是用信息接收方的公开密钥加密的，只能用接收方的私人密钥解密打开，别人无法得到信封中的对称密钥，也就保证了信息的安全，又提高了速度。

在使用对称密钥加密时，密钥的传递和更换都存在问题。采用数字信封的方式，对称密钥通过接收方的公开密钥加密后传给对方，可以保证密钥传递的安全。而且此对称密钥每次由发送方随机生成，每次都在更换，更增加了安全性。一些重要的短小信息，比如银行账号、密码等都可以采取数字信封传送。

数字信封技术在外层使用公开密钥技术，可以充分发挥公开密钥加密技术安全性高的优势，而内层的私有密钥长度较短，用公开密钥加密长度较小的密钥可以尽可能地规避公开密钥技术速度慢的弊端。由于数字信封技术结合了公开密钥加密技术和私有密钥加密技术的优点，它同时摒弃了它们的缺点，因而在实践中获得了广泛的应用。

9.2.3　数字摘要技术

通信双方在互相传送信息时，不仅要对数据进行保密，不让第三者知道，还要能够知道数据在传输过程中没有被别人改变，也就是要保证数据的完整性。

数字摘要技术的原理：采用的方法是用某种算法对被传输的数据生成一个完整性值，将此完整性值与原始数据一起传送给接收方，接收方用此完整性值来检验信息在传输过程中有没有发生改变。这个值是由原始数据通过某一加密算法产生的一个特殊的数字信息串，比原始数据短小，能代表原始数据，所以称为数字摘要（Digital Digest）。数字摘要技术示意图，图 9-5 所示。

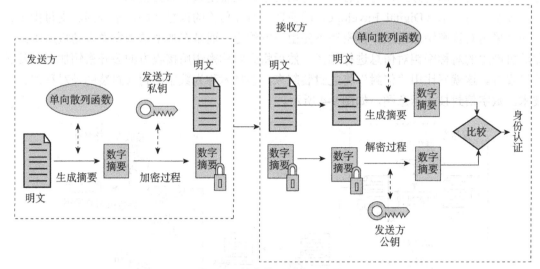

图 9-5 数字摘要技术示意图

对数字摘要的要求：第一，生成数字摘要的算法必须是一个公开的算法，数据交换的双方可以用同一算法对原始数据经计算而生成的数字摘要进行验证；第二，算法必须是一个单向算法，就是只能通过此算法从原始数据计算出数字摘要，而不能通过数字摘要得到原始数据；第三，不同的两条信息不能得到相同的数字摘要。

数字摘要常用算法，如 RSA 公司提出的 MD5（128 位）等，该编码法采用单向 Hash 函数将需加密的明文"摘要"成一串 128bit 的密文。由于数字摘要技术常采用的是一种 Hash 函数算法，也称 Hash（散列）编码法。

在目前先进的 SET 协议机制中采用的 Hash 算法可产生 160 位的数字摘要，两条不同的信息产生同一数字摘要的机会为 1/1 048，所以说，这串数据在统计学意义上是唯一的。不同的信息将产生不同的数字摘要，对信息数据哪怕改变一位数据，数字摘要将会产生很大变化。

由于每个信息数据都有自己特定的数字摘要，就像每个人的指纹一样，所以，数字摘要又称为数字指纹或数字手印，就像可以通过指纹来确定某人一样，可以通过数字指纹来确定所代表的数据。

9.2.4 数字签名技术

1. 数字签名及其原理

数字签名（数字签名示例如图 9-6 所示）就是指利用数字加密技术实现在网络上传输信息文件时，附加个人标记，起到传统手书签名或印章的作用，以表示确认、负责、经手、真实等。

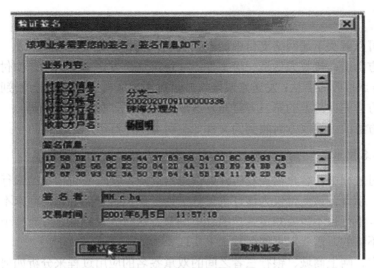

图 9-6　数字签名示例

数字签名就是在要发送的信息上附加一小段只有信息发送方才能产生而别人无法伪造的特殊数据（个人标记），而且这段数据是由原信息数据加密转换生成的，用来证明信息是由发送方发来的。在网络支付 SET 机制中用发送方的私人密钥对用 Hash 算法处理原始信息后生成的数字摘要加密，附加在原始信息上，生成数字签名。数字签名技术示意图，如图 9-7 所示。

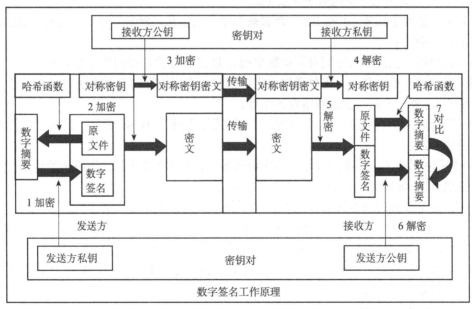

图 9-7　数字签名技术示意图

数字签名的作用，与传统签名的作用一样，具体如下：

（1）如果接收方可以用签名者的公钥正确地解开数字签名，则表示数字签名的确是由签名者产生的（公开密钥加密法应用）。

（2）如果发送方对信息 M 计算出的数字摘要 $h(M)$，和信息 M 的接收方根据接收到的信息 M' 计算出散列值 $h(M')$，这两种信息摘要相同表示文件具有完整性（数字摘要法的应用）。

数字签名可以解决下述网络支付中的安全鉴别问题。

（1）接收方伪造：接收方伪造一份文件，并声称这是发送方发送的，如付款单据等。

（2）发送方或接收方否认：发送方或接收方事后不承认自己曾经发送或接收过支付单据。

（3）第三方冒充：网上的第三方冒充发送或接收信息，如信用卡密码。

（4）接收方篡改：接收方对收到的文件如支付金额进行改动。

2. 双重签名技术

在网络支付过程中，客户需要发送订购信息给商户，发送支付信息给银行。这两条信息是相互关联的，以保证该支付仅为该订单付款。为了保护客户的隐私，商家不需要知道客户的银行卡信息，银行也不需要知道客户的订单细节。这时，仅靠发送方对整个信息的一次数字签名显然是不够的，需要双重签名技术来实现。

我们从客户、网上商城、银行三者之间的双重签名的应用过程来分析如何实现对客户隐私权的保护。

（1）客户去网上商城购物，选中相关商品后，选择银行支持的支付手段（如信用卡）进行支付。这里要完成相关表单的填写工作，包括要发送给网上商城的订货单和要发给银行的支付通知单。

（2）客户对订货单进行 Hash 运算，得到订货单的数字摘要 D1，然后对支付通知单进行 Hash 运算，得到支付通知单的数字摘要 D2。

（3）客户把数字摘要 D1 和 D2 结合起来形成一条信息，然后对该信息进行 Hash 运算，得到双重数字摘要 D。

（4）客户用自己的私人密钥对双重数字摘要 D 进行运算，得到双重签名 S。

（5）客户把双重签名 S、支付通知（为保密起见可用银行的公开密钥加密）、订货单的数字摘要 D1，合在一起，通过网络发给银行。

（6）银行收到相关信息后，对其中的"支付通知"进行 Hash 运算，生成"支付通知"的数字摘要 D2。

（7）银行把收到的数字摘要 D1 与刚生成的数字摘要 D2 连接起来形成新的信息，然后对这个信息进行 Hash 运算，得到双重数字摘要 D′。

（8）银行把收到的双重签名 S 利用客户的公开密钥解密，得到双重数字摘要 M。

（9）银行把刚生成的双重数字摘要 D′ 和解密得到的双重数字摘要 M 作比较，如果一致，则确认支付通知是客户发送的，而且没有被篡改。否则，抛弃。

同理，客户与商城之间完成订货单的传递过程也与之类似。这样，通过双重签名技术，客户的隐私权获得了有效的保障。

9.2.5 数字时间戳

1. 什么是数字时间戳

在交易支付文件中，时间是十分重要的信息。在商务文件中，文件签署的日期和签名一样均十分重要。在电子交易中，同样需对交易支付文件的日期和时间信息采取安全措施。

目前多数用数字时间戳服务来为电子文件提供发表时间的安全保护。数字时间戳服务（Digital Time-Stamp，DTS）是网上安全服务项目，由专门的机构提供。时间戳（Time-Stamp）是一个经加密后形成的凭证文档，它包括三个部分：需加时间戳文件的数字摘要；DTS 认证机构收到文件的日期和时间；DTS 对数字摘要及日期时间的数字签名。

2. 时间戳产生的过程

时间戳产生的过程为：用户首先将需要加时间戳的文件用 Hash 编码加密形成摘要，然后将该摘要发送到 DTS，DTS 在加入了收到文件摘要的日期和时间信息后再对该文件加密（数字签名），然后送回用户。注意，书面签署文件的时间是由签署人自己写上的，而数字时间戳则不然，它是由认证单位 DTS 来加的，并以 DTS 收到文件的时间为依据。

9.3　网络支付认证技术

9.3.1　身份认证技术

1. 身份认证的定义

在互联网上，交易支付双方互不见面，因此身份认证既是判明和确认交易支付双方真实身份的必要环节，也是电子商务交易支付过程中最重要而又最为薄弱的环节。

简言之，身份认证就是指计算机及网络系统确认操作者身份过程中所应用的技术手段。具体到网络支付过程，身份认证就是鉴别互联网上支付各方身份的真实性，并保证通信过程中的不可抵赖性和信息的完整性。

2. 身份认证方式

（1）用户名+密码方式。用户名+密码方式是最简单也是最常用的身份认证方法。每个用户的密码是由用户自己设定的，只有用户自己才知道。只要能够正确输入密码，计算机就认为操作者就是合法用户。实际上，由于许多用户为了防止忘记密码，经常采用诸如生日、电话号码等容易被猜测的字符串作为密码，或者把密码抄在纸上放在一个自认为安全的地方，这样很容易造成密码泄露。即使能保证用户密码不被泄露，由于密码是静态的数据，在验证过程中需要在计算机内存和网络中传输，而每次验证使用的验证信息都是相同的，很容易被驻留在计算机内存中的木马程序或网络中的监听设备截获。因此用户名+密码方式是一种极不安全的身份认证方式。

（2）IC 卡认证方式。IC 卡由合法用户随身携带，登录时必须将 IC 卡插入专用的读卡器读取其中的信息，以验证用户的身份。通过 IC 卡硬件不易复制性来保证用户身份不会被仿冒。然而由于每次从 IC 卡中读取的数据是静态的，通过内存扫描或网络监听等技术还是很容易截取到用户的身份验证信息的，或者 IC 卡丢失和被盗用，导致非法用户变成合法用户进行信息系统。因此 IC 卡认证方式还是存在安全隐患的。

（3）动态口令方式。动态口令方式是一种让用户密码按照时间或使用次数不断变化，每个密码只能使用一次的方式。它采用一种叫做动态令牌的专用硬件，内置电源、密码生成芯片和显示屏，密码生成芯片运行专门的密码算法，根据当前时间或使用次数生成当前密码并显示在显示屏上。认证服务器采用相同的算法计算当前的有效密码。用户使用时只需要将动态令牌上显示的当前密码输入客户端计算机，即可实现身份认证。由于每次使用的密码必须由动态令牌来产生，只有合法用户才持有该硬件，所以只要通过密码验证就可以认为该用户的身份是可靠的。而用户每次使用的密码都不相同，即使黑客截获了一次密码，也无法利用这个密码来仿冒合法用户的身份。

动态口令方式采用一次一密的方法，有效保证了用户身份的安全性。但是如果客户端与服务器端的时间或次数不能保持良好的同步，就可能发生合法用户无法登录的问题。并且用户每次登录时需要通过键盘输入一长串无规律的密码，如果输入错误就要重新操作，使用起来非常不方便。同样这种动态令牌的专用硬件也会丢失或被盗用，存在一定的安全隐患。

（4）基于 USB Key 的身份认证方式。基于 USB Key 的身份认证方式是近几年发展起来的一种方便、安全的身份认证技术。它采用软硬件相结合、一次一密的强双因子认证模式，很好地解决了安全性与易用性之间的矛盾。USB Key 是一种 USB 接口的硬件设备，它内置单片机或智能卡芯片，可以存储用户的密钥或数字证书，利用 USB Key 内置的密码算法实现对用户身份的认证。

每个 USB Key 硬件都具有用户 PIN 码。同样这种 USB Key 硬件和用户使用的 PIN 码也会丢失或被盗用，并且存于硬件内的数字证书（通常为私钥）正常情况下在数字认证中心有备份，也存在一定的安全隐患。

（5）生物识别认证方式。生物识别认证是指采用每个人独一无二的生物特征来验证用户身份的技术，又称生物特征认证。生物特征分为身体特征和行为特征两类。身体特征包括：指纹、掌型、视网膜、虹膜、人体气味、脸型、手的血管、骨骼和 DNA 等；行为特征包括：签名、语音、行走步态等。

从理论上说，生物特征认证是最可靠的身份认证方式，因为它直接使用人的物理特征来表示每一个人的数字身份，不同的人具有不同的生物特征，因此几乎不可能被仿冒和复制。但生物识别成本、技术门槛比较高。

9.3.2　数字证书

1. 数字证书的含义

数字证书就是标识网络用户身份信息的一系列数据，用来在网络通信中识别通信各方的身份，即要在 Internet 上解决"我是谁"的问题，就如同现实生活中我们每一个人都要拥有一张身份证来证明身份一样。

数字证书是由权威公正的第三方机构即 CA 认证中心签发的，以数字证书为核心的加密技术，可以对网络上传输的信息进行加密和解密、数字签名和签名验证，确保网上传递信息的机密性、完整性，以及交易实体身份的真实性，签名信息的不可否认性，从而保障网络应用的安全性。

2. 数字证书的内容

数字证书的格式及证书内容遵循由国际电信联盟（ITU-T）制定的数字证书 X.509 标准。数字证书主要包括以下内容：

（1）证书的版本信息。

（2）证书的序列号，每个证书都有一个唯一的证书序列号。

（3）证书所使用的签名算法。

（4）证书的发行机构名称。

（5）证书的有效期，它的计时范围为 1 950～2 049。

（6）证书所有人的名称。

（7）证书所有人的公开密钥。

（8）证书发行者对证书的签名。

9.4　网络支付安全协议

随着电子商务的不断发展，网上交易系统、网上银行等的安全问题就显得越来越重要了。为了保证在线支付、在线交易的安全，近年来 IT 业界和金融行业的人员一起，共同开发和推出了许多有效的安全协议，如安全超文本传输协议（S-HTTP）、安全多功能因特网电子邮件扩充协议（S-MIME）、安全交易技术协议（STT）、安全套接层协议（Secure Sockets Layer，SSL）、安全电子交易协议（SET）等来确保电子商务的安全。最常用的是 SSL 和 SET 两个协议。

9.4.1　SSL 协议

1. SSL协议的定义

安全套接层是网景公司（Netscape）开发的一种用于 Web 浏览器、Web 服务器和 Internet 上安全传输信息的协议。IBM、Microsoft、Spyglass 等其他重要厂商也参与 SSL 的制定并把 SSL 加到它们的服务器和客户端的应用里面。SSL 已被集成在商业产品上，多数 Web 浏览器和服务器的生产商已宣布支持它。

当使用浏览器在 Web 上进行浏览时，客户端（浏览器）利用 HTTP 协议与 Web（服务器）沟通。客户端发出一个 HTTP GET 命令给服务器来获得服务器端上的 HTML 档案。此过程是通过一个名为 Socket 的连接来传输的。显然这种形式是不安全的，因为大部分连接时的传输都是以纯文字的形式进行的，几乎每个人都可以读。SSL 的工作原理其实就是对 HTTP 传输的内容进行加密来解决这个安全问题的。资料在发送端传输出去前自动加密，在接收端被解密，保证了两个应用间通信的保密和可靠性，对于没有解密密钥的人来说，其中的资料只是没有意义的 0 和 1 而已。

SSL 的方式体现在浏览器上主要有两点：一是在浏览器的状态栏上会出现一个金锁的符号；二是网页地址都会以"https：//"来识别，其中的"s"即代表 Secure，如图 9-8 所示。

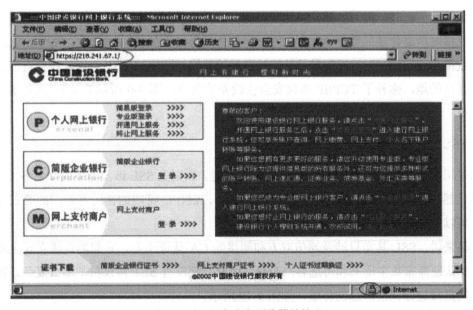

图 9-8　SSL 方式在浏览器的体现

2. SSL协议的安全服务

SSL 协议对应于计算机网络 OSI 体系结构中的会话层，它是对计算机间整个会话进行加密的协议，SSL 协议广泛应用于 Internet 上敏感信息（比如金融信息）的安全传输。SSL 协议作为目前保护 Web 安全和基于 HTTP 的电子商务交易安全的事实上的业界标准协议，被许多世界知名厂商的 Intranet 和 Internet 网络产品所支持，其中包括 Netscape、Microsoft、IBM、Open Market 等公司提供的支持 SSL 的客户机和服务器产品，如 IE 和 Netscape 浏览器，IIS、Domino Go Web Server、Netscape Enterprise Server 和 Apaches 等。

SSL 采用对称密码技术和公开密码技术相结合，提供了如下三种基本的安全服务。

（1）秘密性。SSL 客户机和服务器之间通过密码算法和密钥的协商，建立起一个安全通道。以后在安全通道中传输的所有信息都经过了加密处理，网络中的非法窃听者所获取的信息都将是无意义的密文信息。

（2）完整性。SSL 利用加密算法和 Hash 函数，通过对传输信息特征值的提取来保证信息的完整性，确保要传输的信息全部到达目的地，可以避免服务器和客户机之间的信息内容受到篡改和破坏。

（3）认证性。利用证书技术和可信的第三方 CA 认证中心，可以让客户机和服务器相互识别对方的身份。为了验证证书持有者是其合法用户（而不是冒名用户），SSL 要求证书持有者在握手时相互交换数字证书，通过验证来保证对方身份的合法性。

SSL 协议的实现属于 Socket 层，处于应用层和传输层之间，由 SSL 记录协议（SSL Record Protocol）和 SSL 握手协议（SSL Hand-Shake Protocol）组成。

SSL 可分为两层：一是握手层，二是记录层。SSL 握手协议描述建立安全连接的过程，在客户机和服务器传输应用层数据之前，完成诸如加密算法和会话密钥的确定、通信双方的身份验证等功能；SSL 记录协议则定义了数据传输的格式，上层数据包括 SSL 握手协议。建立安全连接时所需传输的数据都通过 SSL 记录协议再往下层传输。这样，应用层通过 SSL 协议把数据传给传输层时，该数据已是被加密后的数据，此时 TCP/IP 协议只需负责将其可靠地传输到目的地，弥补了 TCP/IP 协议安全性较差的弱点。图 9-9 所示的是 IE 浏览器内置的 SSL 协议。

3. SSL安全支付参与方及应用系统框架

当采用基于 SSL 协议的信用卡网络支付机制时，原则上 SSL 涉及商务的交易各方，即持卡人浏览器、商家电子商务服务器、CA 认证中心、银行，可能的话还有专门的第三方支付平台（可以看做支付网关）。

严格来讲，SSL 其实只涉及通信双方和间接的 CA 认证中心，它起的是建立安全通道的作用，并认证商家数字证书和可选客户身份。因此，它没有 SET 协议机制那么复杂。客户与银行之间直接进行保密信息的传输，如图 9-10 所示。

图 9-9　IE 浏览器内置的 SSL 协议

　　该协议便宜且开发成本小。目前常用的信用卡 SSL 协议应用框架可描述如下所示：当应用信用卡支付时，在输入信用卡账号与密码之前，为保证账号与密码的安全，防止商家知道相关信息，客户（持卡人）与银行之间直接进行 SSL 保密信息的传输，而不通过商家中转。

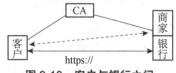

图 9-10　客户与银行之间
直接传输保密信息示意图

　　4. SSL 安全网络支付过程

　　信用卡在线支付 SSL 模式的工作流程，如图 9-11 所示。

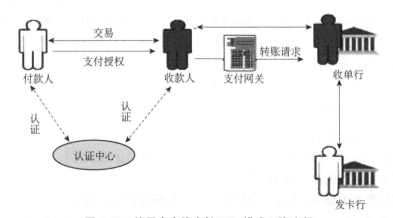

图 9-11　信用卡在线支付 SSL 模式工作流程

　　（1）身份认证。SSL 模式的身份认证机制比较简单，只是付款人与收款人在建立"握手"关系时交换数字证书。

握手协议主要包括6个步骤：

第一步，客户端向Server端发送客户端的SSL版本号、加密算法设置、随机产生的数据和其他服务器需要用于跟客户端通信的数据。

第二步，服务器向客户端发送服务器的SSL版本号、加密算法设置、随机产生的数据和其他客户端需要用于跟服务器通信的数据（如果客户请求认证，服务器还要发送自己的证书，并要求客户也提供证书）。

第三步，客户端用服务器发送过来的信息验证服务器的身份，如果认证成功则继续下一步；客户创建连接所用的Premaster Secret，并用服务器的公钥加密，传输给服务器。

第四步，服务器收到客户发送的Premaster Secret后，经过一系列处理，产生Master Secret。

第五步，客户向服务器端发送会话密钥（从客户向服务器方向）Session Key，并告知下一次将用此密钥加密。

第六步，服务器向客户端发送会话密钥（从服务器向客户方向）Session Key，并告知下一次将用此密钥加密。

上述过程完成后，双方的通信就会在密码的保护之下实现安全通信。

（2）付款人和收款人之间的加密传输通道建立之后，将商品订单和信用卡转账授权传递给收款人。

（3）收款人通过支付网关将转账授权传递给其收单行。

（4）收单行通过信用卡清算网络向发卡行验证授权信息，发卡行验证信用卡相关信息无误后，通知收单行。

（5）收单行将网络支付成功的信息告知收款人，收款人向收单行请求付款。

SSL在信息传递方面的安全性，适应了网络支付的需要。又由于其架构简单，处理的步骤少，速度快，所以虽然存在一定的安全性漏洞，但依然被广泛地应用在信用卡在线支付模式中。

9.4.2　SET协议

SET协议是VISA、MasterCard等国际信用卡组织会同一些计算机供应商，联合开发的安全电子交易（Secure Electronic Transaction）协议。SET协议为在Internet上安全地进行交易提出了一整套完整的方案，特别是采用数字证书的方法，用数字证书来证实在网上购物的确实是持卡人本人，以及向持卡人销售商品并收钱的各方，包括持卡人、商户、银行等的安全，即涉及整个支付过程的安全。

1. SET协议要达到的目标

SET协议要达到的目标主要有以下5个：

（1）保证电子商务参与者的信息相互隔离，客户的资料加密或打包后经过商家到达银行，但是商家不能看到客户的账户和密码信息。

（2）保证信息在Internet上安全地传输，防止数据被第三方窃取。

（3）解决多方认证问题，不仅要对消费者的信用卡进行认证，而且要对在线商店的信誉程度进行认证，同时还有对消费者、在线商店与银行间的认证。

（4）保证了网上交易的实时性，使所有的支付过程都是在线的。

（5）规范协议和信息格式，促使不同厂家开发的软件具有兼容性和互操作功能，并且可以运行在不同的硬件和操作系统平台上。

2. SET 交易系统架构

（1）持卡人（Card Holder）：在 SET 协议中将购物者称为持卡人、付款人。持卡人想要参与 SET 交易，必须要在上网的计算机上安装支持 SET 协议的专用软件。软件安装好后的第一件事，就是向数字证书认证中心申请一张数字证书。有了数字证书，持卡人就可以安全地进行网络支付了。

（2）商户（Merchant）：参与 SET 交易的另一方就是商户。商户要参与 SET 交易，首先必须开设网上商店（电子商务网站），在网上提供商品或服务，让顾客来购买或得到服务。商户的网上商店必须集成 SET 交易商户软件，顾客在网上购物时，由网上商店提供服务，购物结束进行支付时，由 SET 交易商户软件提供服务。与持卡人一样，商户也必须先到银行进行申请（这里的银行不是发卡银行，而是接收网络支付业务的收单银行，而且必须在该银行设立账户）。在开始交易之前，也必须先上网申请一张数字证书。

（3）支付网关（Payment Gateway）：为了能接收从因特网上传来的支付信息，在银行与因特网之间必须有一个专用系统，接收并处理从商户传来的扣款信息，再通过专线传输给银行；银行对支付信息的处理结果再通过这个专用系统反馈回商户。这个专用系统就称为支付网关。与持卡人和商户一样，支付网关也必须去指定的 CA 认证中心申请一张数字证书，才能参与 SET 交易活动。银行可以委托第三方担任网上交易的支付网关。

（4）收单银行（Acquirer）：商户要参与 SET 交易，必须在参与 SET 交易的收单银行中建立账户。收单银行虽然不属于 SET 交易的直接组成部分，但却是完成交易的必要的参与方。网关接收了商户送来的 SET 支付请求后，要将支付请求转交给收单银行，进行银行系统内部的联网支付处理工作，这部分工作与因特网无关，属于传统的信用卡受理工作。

（5）发卡银行（Issuer）：扣款请求最后必须通过银行专用网络（对 VISA 国际卡则通过 VISA Net）经收单银行传输到持卡人的发卡银行，进行授权和扣款。同收单银行一样，发卡银行也不属于 SET 交易的直接组成部分，且同样是完成交易的必要的参与方。持卡人要参与 SET 交易，发卡银行必须要参与 SET 交易。SET 系统的持卡人软件（如电子钱包软件）一般是从发卡银行获得的，持卡人要申请数字证书，也必须先由发卡银行批准，才能从 CA 得到。

数字证书认证中心 CA：参与 SET 交易的各方，包括网关、商户、持卡人，在参与交易前必须到数字证书认证中心 CA 申请数字证书，在证书到期时，还必须去数字证书认证中心 CA 进行证书更新，重新领一张新的证书。

3. SET 交易流程

图 9-12 所示为信用卡在线支付 SET 模式工作流程。付款人、收款人、支付网关通过因特网进行交易，支付网关通过专线与收单银行之间传递交易信息，收单银行与发卡银行通过银行专用网络传递交易信息，认证中心通过因特网向付款人、收款人、支付网关发放证书，并通过专用网络与收单银行、发卡银行建立联系，进行证书发放的身份认定工作。SET 安全协议的工作原理主要包括以下 9 个步骤：

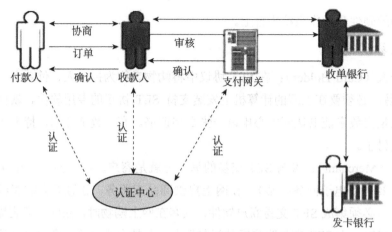

图 9-12　信用卡在线支付 SET 模式工作流程

（1）付款人在发卡银行柜台办理应用 SET 在线支付的信用卡；收款人（商家）与收单银行签订相关结算合同，得到商家服务器端的 SET 支持软件，并安装。

（2）付款人从银行网站下载客户端软件，安装后设置应用此软件的用户、密码等，以防止被非法运行。

（3）付款人访问认证中心网站，把信用卡相关信息，如卡类别、卡号、密码、有效期等资料填入客户端软件，并且申请一张数字证书。

（4）付款人在商家网站上选购商品，结账时选择 SET 信用卡结算方式。这时客户端软件被激活，付款人输入软件用户名和密码，取出里面的相应信用卡进行支付（此时 SET 介入）。

（5）客户端软件自动与商家服务器对应软件进行身份验证，双方验证成功后，将订单信息及信用卡信息一同发送给商家。

（6）商家服务器接收到付款人发来的相关信息，验证通过后，一边回复付款人一边产生支付结算请求，连同从客户端来的转发信息一并发给支付网关。

（7）支付网关收到相应支付信息后转入后台银行网络处理，通过各项验证审核后，支付网关收到银行端发来的支付确认信息，否则向商家回复支付不成功。

（8）支付网关向商家转发支付确认信息，商家收到后认可付款人的这次购物订货单，并且给付款人发回相关购物确认与支付确认信息。

（9）付款人收到商家发来的购物确认与支付确认信息后，表示这次购物与网络支付成功，客户端软件关闭，网络支付完毕。

在完成一个 SET 协议交易过程中，需验证电子证书 9 次，验证数字签名 6 次，传递各方证书 7 次，进行 5 次签名，4 次对称加密和 4 次非对称加密。完成一个 SET 协议交易过程需花费 1.5～2 分钟，甚至更长的时间。

由此可知，SET 协议有些复杂，使用较麻烦，成本高，且只适用于客户具有电子钱包（Wallet）的场合。SET 的证书格式比较特殊，虽然也遵循 X.509 标准但主要是由 VISA 和 MasterCard 开发并按信用卡支付方式定义的。实际上银行的支付业务不仅仅是卡支付业务，而 SET 支付方式和认证中心只适合于卡支付，所以受支付方式的限制。SET 协议保密性好，具有不可否认性，SET CA 是一套严密的认证体系，可保证 B2C 式的电子商务安全顺利地进行。

4. SET 协议的作用

安全电子交易的目的是提供信息的保密性，确保付款的完整性和能对商家及持卡人进行身分验证（Authentication）。通过 SET 机制可以做到：

（1）对付款信息及订单信息能各自分别保密。

（2）能确保所有传输信息的完整性。

（3）能验证付款人是信用卡的合法使用者。

（4）能验证商家是该信用卡的合法特约商家。

（5）建立一个协议，该协议不依赖传输安全机制。

（6）能在不同平台上及不同网络系统上使用。

当利用信用卡进行 SET 在线支付时，需要在客户端上安装一个特殊的客户端软件配合信用卡的运用才行。这个特殊的客户端软件通常称为电子钱包客户端软件，所以基于 SET 协议的信用卡支付模式本质上属于电子钱包网络支付模式。

9.4.3　SET 协议和 SSL 协议的比较

SSL 协议与 SET 协议采用的都是公开密钥加密法。在这一点上，两者是一致的。对于信息传输的保密来说，两者的功能是相同的，都能保证信息在传输过程中的保密性。两者的比较分析见表 9-1。

表 9-1　SSL 协议与 SET 协议的比较分析

	SET 协议	SSL 协议
认证机制	所有参与 SET 交易的成员都必须先申请数字证书来识别身份	只有商家端的服务器需要认证，客户端认证则是有选择性的
对消费者	SET 替消费者保守了更多的秘密使其在线购物更加轻松	商家知道消费者卡信息
安全性	整个交易过程都受到严密的保护	安全范围只限于持卡人到商家端的信息交换
对参与交易者定义	SET 对于参与交易的各方定义了互操作接口，一个系统可以由不同厂商的产品构筑	过程较简单
占有率	SET 的市场占有率会增加	目前 SSL 的占有率较高

目前市场上，已有许多 SSL 相关产品及工具，而有关 SET 的相关产品却相对较少，也不够成熟。SSL 已被大部分 Web 浏览器和 Web 服务器所内置，比较容易被接受。而 SET 要求在银行建立支付网关，在商户的 Web 服务器上安装商户软件、持卡人的个人计算机上安装电子钱包软件等。SSL 与 SET 两种协议在网络中的层次不一样。SSL 是基于传输层的协议，而 SET 则是基于应用层的协议。另外，SET 还要求必须向交易各方发放数字证书，这也成为阻碍之一。所有这些使得使用 SET 要比使用 SSL 贵得多、复杂得多。

SSL 还有一个很大的缺点，就是无法保证商户看不到持卡人的信用卡账户等信息。而 SET 协议则在这方面采取了强有力的措施，用网关的公开密钥来加密持卡人的敏感信息，并采用双重签名等方法，保证商户无法看到持卡人传输给网关的信息。

总之，SET 系统给银行、商户、持卡人带来了更多的安全，使他们在进行网上交易时更加放心，但实现复杂、成本高。

9.5 中国金融认证中心

CA（Certificate Authority）即"认证中心"，是负责签发数字证书、认证证书、管理已颁发证书的机构。CA 要制定政策和具体步骤来验证、识别用户的身份，对用户证书进行签名，以确保证书持有者的身份和公钥的拥有权。CA 也拥有自己的证书（内含共钥）和私钥，网上用户通过验证 CA 的签字从而信任 CA，任何用户都可以得到 CA 的证书，用以验证它所签发的证书。CA 必须是各行业各部门及公众共同信任的、认可的、权威的、不参与交易的第三方网上身份认证中心。

CFCA（China Finance Certification Authority）即中国金融认证中心，其主页如图 9-13 所示，是由中国人民银行牵头，联合中国工商银行、中国银行、华夏银行、广东发展银行、深圳发展银行、光大银行、民生银行等 12 家商业银行联合建设的。CFCA 是一个权威的、可信赖的、公正的第三方信任机构，专门负责为金融业的各种认证需求提供证书服务，包括电子商务、网上银行、支付系统和管理信息系统等，为参与网上交易的各方提供安全的基础，建立彼此信任的机制。

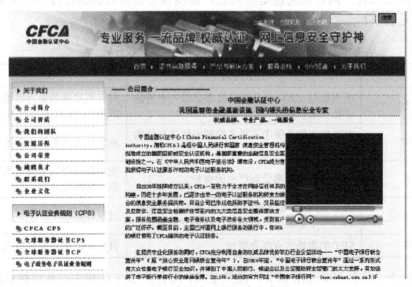

图 9-13 中国金融认证中心主页

金融认证中心为了满足金融业在电子商务方面的多种需求，采用 PKI（Public Key Infrastructure，公钥设施基础技术）建立了 SET 和 Non-SET 两套系统，提供多种证书来支持各成员行有关电子商务的应用开发和证书的使用。

CFCA 按国际通用标准开发建设，提供具有世界先进水平的 CA 认证中心的全部需求。在证书管理方面，它具有对用户证书的申请、审核、批准、签发证书及证书下载、证书注销、证书更新等证书管理功能。证书符合 ITU 的 X.509 国际标准。同时，CFCA 在业务方面，建立了 SET CA 及 Non-SET CA 两大体系。其宗旨是向各种用户颁发不同种类的数字证书、以金融行业的可信赖性及权威性支持中国电子商务的应用、网上银行业务的应用及其他安全管理业务的应用。CFCA 功能有以下几项。

（1）实体的鉴别。通过 CFCA 签发的数字证书，使电子交易的各方都拥有合法的身份，在交易的各个环节，交易的各方都可验证对方数字证书的有效性，从而解决相互信任问题。

（2）保证电子交易中信息的保密性。信息泄露主要指交易双方进行交易的内容被第三方窃取或交易一方提供给另一方使用的文件被第三方非法使用。这方面的问题主要是通过对信息进行加密来解决的。

（3）保证电子交易中数据的真实性和完整性。电子交易信息在网络上传输的过程中，可能被他人非法地修改、删除或重放（指只能使用一次的信息被多次使用），这方面的安全性是由身份认证和信息的加密来保证的。

（4）支持不可否认性。CFCA 的高级证书中使用了一套专门用来进行签名／验证的密钥对，以保证签名密钥与加密密钥的分隔使用。对签名／验证密钥对中用来签名的私有密钥而言，其产生、存储和使用过程必须安全，且只能由用户独自控制。

（5）密钥历史记录。CFCA 能无缝地管理密钥历史记录，并在检索以前加密的数据时，能透明地使用其相应的密钥进行解密，因此，企业和用户就再也不用担心无法访问其历史数据了。

（6）密钥备份与恢复。CFCA 的高级证书系统提供了备份与恢复解密密钥的机制。需注意的是，密钥备份与恢复只能针对解密密钥，签名私钥不能够做备份。

（7）密钥自动更新。CFCA 的高级证书系统能实现完全透明的、自动（无须用户干预）的密钥更换和新证书的分发工作。

（8）CRL 查询。在证书目录服务器中，提供客户端—服务器端自动在线证书撤销列表（CRL）的实时查询和自动检索。

（9）数字时间戳。支持数字时间戳功能，确保所有用户的时间保持一致。

（10）交叉认证。CFCA 的系统中所采用的网络信任域模式，使得单位除了可完全控制自己的信任域，也可通过接纳其他单位而扩展自己的信任域。

数字证书可以到 CFCA 下载，证书下载的流程为：

① 证书申请。CFCA 授权的证书的注册审核机构（Registration Authority，RA）（各商业银行、证券公司等机构），面向最终用户，负责接受各自的持卡人或商户的证书申请并进行资格审核，具体的证书审批方式和流程由各授权审核机构规定。证书申请表直接到 RA 处领取。

② 证书审批。经审批后，RA 将审核通过的证书申请信息发送给 CFCA，由 CFCA 签发证书。

● RA 系统——CFCA 将同时产生的两个码（参考号、授权码）发送到 RA 系统。为安全起见，RA 系统采用两种途径将以上两个码交到证书申请者手中；RA 管理员将其中授权码打印在密码信封里当面交给证书申请者；将参考号发送到证书申请者的电子邮箱中。

● SET 系统——持卡人/商户到 RA 各网点直接领取专用密码信封。

③ 证书发放/下载。CA 签发的证书格式符合 X.509 V3 标准。具体的证书发放方式，各RA 的规定会有所不同。可以登录网站（http：//www.cfca.com.cn）联机下载证书或者到银行领取。

④ 证书生成。证书在本地生成，证书由 CFCA 颁发，用户私钥由客户自己保管。

⑤ 证书存放。存放介质可以是硬盘、软盘、IC 卡、CPU 卡、SIM 卡等。

9.6　招商银行"优 KEY"

"优 KEY"是招商银行为提高网上个人银行的安全级别，采用精尖加密技术，运用在网上个人银行中的新型移动数字证书（即数字证书存放在 USB Key 上）。与国内金融机构当前发放的 USB Key 相比，招商银行"优 KEY"的优势体现在免驱动，消除了 USB Key 安装失败的困扰。招商银行此次推出的"优 KEY"是方便实用的网银守护神，不仅突破了移动数字证书的应用瓶颈，而且有效提升了网银客户体验，降低了网银使用门槛。

"优 KEY"的申请和启用步骤：请携带本人有效身份证件和一卡通到招商银行营业网点填写《招商银行网上个人银行证书申请表》，申请网上个人银行专业版，关联本人的银行卡并获得授权码，领取"优 KEY"并启用证书。

第一步，下载专业版程序

登录招商银行"一网通"网站（www.cmbchina.com），选择网页右方的"个人银行专业版"后，根据提示从下载专区下载专业版安装程序的最新版本，运行此安装程序，并按照提示完成专业版的安装。

第二步，启用证书

专业版程序下载并安装完毕后，计算机桌面上会增加相应的图标。

（1）将"优 KEY"插入计算机 USB 端口。

（2）双击桌面的"招行专业版"图标，进入专业版登录界面，选择"使用移动数字证书"，单击"证书启用"，并按提示单击"下一步"按钮。

（3）在"USB KEY 型号"处选择"类型 23"或者"类型 33"，在"USBKEY 标识号"处输入招商银行网上个人银行证书申请表"客户留存联"中的 10 位移动数字证书 KEY 号。

（4）在"授权码"处输入招商银行网上个人银行证书申请表的"客户留存联"中的 16 位授权码，录入申请人证件资料和用户初始登录密码。

（5）录入其他个人资料信息。

（6）输入专业版关联卡取款密码，完成证书启用过程。

第三步，使用专业版

正常情况下，等待约十分钟至一小时后，再次登录专业版，移动数字证书就会下载到"优 KEY"上，至此就可以体验"优 KEY"的安全和便捷了！

第10章　计算机病毒

知识导读

　　计算机病毒对计算机系统及网络产生的破坏效应，使人们清醒地认识到它所带来的危害。目前，每年的新病毒数量都是呈指数级增长的，而且由于近年来传输媒介的改变和因特网的大面积普及，导致计算机病毒感染的对象也开始由工作站向网络设备（代理、防护和服务器设置等）转变，病毒的类型也由文件型向网络蠕虫型转变。如今，世界上很多国家的科研机构都在对病毒的现状和防护进行深入研究。

　　计算机病毒是指编制或者在计算机程序中插入的"破坏计算机功能或者毁坏数据，影响计算机使用，并能自我复制的一组计算机指令或者程序代码"。计算机病毒类似于生物病毒，它会复制自己并传播到其他宿主，并对宿主造成损害。计算机病毒中的宿主也是计算机程序。计算机病毒在传播期间一般会隐蔽自己，经过特定的条件能够触发并产生破坏。

职业目标

学习目标：
- 了解计算机病毒的发展过程
- 理解计算机病毒的原理与分类
- 了解计算机病毒的结构

职业目标：
- 掌握不同种类计算机病毒的感染机制
- 能够分析计算机病毒程序和一般程序的联系和区别
- 能够判断计算机是否感染了病毒，并采取相应策略解决问题

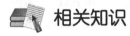

相关知识

10.1　计算机病毒的起源及发展

1. 计算机病毒的起源

关于计算机病毒的起源现在有几种说法，但还没有一个被人们所确认，也没有实质性的

论述予以证明。下面将几种起源说简单介绍一下。

（1）科学幻想起源说。1977年，美国科普作家托马斯·丁·雷恩推出轰动一时的 *Adolescence of p-1* 一书。书中构想了一种能够自我复制，利用信息通道传播的计算机程序，并称为计算机病毒。这是世界上第一个幻想出来的计算机病毒。人类社会有许多现行的科学技术，都在先有幻想之后才成为现实。因此，不能否认这本书的问世对计算机病毒的产生所起的作用。

（2）游戏程序起源说。在20世纪70年代，计算机在人们的生活中还没有得到普及，美国贝尔实验室的计算机程序员为了娱乐，在自己实验室的计算机上编制吃掉对方程序的程序，看谁先把对方的程序吃光，有人认为这是世界上第一个计算机病毒，但这也只是一个猜测。

（3）软件商保护软件起源说。计算机软件是一种知识密集型的高科技产品，由于人们对于软件资源的保护不尽合理，这就使得许多合法的软件被非法复制的现象极为平常，从而使得软件制造商的利益受到了严重的侵害。因此，软件制造商为了处罚那些非法复制者，而在软件产品中加入了病毒程序并在一定条件下触发感染。例如，Pakistani Brain 病毒在一定程度上就证实了这种说法。该病毒是巴基斯坦的两兄弟为了追踪非法复制其软件的用户而编制的，它只是修改磁盘卷标，把卷标改为 Brain 以便识别。也正是因为如此，当计算机病毒出现之后，有人认为这是软件制造商为了保护自己的软件不被非法复制而导致的结果。

2. 计算机病毒的发展

在病毒的发展史上，病毒的出现是有规律的，一般情况下一种新的病毒技术出现后，病毒迅速发展，接着反病毒技术的发展会抑制其流传。操作系统升级后，病毒也会调整为新的方式，产生新的病毒技术。

（1）DOS引导阶段。1987年，计算机病毒主要是引导型病毒，具有代表性的是"小球"和"石头"病毒。当时的计算机硬件较少，功能简单，一般需要通过软盘启动后才能使用。引导型病毒利用软盘的启动原理工作，它们修改系统启动扇区，在计算机启动时首先取得控制权，减少系统内存，修改磁盘读写中断操作，影响系统工作效率，在系统存取磁盘时进行传播；1989年，引导型病毒具有可以感染硬盘的"破坏力"，典型的代表有"石头2"。

（2）DOS可执行阶段。1989年，可执行文件型病毒出现，它们利用DOS系统加载执行文件的机制工作，具有代表性的是"耶路撒冷""星期天"病毒，病毒代码在系统执行文件时取得控制权，修改DOS中断操作，在系统调用时进行传染，并将自己附加在可执行文件中，使文件长度增加。1990年，其发展为复合型病毒，可感染COM和EXE文件。

（3）伴随型、批次型阶段。1992年，伴随型病毒出现，它们利用DOS加载文件的优先顺序进行工作，具有代表性的是"金蝉"病毒，它感染EXE文件时生成一个和EXE同名但扩展名为COM的伴随体；它感染文件时，将原来的COM文件改为同名的EXE文件，再产生一个原名的伴随体，文件扩展名为COM，这样，在DOS加载文件时，病毒就取得控制权。这类病毒的特点是不改变原来的文件内容、日期及属性，解除病毒时只要将其伴随体删除即可。在非DOS操作系统中，一些伴随型病毒利用操作系统的描述语言进行工作，具有典型代表的是"海盗旗"病毒，它在得到执行时，会询问用户名称和口令，然后返回一个出错信息，将自身删除。批次型病毒是工作在DOS下的和"海盗旗"病毒类似的一类病毒。

（4）多形阶段。1994 年，随着汇编语言的发展，实现同一功能可以用不同的方式完成，这些方式的组合使一段看似随机的代码产生相同的运算结果。幽灵病毒就是利用这个特点，每感染一次就产生不同的代码。例如，"一半"病毒就是产生一段有上亿种可能的解码运算程序，病毒体被隐藏在解码前的数据中，查解这类病毒就必须对这段数据进行解码，加大了查毒的难度。多形型病毒是一种综合性病毒，它既能感染引导区又能感染程序区，多数具有解码算法，一种病毒往往要两段以上的子程序方能解除。

（5）变种阶段。1995 年，在汇编语言中，一些数据的运算放在不同的通用寄存器中，可运算出同样的结果，随机地插入一些空操作和无关指令，也不影响运算的结果，这样，一段解码算法就可以由生成器生成，当生成器的生成结果为病毒时，就产生了这种复杂的"病毒生成器"。这一阶段的典型代表是"病毒制造机"VCL，它可以在瞬间制造出成千上万种不同的病毒，查解时就不能使用传统的特征识别法，需要在宏观上分析指令，解码后查解病毒。

（6）网络蠕虫阶段。1995 年，随着网络的普及，病毒开始利用网络进行传播，它们只是以上几代病毒的改进。在非 DOS 操作系统中，"蠕虫"是典型的代表，它不占用除内存以外的任何资源，不修改磁盘文件，利用网络功能搜索网络地址，将自身向下一地址进行传播，有时也在网络服务器和启动文件中存在。

（7）视窗阶段。1996 年，随着 Windows 的日益普及，利用 Windows 进行工作的病毒开始发展，它们修改（NE，PE）文件，典型的代表是 DS.3873，这类病毒的机制更为复杂，它们利用保护模式和 API 调用接口工作，解除方法也比较复杂。

（8）宏病毒阶段。1996 年，随着 Word 功能的增强，使用 Word 宏语言也可以编制病毒，这种病毒使用类 Basic 语言，编写容易，感染 Word 文档等文件，在 Excel 和 AmiPro 出现的相同工作机制的病毒也归为此类，由于 Word 文档格式没有公开，这类病毒查解比较困难。

（9）互联网阶段。1997 年以后，因特网发展迅速，各种病毒也开始利用因特网进行传播，一些携带病毒的数据包和邮件越来越多，如果不小心打开了这些邮件或登录了带有病毒的网页，计算机就有可能中毒。典型代表有"尼姆达""欢乐时光""欢乐谷"等病毒。

2003 年，"2003 蠕虫王"病毒在亚洲、美洲等地迅速传播，造成了全球性的网络灾难。其中受害最严重的无疑是美国和韩国这两个因特网发达的国家。韩国 70%的网络服务器处于瘫痪状态，网络连接的成功率低于 10%，整个网络速度极慢。美国不仅公众网络受到了破坏性的攻击，而且连银行网络系统也遭到了破坏，全国 1.3 万台自动取款机处于瘫痪状态。

2004 年是"蠕虫"病毒泛滥的一年，网络天空（Worm.Netsky）、高波（Worm.Agobot）、爱情后门（Worm.Lovgate）、震荡波（Worm.Sasser）、无极（Worm.SoBig）等病毒严重危害了互联网的使用和安全。

2007 年的"熊猫烧香"病毒使所有程序图标变成熊猫烧香图像，并使它们不能应用。

2008 年，"扫荡波"病毒同冲击波和震荡波一样，也是一个利用漏洞从网络入侵的程序。而且正好在黑屏事件期间，大批用户关闭自动更新以后，这更加加剧了该病毒的蔓延，这个病毒可以导致被攻击者的机器被完全控制。

2010 年出现的"鬼影"病毒成功运行后，在进程和系统启动加载项中找不到任何异常，同时即使格式化重装系统，也无法彻底清除该病毒。它犹如"鬼影"一般"阴魂不散"，所以称为"鬼影"病毒。

2011 年，Zero Access Rootkit 开始感染系统，在它的僵尸网络中诱捕系统，据估计超过 900 万个系统受到影响，Rootkit 利用多种不同的攻击策略，包括社会工程计划等，在网上纠缠、指挥和控制网络，利用不知情的主机进行欺诈等传播病毒。

CryptoLocker 在 2013 年后半年开始影响系统。它使用 RSA 公钥密码方法，将系统上的重要文件加密，并且显示一条信息，要求在一定期限内发送比特币或支付现金券。在 2014 年中期，CryptoLocker 终止活动时，Gameover ZeuS 僵尸网络开始出现，该僵尸网络将 CryptoLocker 发送出去。这个木马病毒设法从受害者那里获取了 300 万美元。

2014 年，Moon Worm 从一个路由器转到另一个路由器，Moon Worm 使用家庭网络管理协议（HNAP），作为确定消费者家用路由器的型号。它之后会继续被使用专门用来绕过认证，感染设备。一旦感染设备，恶意软件会扫描更多的设备来打开端口。

2015 年，Moose 蠕虫病毒感染基于 Linux 的路由器，一旦它感染一个路由器，Moose 蠕虫病毒会继续进行社交媒体诈骗。

2017 年 5 月 12 日，WannaCry 蠕虫病毒通过 MS17-010 漏洞在全球范围大爆发，感染了大量的计算机，该蠕虫病毒感染计算机后会向计算机中植入敲诈者病毒，导致计算机中大量文件被加密。

如今，计算机病毒变得更加活跃，木马、蠕虫、后门等病毒层出不穷，甚至出现了 2006 年炒得火热的流氓软件。自 2000 年以来，由于病毒的基本技术和原理被越来越多的人所掌握，新病毒的出现和原有病毒的变种层出不穷，病毒的增长速度超过了以往的任何时期。

10.2　计算机病毒的定义

计算机病毒（Computer Virus）在《中华人民共和国计算机信息系统安全保护条例》中被明确定义，病毒是"编制者在计算机程序中插入的破坏计算机功能或者破坏数据，影响计算机使用并且能够自我复制的一组计算机指令或者程序代码"。另外一种定义是：它是一种人为制造的程序，通过不同的途径潜伏或寄生在存储媒体（如磁盘、内存）或程序里。当某种条件或时机成熟时，它会自我复制并传播，使计算机的资源受到不同程度的破坏。这些说法在某种意义上借用了生物病毒的概念，计算机病毒同生物病毒的相似之处是计算机病毒能够入侵计算机系统和网络，危害正常工作的"病原体"（是指计算机中存放的数据或系统本身），能够对计算机系统进行各种破坏，同时能够自我复制，具有传染性。

10.3　计算机病毒的分类

根据多年对计算机病毒的研究，按照计算机病毒属性的方法进行分类。

1. 按病毒存在的媒体分类

根据病毒存在的媒体，病毒可以划分为网络病毒、文件病毒、引导型病毒。网络病毒通过计算机网络传播感染网络中的可执行文件，文件病毒感染计算机中的文件（如：COM，EXE，DOC 等），引导型病毒感染启动扇区（Boot）和硬盘的系统引导扇区（MBR）。

还有这三种情况的混合型，例如，多型病毒（文件和引导型）感染文件和引导扇区两种目标，这样的病毒通常都具有复杂的算法，它们使用非常规的办法侵入系统，同时使用了加密和变形算法。目前很多病毒都是这种混合类型的，一旦中毒，很难删除。病毒在感染系统之后，会在多处建立自我保护功能，比如注册表、进程、系统启动项等位置。如果进行手工清除，在注册表中找到病毒对应项，删除后进程一旦检测出来，会重新写入注册表。而在进程中，病毒也不是单一地建立一个进程，而一般是建立两个或多个进程，同时这些病毒进程之间互为守护进程，即关掉一个，另外的进程会马上检测到，并新建一个刚被删除的进程。

2. 按病毒传染的方法分类

根据传染的方法病毒可分为驻留型病毒和非驻留型病毒。驻留型病毒感染计算机后，把自身的内存驻留部分放在内存（RAM）中，它处于激活状态，一直到关机或重新启动。非驻留型病毒在得到机会激活时并不感染计算机内存，一些病毒在内存中留有小部分，但是并不通过这一部分进行传染，这类病毒也被划分为非驻留型病毒。

3. 按病毒破坏的能力分类

按破坏的能力，可将病毒分为以下类型。

- 无害型：除了传染时减小磁盘的可用空间，对系统没有其他影响。
- 无危险型：这类病毒仅仅会减少内存、显示图像、发出声音及同类音响。
- 危险型：这类病毒在计算机系统操作中会造成严重的错误。
- 非常危险型：这类病毒会删除程序、破坏数据、清除系统内存区和操作系统中重要的信息。这些病毒对系统造成的危害，并不是本身的算法中存在危险的调用，而是当它们传染时会引起无法预料的和灾难性的破坏。由病毒引起其他的程序产生的错误也会破坏文件和扇区，这些病毒也按照它们引起的破坏能力划分。一些现在的无害型病毒也可能会对新版的DOS、Windows 和其他操作系统造成破坏。

4. 按病毒的算法分类

按算法不同，可将病毒分成如下类型：

- 伴随型病毒，这一类病毒并不改变文件本身，它们根据算法产生 EXE 文件的伴随体，具有同样的名字和不同的扩展名（COM），例如，病毒 XCOPY.EXE 的伴随体是 XCOPY-COM。病毒把自身写入 COM 文件并不改变 EXE 文件，当 DOS 加载文件时，伴随体优先被执行，再由伴随体加载执行原来的 EXE 文件。
- "蠕虫"型病毒，通过计算机网络传播，不改变文件和资料信息，利用网络从一台机器的内存传播到其他机器的内存，再计算网络地址，将自身的病毒通过网络发送。有时它们在系统中，一般除了占用内存不占用其他资源。
- 寄生型病毒。除了伴随型和"蠕虫"型病毒，其他病毒均可称为寄生型病毒，它们依附在系统的引导扇区或文件中，通过系统的功能进行传播。
- 诡秘型病毒，它们一般不直接修改 DOS 中断和扇区数据，而是通过设备技术和文件缓冲区等 DOS 内部修改，不易看到资源，使用比较高级的技术，利用 DOS 空闲的数据区进行工作。
- 变型病毒（又称幽灵病毒），这一类病毒使用一个复杂的算法，使自己每传播一份都具有不同的内容和长度。

10.4 计算机病毒的结构

计算机病毒可能是用不同的编程语言所编写的，也可能运行于不同的操作系统，但其逻辑结果通常是不变的，包括感染模块、触发模块、破坏模块和引导模块 4 个组成部分，如图 10-1 所示。

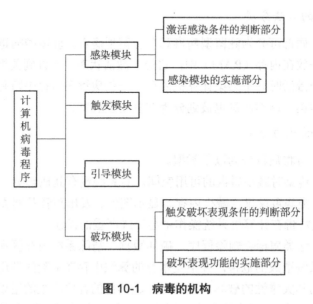

图 10-1 病毒的机构

1. 感染模块

感染模块是病毒的传染部分，是病毒程序的一个重要组成部分，主要负责病毒的传染和扩散。但是，为了避免病毒重复感染一个文件、一个扇区，病毒要在病毒数据中加一个标志，如 CIH 病毒的感染标志是加了"CIH"字符串。对于以独立文件方式存在的病毒，如冲击波病毒，为了避免多个病毒进程同时运行，使用函数 CreateMutex 建立了一个互斥变量 BILLY，病毒启动时首先检测有无该变量存在，存在则说明病毒程序已经运行，这样就保证了内存中只有一份病毒文件生成的进程。

病毒的传染性是病毒赖以生存繁殖的条件，如果计算机病毒没有传播通道，则其破坏性小，扩散面窄，难以造成大面积流行。

病毒传染的条件包括静态和动态两种。其中，静态传染就是被动传染，如用户在进行备份磁盘或文件时，把一个病毒由一个载体复制到另一个载体上，或者是通过网络上的信息传递，把一个病毒程序从一方传递到另一方；动态传染就是主动传染，以计算机系统的运行及病毒程序处于激活状态为先决条件。在病毒处于激活状态的条件下，只要传染条件满足，病毒程序就能主动地把病毒自身传染给另一个载体或另一个系统。

2. 触发模块

触发模块的目的是调节病毒的攻击性和潜伏性之间的平衡。因为，病毒大范围的感染、频繁的破坏行为可能给用户以重创，但是，它们总是使系统或多或少地出现异常，因此病毒容易被暴露。不破坏、不感染又会使病毒失去其特征，而可触发性是病毒的攻击性和潜伏性之间的调节杠杆，可以控制病毒的感染和破坏的频度，兼顾病毒的杀伤性和潜伏性。

计算机病毒在传染和破坏之前，往往要判断某些条件是否满足，满足则传染或者发作，否则不传染或不发作或只传染不发作，这个条件就是计算机病毒的触发条件。该条件是预先由病毒编制者设置的，通过触发模块能够判断触发条件是否满足，并根据判断结果来控制病毒的传染和破坏动作。

病毒采用的触发条件花样繁多，从中可以看出病毒制作者对系统的了解程度及其丰富的想象力和创造力。病毒采用的触发条件主要包括：日期触发、条件触发、启动触发、键盘触发、感染数量触发、操作系统触发、访问磁盘次数触发、调用中断功能/API 函数触发、CPU型号/主板型号触发等。

3. 破坏模块

破坏模块是病毒程序中最为关键的部分，负责病毒的破坏工作，其破坏对象通常包括系统数据区、文件、内存、系统运行速度、磁盘、CMOS（保存计算机的基本启动信息的芯片）、主板和网络等。

4. 引导模块

病毒程序运行时，首先运行的是病毒的引导模块，它主要负责操作系统环境检测、感染标志检测、分配内存、设置病毒触发条件、检查是否满足触发条件等。例如，CIH 病毒首先检测系统是否为 Window95/98 系统，否则病毒程序退出。

计算机病毒实际上是一种特殊的程序，程序必然要存储在磁盘上，但是病毒程序为了进行自身的主动传播，必须使自身寄生在可以获取执行权的对象上。

病毒的寄生对象有两种：一种是寄生在磁盘的引导扇区；另一种是寄生在可执行文件（.EXE 或.COM）中。这是由于不论是磁盘引导扇区还是可执行文件，它们都有获取执行权的可能，这样病毒程序寄生在它们上面，就可以在一定条件下获得执行权，从而使病毒得以进入计算机系统，并处于激活状态，然后进行病毒的动态传播和破坏活动。

10.5　病毒的存在位置

计算机病毒的寄生方式有两种：一种是采用替代法；另一种是采用链接法。其中，替代法指病毒用自己的部分或全部指令代码，替代磁盘引导扇区或文件中的全部或部分内容；链接法是指病毒程序将自身代码作为正常程序的一部分与原有正常程序链接在一起，病毒链接的位置可能在正常程序的首部、尾部或中间。寄生在磁盘引导扇区的病毒一般采取替代法，而寄生在可执行文件中的病毒一般采用链接法。通常计算机病毒的引导过程包括以下 3 个方面。

1. 驻留内存

病毒若要发挥其破坏作用，一般要驻留内存。为此就必须开辟所用的内存空间或覆盖系统占用的部分内存空间，但是，也有一些病毒不驻留在内存中。

2. 窃取系统控制权

在病毒程序驻留内存后，必须使有关部分取代或扩充系统的原有功能，并窃取系统的控制权。此后病毒程序依据其设计思路，隐蔽自己，等待时机，在条件成熟时，再进行传染和破坏。

3. 恢复系统功能

病毒为隐蔽自己，驻留内存后还要恢复系统，使系统不会死机，只有这样才能等待时机成熟，再进行感染和破坏。

10.6　病毒的感染过程

在系统运行时，病毒通过病毒载体即系统的外存储器进入系统的内存储器，常驻内存。该病毒在系统内存中监视系统的运行，当它发现有攻击的目标存在并满足条件时，便从内存中将自身存入被攻击的目标中，从而将病毒进行传播。而病毒利用系统 INT 13H 读写磁盘的中断又将其写入系统的外存储器软盘或硬盘中，再感染其他系统。

可执行文件.COM 或.EXE 感染上了病毒，例如，黑色星期五病毒，它驻入内存的条件是在执行被传染的文件时进入内存。一旦进入内存，便开始监视系统的运行。当它发现被传染的目标时，进行如下操作：首先对运行的可执行文件特定地址的标志位信息进行判断是否已感染了病毒；当条件满足，利用 INT 13H 将病毒链接到可执行文件的首部或尾部或中间，并存在磁盘中；完成传染后，继续监视系统的运行，试图寻找新的攻击目标。

操作系统型病毒感染操作系统的过程并不复杂，下面我们分别从正常启动和感染后的启动过程进行描述。正常的 PC DOS 启动过程是：

（1）加电开机后进入系统的检测程序并执行该程序，再对系统的基本设备进行检测。

（2）检测正常后从系统盘 0 面 0 道 1 扇区即逻辑 0 扇区读入 Boot 引导程序到内存的 0000:7C00 处。

（3）转入 Boot 执行。

（4）Boot 判断是否为系统盘，如果不是系统盘则提示

non-system disk or disk error

Replace and strike any key when ready

否则，读入 IBM BIO-COM 和 IBM DOS-COM 两个隐含文件。

（5）执行 IBM BIO-COM 和 IBM DOS-COM 两个隐含文件，将 COMMAND -COM 装入内存。

（6）系统正常运行，DOS 启动成功。

如果系统盘已感染了病毒，PC DOS 的启动将是另一番景象，其过程为：

（1）将 Boot 区中的病毒代码首先读入内存的 0000:7C00 处。

（2）病毒将自身全部代码读入内存的某一安全地区，常驻内存，监视系统的运行。

（3）修改 INT 13H 中断服务处理程序的入口地址，使之指向病毒控制模块并执行之。因为任何一种病毒要感染软盘或者硬盘，都离不开对磁盘的读写操作，修改 INT 13H 中断服务程序的入口地址是一项少不了的操作。

（4）病毒程序全部被读入内存后才读入正常的 Boot 内容到内存的 0000:7C00 处，进行正常的启动过程。

（5）病毒程序伺机等待随时准备感染新的系统盘或非系统盘。

如果发现有可攻击的对象，病毒要进行下列的工作：首先将目标盘的引导扇区读入内存，对该盘进行判别是否传染了病毒；当满足传染条件时，则将病毒的全部或者一部分写入 Boot 区，把正常的磁盘的引导区程序写入磁盘特写位置；返回正常的 INT 13H 中断服务处理程序，完成了对目标盘的传染。

10.7 计算机病毒的特征

计算机病毒具有以下几个特点：

（1）寄生性。计算机病毒寄生在其他程序之中，当执行这个程序时，病毒就起破坏作用，而在未启动这个程序之前，它是不易被人发觉的。

（2）传染性。计算机病毒不但本身具有破坏性，更有害的是具有传染性，一旦病毒被复制或产生变种，其速度之快令人难以预防。传染性是病毒的基本特征。在生物界，病毒通过传染从一个生物体扩散到另一个生物体。在适当的条件下，它可得到大量繁殖，并使被感染的生物体表现出病症甚至死亡。同样，计算机病毒也会通过各种渠道从已被感染的计算机扩散到未被感染的计算机，在某些情况下造成被感染的计算机工作失常甚至瘫痪。与生物病毒不同的是，计算机病毒是一段人为编制的计算机程序代码，这段程序代码一旦进入计算机并得以执行，它就会搜寻其他符合其传染条件的程序或存储介质，确定目标后再将自身代码插入其中，达到自我繁殖的目的。只要一台计算机染毒，如不及时处理，那么病毒会在这台机子上迅速扩散，计算机病毒可通过各种可能的渠道，如软盘、计算机网络去传染其他的计算机。当你在一台机器上发现病毒时，往往曾在这台计算机上用过的软盘已感染上了病毒，而与这台机器联网的其他计算机也许也被该病毒染上了。是否具有传染性是判别一个程序是否为计算机病毒的最重要条件。病毒程序通过修改磁盘扇区信息或文件内容并把自身嵌入到其中的方法以达到病毒的传染和扩散。被嵌入的程序叫做宿主程序。

（3）潜伏性。有些病毒像定时炸弹一样，让它什么时间发作是预先设计好的。比如黑色星期五病毒，不到预定时间一点都觉察不出来，等到条件具备的时候一下子就爆炸开来，对系统进行破坏。一个编制精巧的计算机病毒程序，进入系统之后一般不会马上发作，因此病毒可以静静地躲在磁盘或磁带里呆上几天，甚至几年，一旦时机成熟，得到运行机会，就又要四处繁殖、扩散，继续为害。潜伏性的第二种表现是指，计算机病毒的内部往往有一种触发机制，不满足触发条件时，计算机病毒除了传染外不做什么破坏。触发条件一旦得到满足，有的在屏幕上显示信息、图形或特殊标志，有的则执行破坏系统的操作，如格式化磁盘、删除磁盘文件、对数据文件做加密、封锁键盘、使系统死锁等。

（4）隐蔽性。计算机病毒具有很强的隐蔽性，有的可以通过病毒软件检查出来，有的根本就查不出来，有的时隐时现、变化无常，这类病毒处理起来通常很困难。

（5）破坏性。计算机中毒后，可能会导致正常的程序无法运行，把计算机内的文件删除或受到不同程度的损坏，通常表现为：增、删、改、移。

（6）可触发性。病毒因某个事件或数值的出现，诱使病毒实施感染或进行攻击的特性称为可触发性。为了隐蔽自己，病毒必须潜伏，少做动作。如果完全不动，一直潜伏的话，病毒既不能感染也不能进行破坏，便失去了杀伤力。病毒既要隐蔽又要维持杀伤力，它必须具有可触发性。病毒的触发机制就是用来控制感染和破坏动作的频率的。病毒具有预定的触发条件，这些条件可能是时间、日期、文件类型或某些特定数据等。病毒运行时，触发机制检查预定条件是否满足，如果满足，启动感染或破坏动作，使病毒进行感染或攻击；如果不满足，使病毒继续潜伏。

10.8　计算机病毒的表现

我们通常说"要通过现象看本质"，计算机病毒对我们的影响往往是消极的、有害的，那么计算机被病毒侵害的表现有哪些呢？下面是很多病毒在感染计算机后的表现形式。

- 由于病毒程序把自己或操作系统的一部分用坏簇隐藏起来，磁盘坏簇莫名其妙地增多。
- 由于病毒程序附加在可执行程序的头尾或插在中间，使可执行程序容量增大。
- 由于病毒程序把自己的某个特殊标志作为标签，使接触到的磁盘出现特别标签。
- 由于病毒本身或其复制品不断侵占系统空间，使可用系统空间变小。
- 由于病毒程序的异常活动，造成磁盘访问异常。
- 由于病毒程序附加或占用引导部分，使系统导引速度变慢。
- 丢失数据和程序。
- 中断向量发生变化。
- 打印出现问题。
- 计算机死机现象增多。
- 生成不可见的表格文件或特定文件。
- 系统出现异常动作，例如，突然死机，又在无任何外界介入下，自行启动。
- 出现一些无意义的画面问候语等。
- 程序运行出现异常现象或不合理的结果。
- 磁盘的卷标名发生变化。
- 系统不认识磁盘或硬盘不能引导系统等。
- 在系统内装有汉字库且汉字库正常的情况下不能调用汉字库或不能打印汉字。
- 在使用写保护的软盘时屏幕上出现软盘写保护的提示。
- 异常要求用户输入口令。

10.9　常见的计算机病毒类型

病毒的制造者不断地尝试新的方法来感染计算机系统。但是病毒的实际类型还是只有很少的几种。常见的计算机病毒类型包括文件型病毒、引导型病毒、宏病毒、蠕虫病毒等。

1. 文件型病毒

文件型病毒是计算机病毒的一种，主要感染计算机中的可执行文件（.EXE）和命令文件（.COM）。文件型病毒是对计算机的源文件进行修改，使其成为新的带毒文件。一旦计算机运行该文件就会被感染，从而达到传播的目的。

文件型病毒分两种：一种是将病毒加在 COM 的前部，另一种是加在文件的尾部，文件型病毒传染的对象主要是.COM 和.EXE 文件，如图 10-2 所示。

图 10-2　可执行文件病毒

2. 引导型病毒

引导型病毒是一种在 ROM BIOS 之后，系统引导时出现的病毒，它先于操作系统，依托的环境是 BIOS 中断服务程序。引导型病毒利用操作系统的引导模块放在某个固定的位置，并且控制权的转交方式是以物理位置为依据，而不是以操作系统引导的内容为依据的。因而病毒占据该物理位置可获得控制权，而将真正的引导区内容转移或替换。待病毒程序执行后，将控制权交给真正的引导区内容，使得这个带病毒的系统看似正常运转，而病毒已隐藏在系统中并伺机传染和发作。

引导型病毒按其寄生对象的不同又可分为两类，即 MBR（主引导区）病毒和 BR（引导）病毒。MBR 病毒也称为分区病毒，将病毒寄生在硬盘分区中主引导程序所占据的硬盘 0 头 0 柱面第 1 个扇区中。典型的病毒有大麻（Stoned）、2708、INT60 病毒等；BR 病毒是将病毒寄生在硬盘逻辑 0 扇（即 0 面 0 道第 1 个扇区），典型的病毒有 Brain、小球病毒等。

引导型病毒的主要特点为：

（1）引导型病毒是在安装操作系统之前进入内存的，寄生对象又相对固定，因此该类型病毒基本上不得不采用减少操作系统所掌管的内存容量方法来驻留内存高端。而正常系统的引导过程一般是不减少系统内存的。

（2）引导型病毒需要把病毒传染给软盘，一般通过修改 INT 13H 的中断向量，而新 INT 13H 中断向量段址必定指向内存高端的病毒程序。

（3）引导型病毒感染硬盘时，必定驻留硬盘的主引导扇区或引导扇区，并且只驻留一次，因此引导型病毒一般都是在软盘启动过程中把病毒传染给硬盘的。而正常的引导过程一般是不对硬盘主引导区或引导区进行写盘操作的。

（4）引导型病毒的寄生对象相对固定，把当前的系统主引导扇区和引导扇区与干净的主引导扇区和引导扇区进行比较，如果内容不一致，可认定系统引导区异常。

3. 宏病毒

宏病毒是一种寄存在文档或模板的宏中的计算机病毒。一旦打开这样的文档，其中的宏就会被执行，于是宏病毒就会被激活，转移到计算机上，并驻留在 Normal 模板上。从此以后，所有自动保存的文档都会"感染"上这种宏病毒，而且如果其他用户打开了感染病毒的文档，宏病毒又会转移到他的计算机上。虽然不是所有包含宏的文档都包含了宏病毒，但当有下列情况之一时，可以百分之百地断定 Office 文档或 Office 系统中有宏病毒：

（1）在打开"宏病毒防护功能"的情况下，当你打开一个自己写的文档时，系统会弹出相应的警告框。

（2）同样是在打开"宏病毒防护功能"的情况下，Office 文档中一系列的文件都在打开时给出宏警告。由于在一般情况下我们很少使用到宏，所以当看到成串的文档有宏警告时，可以肯定这些文档中有宏病毒。

（3）如果软件中关于"宏病毒防护"选项启用后，不能在下次开机时依然保存。Word 中提供了对宏病毒的防护功能，它可以在"工具"→"选项"→"常规"中进行设定。但有些宏病毒为了对付 Office 中提供的宏警告功能，它在感染系统（这通常只有在关闭了"宏病毒防护"选项或者出现宏警告后你不留神选取了"启用宏"才有可能）后，会在每次退出 Office 时自动屏蔽掉"宏病毒防护"选项。因此一旦发现机器中设置的"宏病毒防护"选项无法在两次启动 Word 之间保持有效，则可以判定系统一定已经感染了宏病毒，也就是说一系列 Word 模板，特别是 normal.dot 已经被感染。

宏病毒的感染流程，如图 10-3 所示。

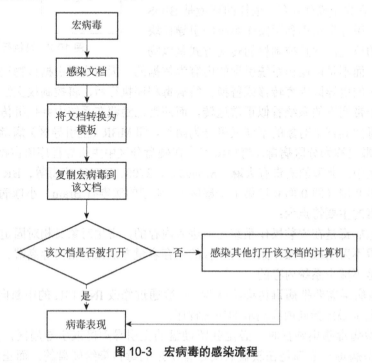

图 10-3　宏病毒的感染流程

4. 蠕虫病毒

蠕虫病毒是一种常见的计算机病毒。它利用网络进行复制和传播，其传染途径是网络和电子邮件。最初的蠕虫病毒定义是因为在 DOS 环境下，病毒发作时会在屏幕上出现一条类似虫子的东西，胡乱吞吃屏幕上的字母并将其改形。蠕虫病毒是自包含的程序（或是一套程序），它能传播自身功能的拷贝或自身（蠕虫病毒）的某些部分到其他的计算机系统中（通常是经过网络连接的）。

比如"尼姆亚"病毒就是蠕虫病毒的一种，2007 年 1 月流行的"熊猫烧香"及其变种也是蠕虫病毒。这一病毒利用了微软视窗操作系统的漏洞，计算机感染这一病毒后，会不断地自动拨号上网，并利用文件中的地址信息或者网络共享进行传播，最终破坏用户的大部分重要数据。

蠕虫病毒的结构和工作过程及蠕虫病毒的基本模块有：

● 传播模块——负责蠕虫的传播。
● 隐藏模块——侵入主机后，隐藏蠕虫程序，防止被用户发现。
● 目的功能模块——实现对计算机的控制、监视或者破坏。

蠕虫程序的一般工作过程是"扫描→攻击→复制"，如图 10-4 所示。

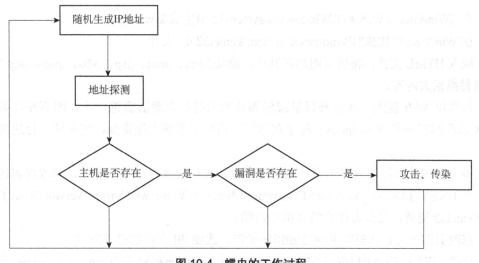

图 10-4　蠕虫的工作过程

　　蠕虫病毒的一般防治方法是使用具有实时监控功能的杀毒软件，并且注意不要轻易打开不熟悉的邮件附件。

10.10　病毒的预防和处理

　　病毒的预防比处理更重要，所谓防患于未然，正是这个道理。一旦计算机被病毒感染，就会存在各种安全隐患，比如数据泄露、被破坏，网络阻塞，甚至硬盘被格式化等悲惨的后果。所以在计算机正常的情况下，要做好必要的预防工作：

　　（1）安装一款好的杀毒软件，比如 360、卡巴斯基、诺顿等，简单方便，对系统的病毒防护和修复功能都很好。

　　（2）养成良好的使用习惯。到官方网站，或者到自己熟悉的网站下载软件，不要浏览不良网站，不要随意打开陌生人的邮箱、网址链接等。

　　（3）及时修补系统漏洞，这样也可以提高系统安全系数，比如如果安装了 360 安全卫士，就可以很方便地修补系统漏洞了。

　　随着计算机在生产和生活中各个领域的飞速发展，网络计算机病毒的攻击技术和防范手段也在逐渐提升。然而，世界各地遭遇计算机病毒攻击和侵袭的事件每天都在上演，下面具体介绍几种病毒的预防和处理。

　　1. 新欢乐时光病毒

　　新欢乐时光病毒通过感染.html、.htm、.asp、.php、.jsp、.htt 和.vbs 等文件进行传播。在实验环境中，可通过下面 4 种方式感染新欢乐时光病毒。

　　● 通过浏览已感染的网页。

　　● 在共享局域网中存在被感染了的共享目录。

　　● 浏览了被感染了病毒的电子邮件。

　　● 打开或者移动感染文件夹，会激活感染病毒。

　　当感染这个病毒后，系统会有下面的明显特征：

　　● 在每个目录中都会生成 folder、htt（带毒文件）和 desktop.ini（目录配置文件）。

- 在%Windows%\Web 和%Windows%\system32 中生成 kjwall.gif。
- 在 Windows 中生成%Windows%\system\kemel32.dll 文件。
- 插入 HTML 文件,将病毒附加在其中,感染.html、.htm、.jsp、.vbs、.php、.asp 文件,用病毒替换相关内容。
- 每次以 Web 视图方式打开目录或资源管理器时都会激活病毒一次,因而在任务管理器中可以看到有很多 Wscript.exe 程序在运行,占用了系统大量资源,使系统运行速度明显变慢。

新欢乐时光病毒除了对操作系统的上述修改,对注册表也进行了修改,修改内容包括:

- 在 HKEY_LOCAL_MACHINE\software\Microsoft\Windows\Cvrrent-VersIon\Run\子键下增加 Kemel32 键值,使病毒在系统开机时启动。
- 修改 HKFY_CLASSES_ROOT\dllfile\子键,改变 dll 文件的打开方式。
- 修改 HKEY_CURRENT_USER\Identities\&OEVersion&\Mail\Statio-mery Name 指向信纸文件。
- 修改 HKEY_CURRENT_VSER\Software\Microsoft\Office\9.0\Outlook\Options\Mail 子键的内容,使 Outlook 2000 用信纸方式写邮件。
- 修改 HKEY_CURRENT_VSER\Software\Microsoft\Office\10.0\Outlook\Options\Mail 子键的内容,使 Outlook XP 用信纸方式写邮件。

在感染了欢乐时光病毒以后,将所有的 Web 视图修改为传统 Windows 风格,这样系统环境更为稳定。

在安全模式下手工清除新欢乐时光病毒的简单步骤如下:

(1)更改注册表。单击"开始"→"运行",输入"regedit",单击"OK"按钮,打开注册表编辑器,找到下面的内容,并删除键值:

HKEY_CURRENT_USER\Software\Help\Count

HKEY_CURRENT_USER\Software\Help\FileName

修改后退出注册表编辑器。

(2)比照正常机器,恢复下面子健的相关键值:

- HKEY_CLASSES_ROOT\dllFile\
- HKEY_CURRENT_USER\Identities\&UserID&\Sofware\Microsoft\Outlook Express\ & OEV- ersion &\mail\
- HKEY_CURRENT_USER\ Sofware\Microsoft\Office\9.0\Outlook\Opinions\Mail\
- HKEY_CURRENT_USER\ Sofware\Microsoft\Office\10.0\Outlook\Opinions\Mail\

(3)从别的没有被感染的计算机中复制%Windows%\Web 目录下 folder.htt 文件并覆盖到受感染的计算机上。

新欢乐时光病毒的防范主要内容有:

- 为系统安装补丁。
- 安装反病毒软件,并及时升级最新的病毒库,打开实时防病毒监控等程序。
- 删除信箱中可疑的电子邮件,建议不要使用信纸。
- 对于 Windows 9X/Me,建议文件取消共享服务,或者将共享文件的属性设置为只读或者设置密码；对于 Windows NT/2000，应为文件配置适当的权限。

● 使用移动储存设备（如光盘、软盘、移动硬盘等）前，建议先用防病毒软件查杀。

对于其他 VBS 病毒，可采用一些通用措施来防范。

禁用文件系统对象 FileSyatenObjdct，用 regsvr32 scrrun.dll/u 命令就可以禁止文件系统对象，其中 regsvr32 是 Windows\Syarem 下的可执行文件。或者直接查找 scrrun.dll 文件，将其删除或者改名，还有一种方法就是在注册表中的 HKEY_CLASSES_ROOT\CLSID\下找到一个主键{0D43FE01-F093-11CF-8940-00A0C9054228}的项，将其删除。

（1）删除 VBS、VBE、JS、JSE 文件后缀名与应用程序的映射，单击"我的电脑"→"工具"→"文件夹选项"→"文件类型"，然后删除 VBS、VBE、JS、JSE 文件后缀名与应用程序的映射。

（2）在 Windows 目录中，找到 Wscript.exe，将其更改名称或者删除。

（3）设置浏览器的安全级别。

选择"Internet 属性"对话框中的"安全"选项卡，再单击"自定义级别"按钮，如图 10-5 所示。

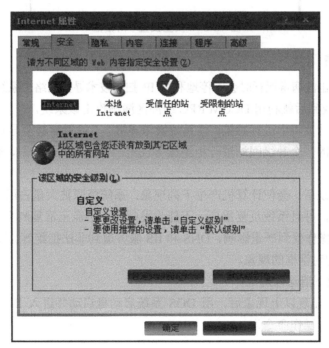

图 10-5　"Internet 属性"对话框

① 在打开的"安全设置"对话框中把"ActiveX 控件和插件"下的一切选项设为"禁用"，如图 10-6 所示。

② 显示所有文件类型的拓展名，Windows 默认的是"已知文件类型的扩展名称"，不选中此选项，即将其修改为显示所有文件类型的扩展名称。

③ 将系统的网络连接的安全级别设置至少为"中等"，这在一定程度上可预防某些有害的 Java 程序或者某些 ActiveX 组件对计算机的侵害。

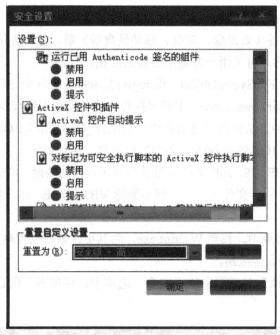

图 10-6 "安全设置"对话框

2. 冲击波病毒

（1）概述。冲击波病毒运行时会不停地利用 IP 扫描技术寻找网络上系统为 Windows 2000 或 XP 的计算机，找到后就利用 DCOM RPC 缓冲区漏洞攻击该系统，一旦攻击成功，病毒体将会被传送到对方计算机中进行感染，使系统操作异常、不停重启甚至导致系统崩溃。另外，该病毒还会对微软的一个升级网站进行拒绝服务攻击，导致该网站堵塞，使用户无法通过该网站升级系统。

该病毒感染系统后，会使计算机产生下列现象：系统资源被大量占用，有时会弹出 RPC 服务终止的对话框，并且系统反复重启，不能收发邮件，不能正常复制文件，无法正常浏览网页，复制粘贴等操作受到严重影响，DNS 和 IIS 服务遭到非法拒绝等。图 10-7 所示的是弹出 RPC 服务终止的对话框的现象。

（2）DOS 环境下清除该病毒。

① 当用户中招出现以上现象后，用 DOS 系统启动盘启动并进入 DOS 环境下，进入 C 盘的操作系统目录。操作命令为：

>C：

>cd   C：\Windows（或 CD   c：\winnt）

② 查找目录中的"msblast.exe"病毒文件。命令操作为：

>dir msblast.exe /s/p

③ 找到后进入病毒所在的子目录，然后直接将该病毒文件删除。命令操作为：

>Del msblast.exe

如果用户手头没有 DOS 启动盘，还有一个方法，就是启动系统后进入安全模式，然后搜索 C 盘，查找 msblast.exe 文件，找到后直接将该文件删除，然后再次正常启动计算机即可。

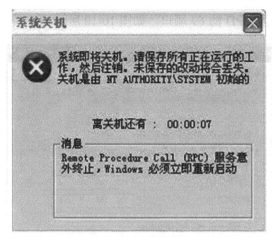

图 10-7 系统关机命令窗口

（3）冲击波病毒的预防。由于冲击波病毒主要是利用 TCP 的 135 端口和 4444 端口及 UPD 的 69 端口进行攻击的，我们可以通过使用防火墙软件将这些端口禁止，或者利用 Windows 操作系统中的"TCP/IP 筛选"功能禁止这些端口，达到预防目的。

利用"TCP/IP 筛选"功能预防冲击波病毒的实现步骤如下：

① 打开网络连接的属性对话框，单击"属性"按钮，打开"本地连接属性"对话框，如图 10-8 所示。

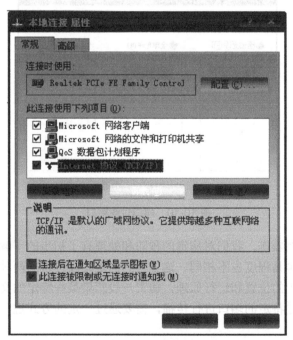

图 10-8 "本地连接属性"对话框

② 选择"Internet 协议（TCP/IP）"选项，再单击"属性"按钮，打开"Internet 协议（TCP/IP）属性"对话框，如图 10-9 所示。单击"高级"按钮，选中"启用 TCP/IP 筛选（所有适配器）"选项，单击"添加"选项，添加允许访问的合法网络连接端口，则限制了 TCP

的 135 端口和 4444 端口及 UPD 的 69 端口，如图 10-10 所示。

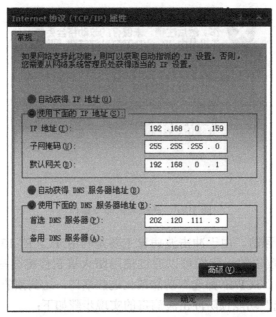

图 10-9　"Internet 协议（TCP/IP）属性" 对话框

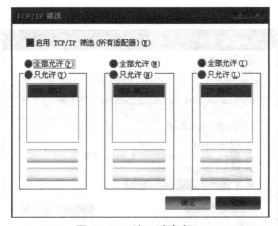

图 10-10　端口过滤窗口

　　通过以上两个实例操作，我们对病毒的预防和处理有了初步的了解和掌握。对不同种类的病毒其处理方法和难易程度也不相同。这里提到的是比较传统的两种病毒的处理办法，让大家知道病毒在系统中的位置和运行原理，病毒一般感染某些特定的文件，存在于进程、注册表、启动项中，通过特定的端口进行传播，需要通过一定的方式进行触发。

第 11 章　网络防火墙安全技术

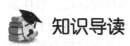知识导读

　　网络安全防控技术在企业网部署中起着十分关键的作用，特别是以防火墙、入侵检测等为代表的安全技术在企业网络的安全管理中应用非常普遍，这些安全技术除了能尽可能地避免网络通信和服务器系统遭受恶意攻击，同时还能根据企业管理需求进行通信应用管控，从而保障企业网络稳定和安全的运行。

　　本章重点介绍防火墙、入侵检测系统、VPN 技术的基本概念、功能、工作原理、体系结构等相关内容，使学生熟悉上述网络安全技术的部署和应用，同时还使学生了解网络安全技术在企业网部署中的需求和必要性，这些为学生在后续防火墙等相关网络安全设备的配置与管理奠定了良好的基础。

职业目标

学习目标：
- 理解防火墙的基本概念和功能作用
- 了解防火墙的种类及其特性
- 熟悉防火墙的体系结构及其原理
- 熟悉商用防火墙的基本使用
- 理解入侵检测系统的基本概念和功能作用
- 熟悉入侵检测系统的部署方法
- 理解 VPN 技术的概念、功能及其原理
- 熟悉 VPN 技术实现的方法

能力目标：
- 掌握个人防火墙软件的应用方法
- 掌握防火墙的主要技术及其工作机制
- 掌握入侵检测系统的工作机制和分类

 相关知识

11.1　防火墙技术

　　信息网络技术的飞速发展给人们的学习、工作和生活带来了极大方便，甚至引领着社会生活方式的潮流和趋势。但同时近年来网络也面临着空前的威胁，各种网络违法攻击事件逐年剧增，特别是以计算机病毒、木马程序、漏洞攻击、拒绝服务攻击等形式的网络安全事件愈演愈烈。防火墙作为内外网之间的屏障可以有效地防御网络攻击，它也是网络安全部署中必不可少的组件，因此掌握防火墙的技术原理以及根据各种网络环境部署适合的防火墙非常必要。

11.1.1　防火墙技术概述

　　防火墙是在不同网络（如可信任的内部网络和不可信的外部网络）或网络安全域之间设置的一系列部件的组合。它可以根据设定的安全策略（包括源目的 IP 地址、端口号、通信协议和服务等）来对通信数据流进行监听、限制以及更改，其目的是阻止具有安全风险的数据流，如恶意攻击时采用的端口扫描、拒绝服务攻击、Flood 攻击等，尽可能地对外部屏蔽或隐藏内部网络的信息、结构和运行状况，从而保障网络的安全。在物理上，防火墙是一台具有安全过滤机制的硬件设备；在逻辑上，防火墙是一个分离器、限制器、分析器。它有效地监控了内网和 Internet 之间的任何活动，是实现网络和信息安全的基础机制，如图 11-1 所示。

图 11-1　防火墙

　　"防火墙"一词来源于古代火灾中一种防护建筑体，意在防止火灾的发生和蔓延。在现代，应用于内外网之间的一种安全审计机制被形象地描述为"防火墙"。20 世纪 80 年代，基于路由器包过滤技术实现的第一代防火墙诞生，并随着网络安全重要性和性能需求的提高逐步发展为一个独立结构的、有专门功能的设备。在此之后，防火墙经历了从第二代防火墙（电路层防火墙）、第三代防火墙（代理防火墙）、第四代防火墙（状态监视防火墙）、第五代防火墙（复合型防火墙）再到新型的"下一代防火墙"。在防火墙功能上从原有包过滤、代理以及状态检测等技术基础上增加了面向应用安全、基于用户防护等基于应用层的安全防护功能，同时在并发处理性能上也有了显著的提升，因此防火墙广泛用于企业网络架构各级层面中，并且是目前网络安全领域中应用最为普及、认可程度最高的网络安全技术。

　　防火墙是企业网络安全防御体系中重要的一环，它实际上是企业内网与外网之间的一道安全网关，用于隔离企业网中的安全区域和风险区域，以防止外网针对内网以及内网自身发生的不可预测的、潜在破坏性的侵入。它起初的设计思路主要是基于内网对外网的不信任，

即所有来自于外网的未经检测的数据流量都存在安全风险。而随着内网发起的攻击和安全威胁越发频繁，甚至已经超过外网带来的安全隐患，防火墙在工作机制上也发生了改变，即任何需要在内外网之间通信的数据包都需要经过防火墙的检测，并按照约定的策略进行安全过滤后才能实现通信，从而保障网络通信和数据服务的正常运行。

11.1.2　防火墙的主要技术

防火墙实现网络间数据传输访问控制的技术有多种，大致可分为包过滤技术、应用代理技术和状态检测技术三大类。

1. 包过滤技术

包过滤是防火墙最基本的过滤技术，该技术在 1989 年提出，是最早期的防火墙技术。包过滤技术要求将防火墙放置于内外网络的边界，作为内部与外部网络的唯一通道从而使一切数据包都必须经过防火墙。防火墙包过滤技术就是对内外网之间传输的数据包按照某些事先设置的一系列的安全规则（即安全策略）进行过滤或筛选，使符合安全规则的数据包通过，丢弃那些不符合安全规则的数据包。这些安全规则设置过程中所判断的特征包括：

① 数据包协议类型：TCP、UDP、ICMP、IGMP 等。
② 源、目的 IP 地址。
③ 源、目的端口：FTP、HTTP、DNS 等。
④ IP 选项：源路由、记录路由等。
⑤ TCP 选项：SYN、ACK、FIN、RST 等。
⑥ 其他协议选项：ICMP ECHO、ICMP ECHO REPLY 等。
⑦ 数据包流向：In（进）或 Out（出）。
⑧ 数据包流经的网络接口。

包过滤防火墙的工作原理如图 11-2 所示。

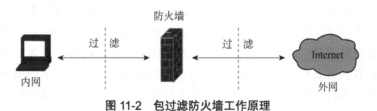

图 11-2　包过滤防火墙工作原理

因为包过滤技术只需要对每个数据包与相应的安全规则进行比较，实现方式较为简单，并且实现效率高，因而得到了非常广泛的应用。早期包过滤技术直接应用于路由器，是路由器功能的一部分。

包过滤技术的优点有：

● 防火墙对每条通过网络的数据包实行低水平控制。

● 每个 IP 包的字段都被检查，例如源地址、目的地址、协议、端口等，防火墙将基于这些信息应用过滤规则。

● 防火墙可以识别和丢弃带欺骗性源 IP 地址的包。

● 包过滤防火墙是两个网络之间访问的唯一来源，因为所有的通信必须通过防火墙，绕过防火墙是比较困难的。

● 包过滤通常被包含在路由器数据包中，所以不需要额外的系统来处理这个特征。

包过滤技术的缺点有：

● 不能满足建立精细规则的要求（规则数量与防火墙性能成反比），它只能工作于网络层和传输层，并不能判断高级协议里的数据是否有害。

● 包过滤防火墙配置复杂，容易因配置不当而带来很多问题，而且不能彻底防止地址欺骗。

● 为特定服务开放的端口存在着危险，可能会被用于其他传输。

● 存在其他方法绕过防火墙进入网络，例如拨入连接。

2. 应用代理技术

应用代理技术主要工作在应用层，应用代理防火墙又称为应用级网关或代理服务器。

应用代理防火墙不允许在它连接的网络之间直接通信，接受来自内部网络特定用户应用程序的通信，然后建立对公共网络服务器单独的连接。网络内部的用户不直接与外部的服务器通信，所以服务器不能直接访问内网的任何一部分。此外，如果不为特定的应用程序安装代理程序代码，这种服务是不会被支持的，不能建立任何连接。这种建立方式拒绝任何没有明确配置的连接，从而提供了额外的安全性和控制性。应用代理防火墙支持的常见应用程序主要有：HTTP、HTTPS/SSL、SMTP、POP3、IMAP、NNTP、TELNET、FTP 等。

应用代理防火墙工作原理如图 11-3 所示。

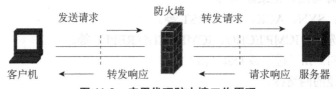

图 11-3 应用代理防火墙工作原理

应用代理防火墙检查进出的数据包，通过自身（网关）复制传递数据，防止在受信主机与非受信主机间直接建立联系。应用代理防火墙能够理解应用层上的协议，能够做复杂一些的访问控制，并做精细的注册和审核。它的基本工作过程是：当客户机需要使用服务器上的数据时，首先将数据请求发给代理服务器，代理服务器再根据这一请求向服务器索取数据，然后再由代理服务器将数据传输给客户机。由于外部系统与内部服务器之间没有直接的数据通道，外部的恶意侵害也就很难伤害到内网。

应用代理技术的优点有：

● 对指定连接的控制，例如允许或拒绝基于服务器 IP 地址的访问，或者是允许或拒绝基于用户所请求连接的 IP 地址的访问。

● 通过限制某些协议的传出请求来减少网络中不必要的服务。

● 大多数应用代理防火墙能够记录所有的连接，包括地址和持续时间。这些信息对追踪攻击和发生未授权访问的事件是很有用的。

应用代理技术的缺点有：

● 必须在一定范围内定制用户的系统，这取决于所用的应用程序。

● 一些应用程序可能根本不支持代理连接。

● 实现起来较麻烦，部分应用代理防火墙缺乏"透明度"，并且在实际使用过程中，用户在访问 Internet 时会出现延迟或多次登录的现象。

● 应用级代理防火墙每一种协议需要相应的代理软件，使用时工作量大，效率不如网络级防火墙。

3. 状态检测技术

状态检测又称动态包过滤，是在传统包过滤上的功能扩展，即在包过滤防火墙中引入了状态检测表，在不影响网络安全正常工作的前提下采用抽取相关状态数据的方法对网络通信的各个层次实行状态监测，并根据各种过滤规则做出安全决策。状态监测技术的工作原理如图 11-4 所示。

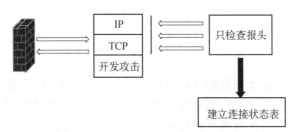

图 11-4　状态检测防火墙工作原理

状态检测防火墙不仅仅像包过滤防火墙仅考查数据包的 IP 地址等几个孤立的信息，而是增加了对数据包连接状态变化的额外考虑。它在防火墙的核心部分建立数据包的连接状态表，将在内外网间传输的数据包以会话角度进行监测，利用状态表跟踪每一个会话状态，记录有用的信息以帮助识别不同的会话。例如，对内部主机到外部主机的连接请求，防火墙会加以标注，允许从外部响应此请求的数据包以及随后两台主机间传输的数据包通过，直到此连接中断为止，而对由外部发起的企图连接内部主机的数据包则全部丢弃，因此状态检测防火墙提供了完整的对传输层的控制能力。状态检测的工作流程如图 11-5 所示。

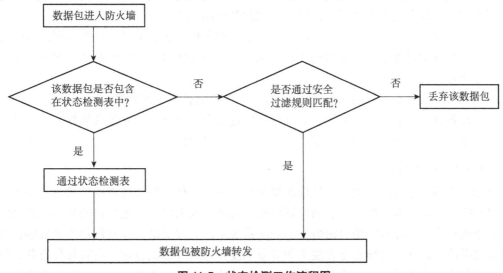

图 11-5　状态检测工作流程图

状态检测技术的优点有：

● 具有检查 IP 包每个字段的能力，并遵从基于包中信息的过滤规则。
● 识别带有欺骗性源 IP 地址包的能力。

● 具有基于应用程序信息验证一个包的状态的能力，例如基于一个已经建立的 FTP 连接，允许返回的 FTP 包通过或允许一个先前认证过的连接继续与被授予的服务通信。

● 具有记录有关通过的每个包的详细信息的能力，即防火墙用来确定包状态的所有信息都可以被记录，包括应用程序对包的请求、连接的持续时间、内部和外部系统所做的连接请求等。

状态检测技术的缺点有：状态检测防火墙对每一个会话的记录、分析工作可能会造成网络连接的迟滞现象，当存在大量的安全规则时尤为明显，采用硬件实现方式可有效改善这方面的缺陷。

11.1.3 其他防火墙

1. 复合型防火墙

复合型防火墙是综合了状态检测与透明代理的新一代防火墙，它进一步基于 ASIC 架构，把防病毒、内容过滤、IDS、VPN 等功能整合到防火墙里。常规的防火墙并不能防止隐蔽在网络流量里的攻击，也不能在网络界面对应用层进行扫描。把防病毒、内容过滤与防火墙结合起来，这体现了网络安全的新思路。它在网络边界实施 OSI 第七层的内容扫描，实现了实时在网络边缘部署病毒防护、内容过滤等应用层服务措施。

复合型防火墙包含了防火墙、入侵检测、安全评估、虚拟专用网四大功能模块。它以防火墙功能为基础平台，为其他的安全模块提供了一套较为完整的立体化网络安全体系，其主要功能特性包括：

（1）复合型防火墙内核采用独有的智能 IP 识别技术，可以对多种网络对象进行有效的访问监控，为网络安全提供高效、稳定的安全保护。

（2）复合型防火墙入侵检测产品可以实现对 20 多类 1000 多种攻击方式的鉴别。作为网络安全的重要环节，入侵检测功能可以实现和防火墙功能的互动，在入侵检测发现入侵行为时立即通知防火墙自动生成规则，在第一时间封禁网络攻击。

（3）复合型防火墙可以主动地检测内部网络，对主机信息、端口、各种漏洞、RPC 远程过程调用和服务中可能存在的弱密码进行扫描，并生成分析报告，以便系统管理员对安全策略和设备进行优化。

（4）复合型防火墙可以利用 VPN 功能模块中的隧道技术、加解密技术、密钥管理技术、使用者与设备身份认证技术来实现在公共网络中建立专用网络，并且结合软件加密和硬件加密来保证数据能够在安全的"加密通道"下在公共网络中传播。

2. UTM（统一威胁管理）

当前，网络安全威胁开始逐步呈现出复杂化的态势。传统的防病毒软件通常只能用于防范计算机病毒，防火墙只能对非法访问通信进行过滤，而入侵检测系统只能被用来识别特定的恶意攻击行为。在没有实施全面防护的网络系统中，管理员必须针对每种安全威胁部署相应的防御手段，这样使网络安全管控工作的复杂度和风险性都比较高，同时每种设备、每种产品各司其职的方式已经无法应对当前更加智能的攻击手段。比如，很多恶意软件能够自动判断防御设施的状态，即能在某一个攻击尝试受阻后会自动绕过该道防御从其他位置突破，并对系统漏洞进行逐个尝试。当一个防御设备成功屏蔽了恶意行为后，攻击软件可以调整自身行为，并且发现抵御该攻击活动的设备可能无法通知其他类型的防御设备，从而使本次攻击仍有可能突破系统防御体系。因此，当防御系统面对更加智能化的攻击行为时，系统安全产品也需要具备更高的智能化和联动性，从更多的渠道获取信息并更好地使用这些信息，以更好的协同能力来面对日益复杂的攻击行为，而 UTM（一体化安全网关）则是专门为解决这种困境而产生的。

UTM（统一威胁管理，Unified Threat Management 的缩写）是由传统的防火墙观念进化而成的，它将多种安全功能都整合在单一的产品上，其中包括了网络防火墙、IDS、防毒网关、反垃圾信件网关、VPN、内容过滤、负载平衡、防止资料外泄以及设备报告等。UTM 与传统的防火墙主要有以下几点区别：

（1）防火墙的功能模块工作在 OSI 参考模型的网络层。大多数传统防火墙用一种状态检测技术检查和转发 TCP/IP 包。UTM 中的防火墙在工作中不仅仅实现了传统的状态检测包过滤功能，而且还决定了防病毒、入侵检测、VPN 等功能是否开启以及它们的工作模式，并且通过有效地部署安全策略机制，使各种功能可以实现更好地融合。

（2）从整个系统角度来看，UTM 防火墙要实现的不仅仅是网络访问的控制，同时也要实现数据包的识别与转发，例如 HTTP、Mail 等协议的识别与转发，并对相应的模块进行处理，从而减轻其他模块的数据处理的工作量，提高系统性能和效率。

（3）UTM 防火墙提供了新的功能，例如虚拟域、动态路由和多播路由，它支持各种新技术，例如 VoIP、H.323、SIP、IM 和 P2P 等，因此应用前景更广，适应性更强。

（4）UTM 防火墙策略有很多种选择，宛如在一个网络门户大平台上，植入内容丰富的机制，层次分明、操作简单同时又灵活实用。随着策略的设置，网络的防护也随之展开星罗密布的安全哨卡。

（5）UTM 的网关型防病毒与主机型防病毒不同。网关型防病毒作为安全网关，必须关闭脆弱窗口，在网络的边界处阻挡病毒和蠕虫入侵网络，保护内部的网络安全，即网关必须能够扫描邮件和 Web 内容，在病毒到达内部网络时进行清除。安全网关还要包括反间谍插件，对流行的灰色软件进行识别和阻断，同时，能够消除 VPN 隧道的病毒和蠕虫，阻止远程用户及合作伙伴的病毒传播，病毒特征库则可以在网上在线自动更新。

3. 下一代防火墙

随着网络技术应用的爆发式增长，发生在网络应用层面的安全事件越发频繁，以往单一式地网络攻击也逐渐演变为混合式攻击为主。在这种存在大量应用程序的网络环境下，传统防火墙采用端口和 IP 协议进行控制的固有缺陷明显已经落伍，而对于利用僵尸网络作为传输方法的威胁，传统防火墙基本无法探测到。而对于 UTM，它是将防火墙、IPS、AV 进行简单的功能堆砌，其致命缺陷就是采用串行扫描方式，吞吐量也越发不能满足当前安全检测日益增长的性能需求。因此特别是在较大的网络中，UTM 在功能全部开放时的处理效率非常低下。因此，传统防火墙和 UTM 在应对网络新威胁面前，性能越发捉襟见肘，无法满足企业用户的安全需求。而在网络攻击多样化、复合化趋势明显的今天，NGFW（Next Generation Firewall）即下一代防火墙应运而生。

下一代防火墙是一款可以全面应对应用层威胁的高性能防火墙。它是一种融合式网络设备平台，可将多种安全功能整合其上。除了传统的防火墙功能，NGFW 还包括线上深度封包检测（DPI）、入侵预防系统（IPS）、应用层侦测与控制、SSL/SSH 检测、网站过滤，以及 QoS/带宽管理等功能，使得这个系统能够应对复杂而高级的网络攻击行为。

NGFW 不仅具备传统防火墙的功能，还具备应对综合威胁的发现能力、阻断能力，而且并不是简单的功能堆砌和性能叠加，而是从全局视角，帮助用户解决网络面临的实际问题。NGFW 因此备受重视网络安全的企业关注。NGFW 的功能主要有：

（1）标准的基本防火墙能力：包过滤、网络地址转换（NAT）、状态性协议检测、VPN 等。

（2）应用的洞察与控制：识别应用和在应用层上执行的独立端口和协议，而不是基于纯端口、纯协议和纯服务的网络安全策略。

（3）集成的而非仅仅共处一个位置的网络入侵检测：支持面向安全漏洞的特征码和面向威胁的特征码。IPS 与防火墙的互动效果应当大于这两部分效果的总和。例如提供防火墙规则来阻止某个地址不断向 IPS 加载恶意传输流。集成具有高质量的 IPS 引擎和特征码，是 NGFW 的一个主要特征。

（4）额外的防火墙智能：防火墙收集外来信息来做出更好的阻止决定或建立优化的阻止规则库。

NGFW 的技术特色有：

- 多核硬件架构。采用 MIPS 多核硬件架构，提高处理性能。
- 应用层全并行处理。多线程实现应用层过滤，避免串行处理的低效。
- 一体化处理引擎。一次报文解封装，全流程走完所有处理步骤。
- 启发式病毒扫描。根据已知病毒特征和经验，探测和发现未知病毒。

11.1.4　防火墙的作用

防火墙的主要作用就是对数据流量进行监听过滤，禁止未经检测和允许的数据包进出网络，实现对非法数量流量的拦截，尽可能地避免网络遭到恶意攻击和入侵，同时一旦监测到非法数据包还会及时向系统告警便于管理员及时防范与处理，从而保障网络系统的安全。防火墙的典型作用主要体现在以下几个方面。

1．强化网络安全策略的设置与应用管控

防火墙会依据事先设置的网络安全策略来对数据包进行过滤，只有符合规则约定的数据流才能通过防火墙，比如可以根据数据流的源目的地址、协议、端口号、执行方式等来配置策略。同时，防火墙还能够将诸如口令、加密、身份认证以及审计等功能进行统一管理，形成以防火墙为管理中心的安全网关，从而对数据通信的应用行为进行严格管控。

2．保护脆弱的网络服务

防火墙作为阻塞或者控制点能够极大地提高网络的安全性，并且能通过过滤不安全的网络服务来尽可能地减少网络服务器暴露的风险，而只有经过慎重选择的应用协议或者服务才能通过防火墙。如防火墙可以禁止如 NIS、NFS 这类不安全的服务协议进出，这样外部攻击者就不能利用这些脆弱的协议来攻击内部网络。防火墙同时可以保护网络免受基于路由的攻击，如 IP 选项中的源路由攻击和 ICMP 重定向中的重定向路径。防火墙应该可以拒绝所有以上类型攻击的报文并及时向系统管理员告警。

3．隔离风险，防止内部信息的泄露

防火墙通过对内部网络中重点区域的保护，避免了因为局部敏感的网络安全问题而对整个网络造成的影响。同时，防火墙可以隐蔽一些容易暴露网络细节的服务来达到防止内部信息的泄露，诸如 Finger、DNS 等，因为这些服务容易泄露出内网中的用户基本信息、IP 地址、域名、登录时间、采用 shell 类型、上线状态以及系统反应等系统状态信息，使攻击者能够了解系统的安全状态、可能存在的安全漏洞以及其他攻击者感兴趣的内容，从而给非法入侵提供便利。

4. 针对特定系统的访问控制

防火墙可以根据需求对网络内部特定的系统服务进行访问控制，即允许从外部访问某些主机服务，同时禁止访问某些主机服务。例如，防火墙允许外部访问特定的邮件服务、Web 服务等。

5. 监控网络访问状态

防火墙可以记录经过自身的所有流量信息并以日志记录的形式进行保存，同时还能统计网络的使用状况信息。一旦发生可疑访问行为时，防火墙能及时向系统管理员告警，并提供网络遭受扫描或攻击的详细信息。同时，防火墙还能收集网络的使用和误用情况，这样可以对防火墙抵御探测和攻击的能力以及安全策略合适与否进行准确地预判，为后续的安全部署与加固提供依据。此外，统计网络使用情况对网络的需求分析和威胁分析等而言也是非常重要的。

11.2　防火墙的体系结构

网络的拓扑结构多种多样，其需要部署的安全策略也有所区别，当前还没有一种可以适用于所有网络架构的防火墙设计标准。因此，防火墙的体系结构也存在不同的类型，如何选用防火墙体系结构需要取决于网络架设的设计要求和实际情况。防火墙的体系结构主要有下面几种。

11.2.1　双宿主主机体系结构

防火墙的双宿主主机体系结构提供两个不同网络（外网与内网）之间的连接和访问控制，它通过设置一个至少具有双网卡的双宿堡垒主机来分隔外网与内网，堡垒主机将防止在外网和内网系统之间建立任何直接的连接，即禁止一个网络将数据包发往另一个网络，从而阻止内外网络之间的 IP 通信。同时，双宿主机可以分别同外网和内网进行通信，双宿主主机体系结构如图 11-6 所示。

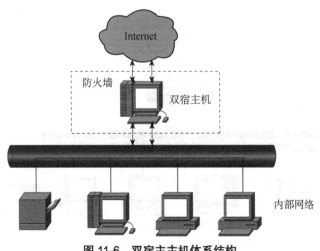

图 11-6　双宿主主机体系结构

这种体系结构的优点是结构非常简单，易于实现，并且具有高度的安全性，可以完全阻止内部网络与外部网络的通信。双宿主主机体系结构具有以下特点：

- 双宿主机内外的网络均可与双宿主机实时通信。
- 内外网络之间不可直接通信，内外部网络之间的 **IP** 数据流被双宿主机完全切断。

外网与内网之间的通信则需要应用层数据共享或通过应用层代理服务的方式来实现。两个网络之间的通信方式有以下两种。

（1）应用层数据共享：用户直接登录双宿主机，不推荐使用。

缺点：

- 支持用户账号会降低机器本身的稳定性和可靠性。
- 如果双宿主机上有很多账号，管理员维护困难。
- 用户账户易被攻破，会产生安全问题。

（2）应用层代理服务：在双宿主机上运行代理服务器，并且进行验证。

优点：

- 可以将被保护的网络内部结构屏蔽起来，增强网络的安全性。
- 可用于实施较强的数据流监控、过滤、记录和报告等。

缺点：

- 使访问速度变慢。
- 提供服务相对滞后。
- 有些服务无法提供。
- 容易使堡垒主机成为入侵者集中攻击的对象。

11.2.2 被屏蔽主机体系结构

相较于双宿主主机结构围绕堡垒主机在内外网之间提供安全保障机制不同，被屏蔽主机体系结构则由一台过滤路由器和一台堡垒主机构成。该结构要求所有外网对内部网络的连接全部通过包过滤路由器和堡垒主机，堡垒主机就相当于一个代理服务器。包过滤路由器配置在内网和外网之间，保证外部系统对内部网络的操作只能访问到堡垒主机。而堡垒主机配置在内网上，是外网主机连接到内网主机的桥梁，它需要拥有高等级的安全保护。被屏蔽主机体系结构如图 11-7 所示。

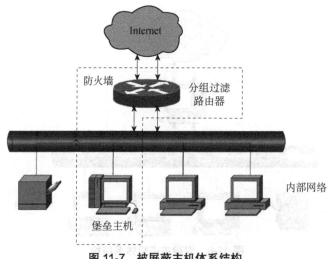

图 11-7 被屏蔽主机体系结构

在这种结构中，堡垒主机位于内部网络，而过滤路由器则按照如下规则过滤数据包：

● 任何外部网（Internet）的主机都只能与内部网的堡垒主机建立连接，甚至只有提供某些类型服务的外部网的主机才被允许与堡垒主机建立连接。

● 任何外部系统对内部网络的操作都必须经过堡垒主机，同时堡垒主机本身就要求有较全面的安全维护。

● 包过滤系统也允许堡垒主机与外部网进行一些安全策略允许的连接。

被屏蔽主机体系结构的优点有：安全性更高，提供双重保护；实现了网络层安全（包过滤）和应用层安全（代理服务），可操作性强。

缺点有：过滤路由器能否正确配置是安全与否的关键。如果路由器被损害，堡垒主机将被穿过，整个网络对侵袭者是开放的。

11.2.3　被屏蔽子网体系结构

被屏蔽子网体系结构是在屏蔽主机结构中再增加一层周边网络的安全机制，使得内网与外网之间有两层隔断。这是最安全的防火墙体系结构，该结构由两个包过滤路由器和一个堡垒主机构成。堡垒主机位于周边网络上，周边网络与内网、外网分别通过内部屏蔽路由器和外部屏蔽路由器来分开。被屏蔽子网体系结构如图 11-8 所示。

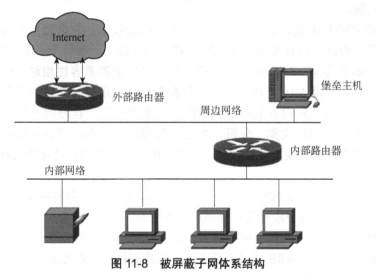

图 11-8　被屏蔽子网体系结构

相比屏蔽主机体系结构，被屏蔽子网体系结构多了一层防护体系就是周边网络，这个周边网络也称为"停火区"或"非军事区"（DeMilitarised Zone，DMZ），DMZ 区域相当于介于外网和内网之间的一个防护层，而其中用于放置堡垒主机或向外网提供服务的应用服务器，比如 Web、邮件服务器等。

在被屏蔽子网体系结构中，严格禁止通过周边网络直接进行信息传输，其工作机制如下：

● 外网路由器负责管理外网到周边网络的访问，而周边网络只允许外网访问堡垒主机和应用服务器。

● 不允许外网访问内网，内部路由器可以保护内网不受外网和周边网络侵害。

● 内部路由器只允许内网访问堡垒主机，然后通过堡垒主机的代理服务器来访问外网。

● 外部路由器在周边网络向外网的方向只接受由堡垒主机向外网的连接请求。

被屏蔽子网体系结构的优点有：

● 堡垒主机位于周边网络，入侵者即便是控制堡垒主机也不能直接侵袭内网。

- 入侵者控制了堡垒主机，只能侦听到堡垒主机上的会话。
- 内部过滤路由器会阻止内网中的广播包流入周边网络。

11.3　商用防火墙

目前市面上的防火墙主要有硬件防火墙和软件防火墙两大类，其中硬件防火墙比较知名的厂商主要有天融信、联想网御、启明星辰、Cisco、绿盟、网御神州、华为等。硬件防火墙主要面向的是企业级用户。而软件防火墙主要的服务对象是普通用户，比较常用的防火墙包括瑞星个人防火墙、诺顿防火墙、金山网盾防火墙、风云防火墙等。

1. 瑞星个人防火墙的简介

瑞星个人防火墙是为解决网络上黑客攻击问题而研制的个人信息安全产品，具有完备的规则设置，能有效监控任何网络连接，不仅可以在网络边界处对网络数据进行过滤，最大限度地抵御黑客的网络攻击威胁，并且还能有效拦截钓鱼网站，保护个人隐私信息。同时，防火墙还能帮助用户解决上网过程中遇到的诸如智能反钓鱼、广告拦截、家长控制、网速控制、防蹭网等网络问题。

瑞星个人防火墙 V16 是目前最新的瑞星个人防火墙版本，它是瑞星公司推出的永久免费个人安全产品，用户可以直接从瑞星官网下载安装并使用。瑞星个人防火墙 V16 支持 64 位操作系统，全面兼容 Windows10 操作系统，其产品性能和兼容性相对以往版本有了明显的提升。瑞星个人防火墙 V16 新增了"智能拦截"功能，用户无须任何设置就能远离黑客入侵及病毒攻击等威胁。针对互联网上大量出现的恶意病毒、挂马网站等，瑞星防火墙的"智能云安全"系统可自动收集、分析、处理，阻截木马攻击、黑客入侵及网络诈骗，为用户上网提供智能化的整体安全解决方案。当然，用户也可以自己设置防火墙规则，进一步提升防护能力。

瑞星个人防火墙 V16 还大规模升级了恶意网址库，增强了超强智能反钓鱼功能，能利用网址识别和网页行为分析的手段有效拦截恶意钓鱼网站。同时，瑞星个人防火墙 V16 还拥有智能 ARP 防护功能，可以检测局域网内的 ARP 攻击及攻击源，针对出站、入站的 ARP 进行检测，并且能够检测可疑的 ARP 请求，分别对各种攻击标示严重等级，方便企业 IT 人员快速准确地解决网络安全隐患。

总之，瑞星个人防火墙 V16 不仅能帮助用户免受网络攻击，在保护用户个人隐私信息、网上银行账号密码和网络支付账号密码安全方面也增强不少，并且还优化了"智能反钓鱼""广告过滤""家长保护"等功能，增加了更多实用价值，提升了用户体验，为用户营造了更加智能、安全、绿色的上网环境。

2. 瑞星个人防火墙的使用

（1）主界面。瑞星个人防火墙主界面如图 11-9 所示。

标签页：位于主界面上部，包括"首页""网络安全""家长控制""防火墙规则""小工具""安全资汛"6 个标签。

瑞星个人防火墙的主界面中心区列出了 4 个功能开关，分别是"拦截钓鱼欺诈网站""拦截木马网页""拦截网络入侵""拦截恶意下载"。

图 11-9　瑞星个人防火墙主界面

安全状态：显示当前计算机的安全等级。当计算机安全状态是"高危"或"风险"时，可以单击主程序"立即修复"按钮来修复高危状态设置。

流量图：位于主界面下方，可观测到本计算机的实时流量变化。

云安全状态：显示当前计算机的云安全的状态。

（2）网络安全。单击"网络安全"按钮，进入"网络安全"标签页，网络安全设置包括"安全上网防护"和"严防黑客"两部分内容，根据需要，单击每一行防护措施右侧的"已开启"或"已关闭"按钮，从而开启或关闭相关防护。网络安全界面如图 11-10 所示。

图 11-10　网络安全界面

（3）家长控制。家长控制功能可以防止孩子沉迷网络，使孩子远离网络侵害，防止不良页面对未成年人的侵害。单击"家长控制"按钮，弹出"家长控制"标签页，首先开启此项功能，然后设置孩子上网的"生效时段"，勾选相应的"上网策略"，如勾选"禁止玩网络游戏"等。可为此项功能设置密码，防止孩子随意进入更改设置。家长还可以自行制订网络访问策略，禁止运行某些联网程序，更好地控制网页浏览及下载行为，如图 11-11 所示。

图 11-11　家长控制功能

（4）防火墙规则。该部分主要针对应用程序、IP 地址以及端口号按照安全规则进行数据包过滤。

单击"防火墙规则"按钮，进入"联网程序规则"标签页，联网程序用于展示联网进程的状态，包括：程序名称、状态、模块数、路径。双击程序的名称，弹出"应用程序访问规则设置"对话框，设置其"联网控制"为"放行"或"阻止"。联网程序规则可对应用程序的网络行为进行监控，还可以通过增加、删除、导入和导出应用程序规则、模块规则，或者是修改选项中的内容，对程序、模块访问网络的行为进行监控，如图 11-12 所示。

图 11-12　防火墙规则

单击"IP 规则"标签页,可对 IP 包过滤规则进行设置与管理,如图 11-13 所示。单击"增加"按钮或选中某 IP 规则后单击"修改"按钮,弹出"编辑 IP 规则"对话框,如图 11-14 所示。输入通信的本地 IP 地址和远程 IP 地址,选择协议和端口号,并指定内容特征值或 TCP 标志,选择规则匹配成功后的报警方式,最后给本 IP 规则命名后单击"确定"按钮。

图 11-13　防火墙规则主界面

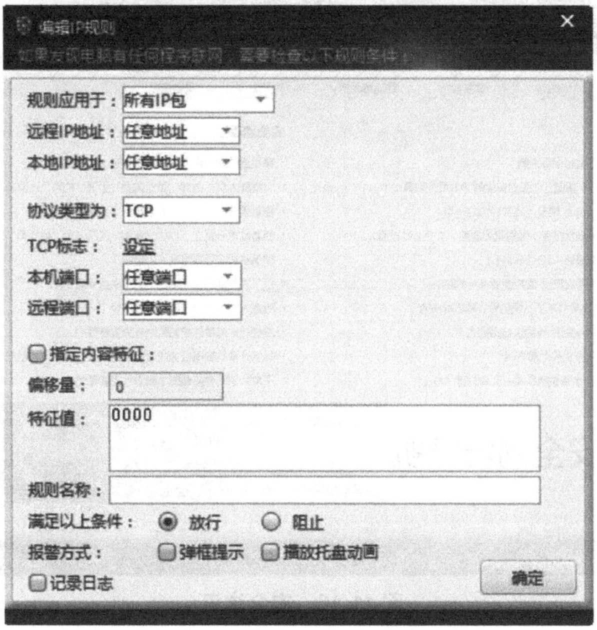

图 11-14　"编辑 IP 规则"对话框

(5)小工具。该部分主要提供一些实用的网络工具箱,支持流量统计、广告过滤、ADSL 优化、IP 自动切换、网速保护、共享管理等多种功能,为用户带来全面的功能体验,如图 11-15 所示。

图 11-15　实用工具

（6）安全资讯。安全资讯部分主要展示网络安全动态，普及网络安全知识和信息，提升用户网络安全防范意识，如图 11-16 所示。

图 11-16　安全资讯

3. 瑞星个人防火墙的应用案例

任务一：开启安全上网防护和严防黑客功能

打开瑞星个人防火墙页面→网络安全→开启"安全上网防护"和"严防黑客"各自栏目下的所有选项，如图 11-17 所示。

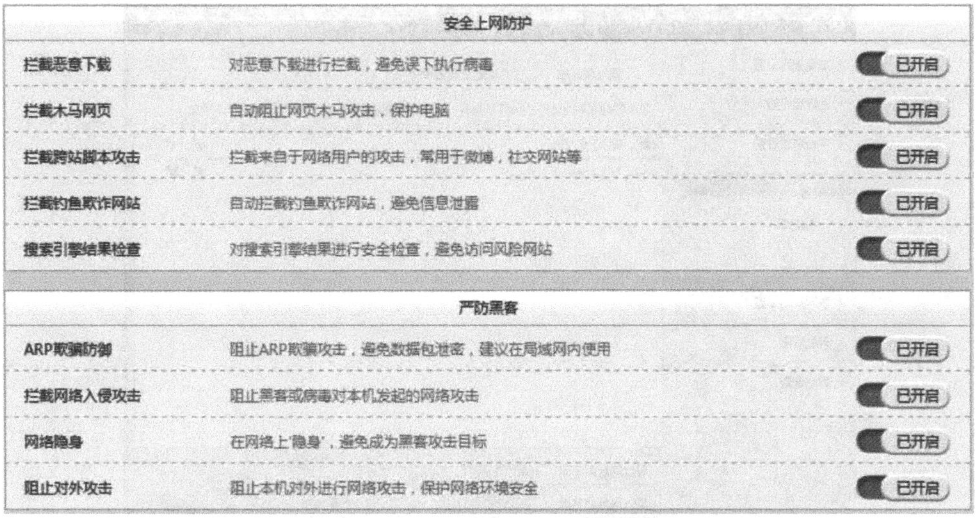

安全上网防护
拦截恶意下载
对恶意下载进行拦截，避免误下执行病毒
已开启
拦截木马网页
自动阻止网页木马攻击，保护电脑
已开启
拦截跨站脚本攻击
拦截来自于网络用户的攻击，常用于微博，社交网站等
已开启
拦截钓鱼欺诈网站
自动拦截钓鱼欺诈网站，避免信息泄露
已开启
搜索引擎结果检查
对搜索引擎结果进行安全检查，避免访问风险网站
已开启
严防黑客
ARP欺骗防御
阻止ARP欺骗攻击，避免数据包泄密，建议在局域网内使用
已开启
拦截网络入侵攻击
阻止黑客或病毒对本机发起的网络攻击
已开启
网络隐身
在网络上"隐身"，避免成为黑客攻击目标
已开启
阻止对外攻击
阻止本机对外进行网络攻击，保护网络环境安全
已开启

图 11-17　安全上网防护和严防黑客功能

任务二：禁止学生周一至周五晚上学习时间（19：00—23：00）玩网络游戏、看网页视频或小游戏。

打开瑞星个人防火墙页面→家长控制→添加“策略名称”、“生效时段”以及“上网策略”，然后单击“保存”按钮，如图 11-18 所示。

瑞星个人防火墙
永久免费
首页
网络安全
家长控制
防火墙规则
小工具
安全资讯
为使孩子远离网络侵害，家长控制功能将帮助您制订网络访问策略。
您尚未设置密码，请 设置密码
已开启
上网限制
策略名称 *
上网限制
生效时段 *
周一 周二 周三 周四 周五 周六 周日
全天 指定时间 19:00 到 23:00
上网策略 *
禁止使用下载工具
禁止玩网络游戏
禁止网页视频、小游戏
禁止网络聊天（如QQ、MSN等）
禁止使用播放器播放在线视频（如PPS、暴风影音等）
禁止访问含有指定敏感词的页面 敏感词
禁止运行自定义程序联网 自定义程序
添加策略

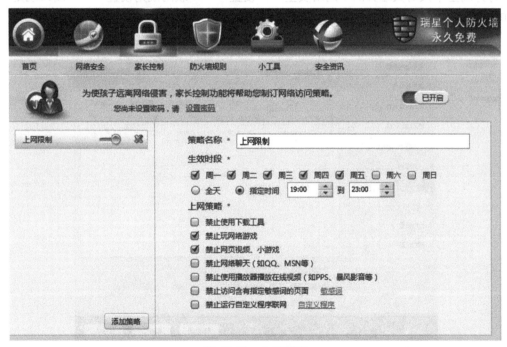

图 11-18　上网策略

任务三：禁止访问 www.163.com 网站

打开瑞星个人防火墙页面→网络安全→“设置”→“黑白名单设置”→“网址黑名单”→输入“www.163.com”→确定，如图 11-19 所示。

图 11-19　网址黑名单

任务四：关闭 TCP 139、445 安全风险端口

打开瑞星个人防火墙页面→网络安全→"设置"→"联网规则设置"→"端口规则"→添加关闭端口策略→确定，如图 11-20 所示。

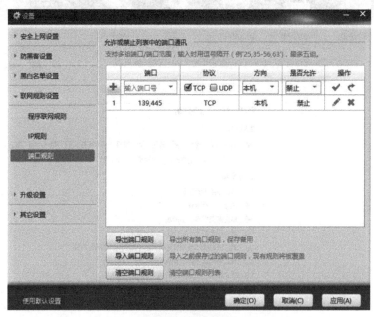

图 11-20　端口限制

11.4　入侵检测技术

网络系统安全是一个十分复杂的问题，它涉及技术、管理、应用等许多方面。随着网络

技术和黑客攻击技术的日新月异，网络系统暴露出来的漏洞也越来越多。而传统的防火墙是一种用来加强网络之间访问控制的特殊网络互联设备，通过对两个或多个网络之间传输的数据包和链接方式按照一定的安全策略进行检查来决定网络之间的通信是否被允许。它采用的是静态的安全防御技术，在复杂的网络结构下已经越来越不能满足现有系统对安全性的要求，网络安全需要纵深的、多层次的安全措施。而防火墙技术则存在着以下局限性：

- 入侵者可寻找防火墙背后可能敞开的后门；
- 不能阻止内部攻击；
- 通常不能提供实时的入侵检测能力；
- 不能主动跟踪入侵者；
- 不能对病毒进行有效防护。

在这个需求背景下，入侵检测技术乃至入侵防范便应运而生，它可以弥补防火墙的不足，为网络提供实时的监控，并结合其他的网络安全产品，在网络系统受到威胁之前对入侵行为做出实时反应。

11.4.1　入侵检测概述

入侵检测是用于检测任何损害或企图损害系统的保密性、完整性或可用性的一种网络安全技术。它通过监视受保护系统的状态和活动，采用误用检测或异常检测的方式，发现非授权的或恶意的系统及网络行为，为防范入侵行为提供有效的手段。入侵检测的目标是识别系统内部人员和外部入侵者的非法使用、滥用计算机系统的行为。

入侵检测的思想源于传统的系统审计，它以几乎不间断的方式进行安全检测，从而形成一个连续的检测过程。入侵检测是对传统安全产品（如防火墙）的合理补充，帮助系统应对非法或恶意攻击，增强了系统管理员的安全管理能力（包括安全审计、监视、进攻识别和响应），提高了网络安全基础结构的完整性。它从网络系统中的若干关键点收集信息，并分析这些信息，检测网络中是否有违反安全策略的行为和遭到袭击的迹象。入侵检测被认为是防火墙之后的第二道安全闸门，并且在不影响网络性能的情况下能对网络进行监测，从而提供对内部攻击、外部攻击和误操作的实时保护。这些都通过入侵检测系统执行以下任务来实现：

- 监视、分析用户及系统活动；
- 系统构造和弱点的审计；
- 识别反映已知进攻的活动模式并向系统管理员报警；
- 异常行为模式的统计分析；
- 评估重要系统和数据文件的完整性；
- 操作系统的审计跟踪管理，并识别用户违反安全策略的行为；
- 容错机制，即系统具有自我恢复的功能。

11.4.2　入侵检测系统的基本原理

入侵检测系统（Intrusion Detection System，IDS）就是执行入侵检测任务的硬件或软件产品。IDS 通过实时的分析，检测特定的攻击模式、系统配置、系统漏洞、存在缺陷的程序版本以及系统或用户的行为模式，监控与安全有关的活动。

入侵检测系统需要解决两个基本的问题：一是如何充分并可靠地提取描述行为特征的数据；二是如何根据特征数据，高效并准确地判定行为的性质。

对一个成功的入侵检测系统，它不但可以使系统管理员实时掌握网络系统（包括程序、文件和硬件设备等）的任何变更，还能为制订网络安全策略提供指南。同时，它应该易于管理和配置，从而使非专业人员非常容易地为系统提供安全保障。而且，入侵检测的规模还应根据网络威胁、系统构造和安全需求的改变而改变。入侵检测系统在发现入侵后，会及时做出响应，包括切断网络连接、记录事件和报警等。

由于网络环境和系统安全策略的差异，入侵检测系统在具体实现上也有所不同。从系统功能构成上看，入侵检测系统主要包括事件提取、入侵分析、入侵响应和事件记录四个功能元素，这四个元素构成了入侵检测事件的产生→分析→响应→记录的完整过程，如图 11-21 所示。

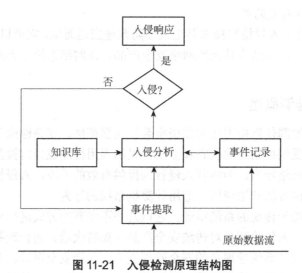

图 11-21　入侵检测原理结构图

1．事件提取

入侵检测的第一步是为系统收集信息，收集的内容包括系统、网络、数据及用户活动的状态和行为。入侵检测数据提取可来自以下四个方面：

- 系统和网络日志文件；
- 目录和文件中的异常变化；
- 程序执行中的异常行为；
- 物理形式的入侵信息。

入侵检测需要在网络系统中的若干不同关键点（不同网段和不同主机）收集信息，因为往往从一个源收集到的信息看不出疑点，需要尽可能地扩大检测范围。此外，入侵检测系统很大程度上依赖于收集信息的可靠性和正确性，并且还要保证系统检测软件的完整性和坚固性，防止检测软件被篡改而收集到错误的信息。

2．入侵分析

入侵分析的主要作用在于对数据进行深入分析，发现攻击并根据分析的结果产生事件，传递给入侵响应模块。入侵分析是整个入侵检测系统的核心模块，常用的技术手段主要有以下几种。

1）模式匹配

模式匹配就是将收集到的信息与已知的网络入侵和系统误用模式数据库进行比较，从而发现违背安全策略的行为。模式匹配方法是入侵检测领域中应用最为广泛的检测手段和机制之一，通常用于误用检测。

2）统计分析

统计分析方法首先给用户、文件、目录和设备等系统对象创建一个统计描述。

统计正常使用时的一些测量属性，测量属性的平均值将被用来与网络、系统的行为进行比较，任何观察值在正常值范围之外时，就认为可能有入侵发生。

3）完整性分析

完整性分析主要关注某个文件或对象是否被更改，其中包括文件和目录的内容及属性。在检测过程中，一旦发现某个应用程序或数据在完整性上出现异常，则认为可能有入侵行为发生。通常该方法在发现被更改的、被安装木马的应用程序方面特别有效。

3．入侵响应

入侵响应方式分为主动响应和被动响应。被动响应型系统只会发出报警通知，将发生的不正常情况报告给管理员，本身并不试图降低所造成的破坏，更不会主动地对攻击者采取反击行为。

主动响应系统可以分为对被攻击系统实施保护和对攻击系统实施反击的系统。

4．事件记录

事件记录主要以检测数据库的形式来体现，它是存放各种中间和最终数据的地方，它从事件提取或入侵分析部分接收数据，一般会将数据进行较长时间的保存。

11.4.3　入侵检测系统的分类

由于功能和体系结构的复杂性，入侵检测按照不同的标准有多种分类方法，可分别从检测对象、检测原理、系统结构以及检测时效四个方面来描述入侵检测系统的类型。

1．根据检测对象分类

入侵检测系统的对象有两个方面：系统审计数据和网络流。根据检测对象不同主要分为三类。

1）基于主机的入侵检测系统

基于主机的入侵检测系统（Host Intrusion Detection System，HIDS）通过监视和分析被保护主机上的审计日志来检查主机上是否发生入侵行为。该系统需要准确地定义哪些是不合法的行为，并将其转换成入侵检测规则。例如，当有文件发生变化时，HIDS 将新的记录条目与攻击标记相比较，看其是否匹配，如果匹配，系统就会向管理员报警。在 HIDS 中，对关键的系统文件和可执行文件的入侵检测是主要内容之一，通常进行定期检查校验和，以便发现异常变化。此外，大多数 HIDS 产品都监听端口的活动，在特定端口被访问时向管理员报警。

该系统的优点是能够精确判断入侵事件，并及时响应，误报率比较低，对网络流量不敏感，适用于加密和交换的环境。其缺点是过度依赖于主机本身的日志和监视能力，从而使入侵者设法逃避审计，同时会占用宝贵的主机资源，代价比较大。基于主机的入侵检测系统如图 11-22 所示。

HIDS 的主要特点如下：

① 监视特定的系统活动。HIDS 监视用户和访问文件的活动，包括文件访问、改变文件权限、试图建立新的可执行文件或者试图访问特殊的设备。

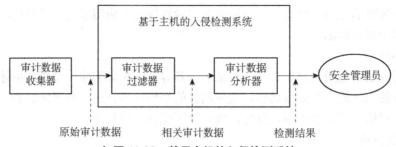

如图 11-22　基于主机的入侵检测系统

② 能够检查到基于网络的入侵检查系统检查不出的攻击。HIDS 可以检测到那些基于网络的入侵检测系统察觉不到的攻击。例如，来自主要服务器键盘的攻击不经过网络，所以可以躲开基于网络的入侵检测系统。

③ 适用于采用了数据加密和交换式连接的子网环境。由于 HIDS 安装在遍布子网的各种手机上，它们比基于网络的入侵检测系统更加适于交换式连接和进行了数据加密的环境。

④ 具有较高的实时性。尽管 HIDS 不能提供真正实时的反应，但如果应用正确，其反应速度可以非常接近实时。尽管在从操作系统做出记录到 HIDS 得到检测结果之间的这段时间有一段延迟。但大多数情况下，在破坏发生之前，系统就能发现入侵者，并中止它的攻击。

⑤ 不需增加额外的硬件设备。HIDS 存在于现行网络结构之中，包括文件服务器、Web 服务器及其他共享资源。这使得基于主机的系统效率很高。

2）基于网络的入侵检测系统

基于网络的入侵检测系统（Network Intrusion Detection System，NIDS）用原始的网络包作为数据源，它将网络数据中检测主机的网卡设为混杂模式，该主机实时接收和分析网络中流动的数据包，从而检测是否存在入侵行为。

NIDS 通常利用一个运行在随机模式下的网络适配器来实时检测并分析通过网络的所有通信业务。它的攻击辨识模块通常使用 4 种常用技术来标识攻击标志：模式、表达式或自己匹配；频率或穿越阀值；低级时间的相关性；统计学意义上的非常规现象检测。一旦检测到了攻击行为，NIDS 响应模块就提供多种选项以通知、报警并对攻击采取响应的反应，尤其适应于大规模网络的 NIDS 可扩展体系结构、知识处理过程和海量数据处理技术等。

该系统的优点是检测速度快、具有较好的隐蔽性、不容易遭到攻击、对主机资源消耗较少，还能够对网络提供通用的保护，缺点是只能够监听本网段的数据包，精确度较差，在交换网络环境的情况下难以配置。基于网络的入侵检测系统如图 11-23 所示。

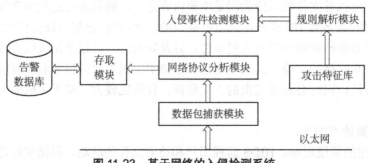

图 11-23　基于网络的入侵检测系统

NIDS 的主要特点如下：

① 不改变主机配置。NIDS 提供对网络通用的保护而无须顾忌主机的不同架构，因此对主机的影响很小。

② 主机资源消耗少。NIDS 不会在主机中安装额外的软件，因此对主机本身资源的消耗少，所以不会影响主机系统的性能。

③ 检测范围的局限性。NIDS 只检查与它直接相连的共享网段，而对其他网段则无法实现检测，因此在交换式以太网的环境下会出现监测范围的局限。此外，安装了多台 NIDS 的传感器会使整个系统运行的成本大大增加。

3）混合型入侵检测系统

混合型入侵检测系统是将上述两种系统的优点结合起来，相互补充，构成分布式的、面向大型网络的、协作式的入侵检测系统。

2. 根据检测原理分类

早期的观点，根据入侵行为的属性入侵检测系统分为异常检测与滥用监测两类，但随后出现的混合模型对异常和滥用都适用，如人工免疫方法、遗传算法、数据挖掘等。因此，入侵检测系统分为以下三类。

1）异常检测

异常检测观察的是通信过程中的异常现象，而不是已知的入侵行为，它通过检测系统的行为或使用情况的变化来实现的。在建立该模型之前，首先必须建立统计概率模型，明确所观察对象的正常情况，然后决定在何种程度上将一个行为标为"异常"，并针对其做出具体决策。

异常检测只能识别出那些与正常过程有较大偏差的行为，而无法知道具体的入侵情况。由于对各种网络环境的适应性不强，且缺乏精确的判定准则，异常检测经常会出现误警情况。

异常检测可以通过以下系统实现：

① 自学习系统。自学习系统通过学习事例构建正常行为模型，又可分为时序和非时序两种。

② 编程系统。该类系统需要通过编程学习如何检测确定的异常事件，从而让用户知道什么样的异常行为足以破坏系统的安全。编程系统可以再细分为描述统计和默认否认两种。

异常检测 IDS 分类如表 11-1 所示。

表 11-1　异常检测 IDS 分类

自学习型	非时序	规则建模	Wisdom & Sense
	时序	描述统计	IDES,NIDES EMERALD, Haystack
可编程型	描述统计	简单统计	MIADAS, NADIR, Hayhack
		基于简单规则	NSM
		门限	Computer Watch
	缺省否认	状态序列建模	DPEM, JANUS

2）滥用检测

滥用检测是以入侵过程模型及它在被观察系统中留下的踪迹来作为决策基础的。因此，可事先定义哪些特征的行为是非法的，然后将观察对象与之进行比较以做出判别。

滥用检测基于已知的系统缺陷和入侵模式，故又称特征检测。它能够准确地检测到某些特征的攻击，但却过度依赖事先定义好的安全策略，所以无法检测系统未知的攻击行为，从而产生漏警。

滥用检测通过对已知决策规则编程实现，可以分为以下 4 种。

① 状态建模：它将入侵行为表示成许多个不同的状态。如果在观察某个可疑行为期间，所有状态都存在，则判定为恶意入侵。状态建模从本质上来讲是时间序列模型，可以再细分为状态转换和 Petri 网，前者将入侵行为的所有状态形成一个简单的遍历链，后者将所有状态构成一个更广义的树形结构的 Petri 网。

② 专家系统：它可以在给定入侵行为描述规则的情况下，对系统的安全状态进行推理。一般情况下，专家系统的检测能力强大，灵活性也很高，但计算成本较高，通常以降低执行速度为代价。

③ 串匹配：它通过对系统之间传输的或系统自身产生的文本进行字符串匹配实现。该方法灵活性欠差，但易于理解，目前有很多高效的算法，其执行速度很快。

④ 基于简单规则：类似于专家系统，但相对简单一些，故执行速度快。

滥用检测 IDS 分类如表 11-2 所示。

表 11-2　滥用检测 IDS 分类

状态转换	状态转换	USTAT
	Petri 网	IDIOT
专家系统	NIDES EMERALD MIDAS DIDS	
串匹配	NSM	
基于简单规则的检测方法	NADIR ASAX Bro JiNao Haystack	

3）混合检测

近年来，混合检测的应用越来越普及。这类检测在做出决策之前，既分析系统的正常行为，同时还观察可疑的入侵行为，所以判断更全面、准确、可靠。它通常根据系统的正常数据流背景来检测入侵行为，故而也有人称其为"启发式特征检测"。它并不为不同的入侵行为分别建立模型，而是首先通过大量的事例学习什么是入侵行为以及什么是系统的正常行为，发现描述系统特征的一致使用模式，然后再形成对异常和滥用都适用的检测模型。

3. 根据系统结构分类

按照体系结构，入侵检测系统可分为集中式、等级式和协作式三种。

1）集中式入侵检测系统

这种结构的入侵检测系统有多个分布于不同主机上的审计程序，但只有一个中央入侵检测服务器。审计程序把当地收集到的数据踪迹发送给中央服务器进行分析处理。但这种结构的入侵检测系统在可伸缩性、可配置性方面存在致命缺陷：第一，随着网络规模的增加，主机审计程序和服务器之间传送的数据量就会骤增，导致网络性能大大降低，并且还会造成漏检；第二，系统安全性脆弱，一旦中央服务器出现故障，整个系统就会陷入瘫痪；第三，根据各个主机不同需求配置服务器也非常复杂。

2）等级式入侵检测系统

这种结构是用来监控大型网络的，定义了若干个分等级的监控区，每个入侵检测系统负责一个区，每级入侵检测系统只负责所监控区的分析，然后将当地的分析结果传送给上一级入侵检测系统。这种结构仍存两个问题：第一，当网络拓扑结构改变时，区域分析结果的汇总机制也需要做相应的调整；第二，这种结构的入侵检测系统最后还是要把各地收集到的结果传送到最高级的检测服务器进行全局分析，所以系统的安全性并没有实质性的改进。

3）协作式入侵检测系统

这种结构是将中央检测服务器的任务分配给多个基于主机的入侵检测系统，这些入侵检测系统不分等级，各司其职，负责监控当地主机的某些活动。所以，在这种结构下，入侵检测系统不仅可以检测到针对单独主机的入侵，同时也可以检测到针对整个网段主机的入侵，其可伸缩性、安全性都得到了显著的提高。但这种结构的维护成本却高了很多，并且增加了所有监控主机的工作负荷，如通信机制、审计开销、踪迹分析等。协作式入侵检测系统是现代入侵检测系统主要发展方向之一，它能够在数据收集、入侵分析和自动响应方面最大限度地发挥系统资源的优势，其设计模型具有很大的灵活性。

4．根据检测时效分类

入侵检测系统在处理数据的时候可以采用实时在线检测方式，也可以采用批处理方式，定时对处理原始数据进行离线检测。

1）离线检测方式

离线检测系统是一种非实时工作的系统。在事件发生后分析审计事件，从中检查入侵事件。这类系统的成本比较低，可以分析大量事件，调查长期的情况，有利于用其他方法建立模型。但由于是在事后进行，不能对系统提供及时的保护，而且很多入侵事件在完成后都将审计事件删除，使其无法审计。离线检测方式的工作机制如图 11-24 所示。

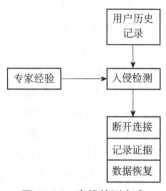

图 11-24　离线检测方式

2）在线检测方式

在线检测系统对网络数据包或主机的审计事件进行实时分析，可以实现快速反应，从而保护系统的安全。但在系统规模较大的时候，该系统难以保证实时性。在线检测方式的工作机制如图 11-25 所示。

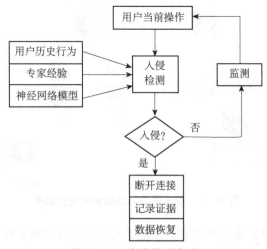

图 11-25　在线检测方式

11.4.4 入侵检测系统的部署

1. 部署入侵检测系统的目标

针对不同的网络构建应用可能需要使用不同的规则配置，因此用户在配置入侵检测系统前应先明确自己的目标，需要从以下两个方面进行考虑。

（1）明确网络拓扑需求和安全策略。

● 分析网络拓扑图结构，确定监测网络的类型；

● 确定监测网络的范围和位置；

● 确定监测流量的类型；

● 分析关键网络组建、网络大小和复杂度；

● 确定监测的安全需求。

（2）管理需求。

● 是否限制 Telnet、SSH、HTTP、HTTPS 等服务管理访问；

● 加强远程登录的安全认证机制。

2. 确定监测内容

（1）选择监测的网络区域。在小型网络结构中，如果内部网络是可以信任的，那么只需要监测内部网络和外部网络的边界流量。

（2）选择监测数据包的类型。入侵检测系统可事先对攻击报文进行协议分析，从中提取 IP、TCP、UDP、ICMP 等协议头信息和应用载荷数据的特征，并且构建特征匹配规则，然后根据需求使用特征匹配规则对侦听到的网络流量进行检测。

（3）根据网络数据包的内容进行检测。利用字符串模式匹配技术对网络数据包的内容进行匹配来检测多种方式的攻击和探测，如缓冲区溢出、SMB 检测、操作系统类型探测等。

3. 入侵检测系统的部署

（1）基于网络入侵检测系统的部署。入侵检测的部署点可以划分为 4 个位置：DMZ 区、外网入口、内网主干、关键子网，如图 11-26 所示。

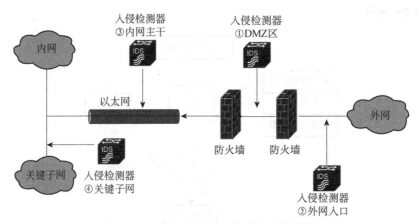

图 11-26　基于网络入侵检测系统的部署

（2）基于主机入侵检测系统的部署。在基于网络的入侵检测系统部署并配置完成后，基于主机的入侵检测系统的部署可以给系统提供高级别的保护。但是，将基于主机的入侵检测系统安装在企业中的每个主机上是一种相当大的时间和资金的浪费，同时每台主机都需要根据自身的情况进行特别的安装和设置，相关的日志和升级维护是巨大的。

因此，基于主机的入侵检测系统主要安装在关键主机上，这样可以减少规划部署的花费，使管理的精力集中在最需要保护的主机上。同时，为了便于对基于主机的入侵检测系统的检测结果进行及时检查，需要对系统产生的日志进行集中。通过进行集中的分析、整理和显示，可以大大减少对网络安全系统日常维护的复杂性和难度。由于基于主机的入侵检测系统本身需要占用服务器的计算和存储资源，因此，要根据服务器本身的空闲负载能力选取不同类型的入侵检测系统并进行专门的配置。

（3）报警策略。入侵检测系统在检测到入侵行为时，需要报警并进行相应的反应。如何报警和选取什么样的报警，需要根据整个网络的环境和安全的需求进行确定。

网络安全需求不同，入侵检测报警也就存在不同的方式。如对于一般性服务的企业，报警主要集中在已知的有威胁的攻击行为上。关键性服务企业则需要将尽可能多的报警进行记录并对部分认定的报警进行实时的反馈。

第12章　信息操作系统安全

知识导读

　　随着信息技术的发展，信息操作系统安全逐渐被人们所重视。信息操作系统安全是保障信息安全的关键，包括操作系统安全、数据库安全、软件系统安全和信息系统安全等，只要有安全漏洞，就会威胁信息安全，要保障信息操作系统安全、稳定、连续可靠地运行，就需要全面了解并掌握信息操作系统的相关攻击技术和安全防范。

　　本章重点介绍访问控制及其分类、操作系统安全、数据库安全和软件系统安全及信息系统安全，使用学生了解访问控制的基本概念及分类，掌握操作系统安全机制和攻击技术，了解数据库安全技术，掌握数据库攻击技术及安全防范，了解开发安全的程序流程，了解数据的加密存储，了解信息系统灾备技术，掌握软件系统攻击技术，掌握数据备份和恢复。

职业目标

学习目标：
- 理解访问控制的基本概念及分类
- 理解数据库安全技术
- 理解开发安全的程序流程
- 理解数据的加密存储
- 理解信息系统灾备技术

能力目标：
- 掌握操作系统安全攻击技术和安全防范
- 掌握数据库攻击技术及安全防范
- 掌握软件系统攻击技术
- 掌握数据备份和恢复

相关知识

12.1　访问控制

　　访问控制是信息安全防范和保护的主要策略，用于保证信息资源不被非法使用和访问。

访问控制主要功能是保证合法用户访问受权保护的网络资源，防止非法的主体进入受保护的网络资源，或防止合法用户对受保护的网络资源进行非授权的访问。

访问控制的内容包括认证、控制策略实现和安全审计。

认证：包括主体对客体的识别及客体对主体的检验确认。

控制策略：通过合理地设定控制规则集合，确保用户对信息资源在授权范围内的合法使用。既要确保授权用户的合理使用，又要防止非法用户侵权进入系统，使重要信息资源泄露。同时对合法用户，也不能越权行使权限以外的功能及访问范围。

安全审计：系统可以自动根据用户的访问权限，对计算机网络环境下的有关活动或行为进行系统的、独立的检查验证，并做出相应评价与审计。

12.1.1　访问控制基本概念

1. 访问控制的概念

访问控制（Access Control）指主体根据对用户身份及其所属的某项定义组来控制客体对某些项的访问或限制使用数据资源能力的技术。访问控制是系统保密性、完整性、可用性和合法使用性的重要基础，是网络安全防范和资源保护的关键策略之一。

访问控制包括三个要素：主体、客体和控制策略。

（1）主体（Subject）：是指提出访问资源具体请求的主动实体，是动作的发起者，但不一定是动作的执行者，即可以向应用系统发出应用请求的任何实体，包括各种用户、其他与本系统有接口的应用程序、非法入侵者。

（2）客体（Object）：是指接受其他实体访问的被动实体，所有可以被操作的信息、资源、对象都可以是客体，如文件、共享内存、管道等。在信息社会中，客体可以是信息、文件、记录等的集合体，也可以是网络上硬件设施、无限通信中的终端，甚至可以包含另外一个客体。

（3）控制策略（Attribution）：是主体对客体的相关访问规则集合，即属性集合，如访问矩阵、访问控制表等。访问策略体现了一种授权行为，也是客体对主体某些操作行为的默认。

2. 相关概念

构成访问控制的主要概念是权限、用户权利和对象审核。

（1）权限。权限定义了授予用户或组对某个对象或对象属性的访问类型，可以应用到任何受保护的对象，是对计算机系统中的数据或者用数据表示的其他资源进行访问的许可。

公用权限有：读取权限、修改权限、更改所有者、删除等权限。

对象的所有权：对象在创建时，默认有一个所有者指派给该对象。不管为对象设置什么权限，对象的所有者总是可以更改对象的权限。

权限的继承：是从父对象传播到对象的权限。默认情况下，容器中的对象在创建对象时从该容器中继承权限。继承权限可以减轻管理权限的任务，并且确保给定容器内所有对象之间的权限一致性，使得管理员易于指派和管理权限。

（2）用户权利。用户权利授予计算环境中的用户和组特定的特权和登录权利。

（3）对象审核。对象审核可以审核用户对对象的访问情况。可以使用事件查看器在安全日志中查看这些与安全相关的事件。

12.1.2 自主访问控制

1. 概念

自主访问控制（DAC）：由客体的属主对自己的客体进行管理，由属主自己决定是否将自己的客体访问权或部分访问权授予其他主体的一种访问控制机制。

2. 实现方式

系统将访问控制矩阵相应的信息以某种形式保存在系统中。访问控制矩阵的每行表示一个主体，每列表示一个受保护的客体，矩阵中的元素表示主体可对客体进行的访问模式。基于矩阵的行或列表达访问控制信息实现自主访问控制机制。基于访问控制矩阵，一般分为两种。

（1）基于行的自主访问控制机制。基于行的自主访问控制机制在每个主体上都附加一个该主体可访问的客体的明细表，根据表中信息的不同又可分成以下三种形式，即能力表、前缀表和口令。

能力表：能力决定用户是否可以对客体进行访问以及进行何种模式的访问（读、写和执行），拥有相应能力的主体可以按照给定的模式访问客体。在系统的最高层上，即与用户和文件相联系的位置，对于每个用户，系统有一个能力表。要采用硬件、软件或加密技术对系统的能力表进行保护，防止非法修改。

前缀表：对每个主体赋予的前缀表，包括受保护客体名和主体对它的访问权限。当主体要访问某客体时，自主访问控制机制将检查主体的前缀是否具有它所请求的访问权。

口令：每个客体都相应地有一个口令，主体在对客体进行访问前，必须向操作系统提供该客体的口令。系统一般允许对每个客体分配一个口令或者对每个客体的每种访问模式分配一个口令。一般来说，一个客体至少需要两个口令，一个用于控制读，一个用于控制写。

（2）基于列的自主访问控制机制。基于列的自主访问控制机制，在每个客体上都附加一个可访问它的主体的明细表，它有两种形式，即保护位和访问控制表（Access Control List，ACL）。

保护位：对所有主体、主体组以及客体的拥有者指明一个访问模式集合。

访问控制表：在每个客体上都附加一个主体明细表，表示访问控制矩阵。表中的每一项都包括主体的身份和主体对该客体的访问权限。

12.1.3 强制访问控制

1. 概念

强制访问控制（MAC）：是由操作系统自动地或系统管理员人为地对客体按照规定的安全策略与规则控制用户的权限及操作对象的访问。

在强制访问控制中，系统对主体与客体都分配一个特殊的一般不能更改的安全属性，系统通过比较主体与客体的安全属性来决定一个主体是否能够访问某个客体。此外，强制访问控制还可以阻止某个进程生成共享文件并通过这个共享文件向其他进程传递信息。

强制访问控制可通过使用敏感标签对所有用户和资源强制执行安全策略，一般采用限制访问控制、过程控制、系统限制三种方法来实现。

2. 强制访问控制的特点与原理

强制访问控制的特点主要有：

（1）将主体和客体分级，根据主体和客体的级别标记来决定访问模式。

（2）其访问控制关系分为：下写/上读，下读/上写（完整性）（保密性）。

（3）通过梯度安全标签实现单向信息流通模式。

（4）强耦合，集中式授权。

强制访问控制的基本原理是在强制访问控制下，用户（或其他主体）与文件（或其他客体）都被标记了固定的安全属性（如安全级、访问权限等），在每次访问发生时，系统检测安全属性以便确定一个用户是否有权访问该文件。

3. 安全模型

安全模型用于精确和形式地描述信息系统的安全特征，以及用于解释系统安全相关行为的理由。

所在主体（用户、进程）和客体（文件、数据）都被分配了安全标签，安全标签标识一个安全等级。强制访问控制的安全级别有多种定义方式，常用的分为 4 级：绝密级（Top Secret）、秘密级（Secret）、机密级（Confidential）和非保密级（Unclassified），其中 T>S>C>U。

系统根据主体和客体的敏感标记来决定访问模式，主要包括：

- 下读（Read down）：用户级别大于文件级别的读操作；
- 上写（Write up）：用户级别小于文件级别的写操作；
- 下写（Write down）：用户级别等于文件级别的写操作；
- 上读（Read up）：用户级别小于文件级别的读操作。

依据访问控制关系的不同，国内外安全界开发了多种安全模型，其中最为著名的是 Bell-Lapadula 模型和 Biba 模型。

（1）Bell-Lapadula 模型。Bell-Lapadula 是 20 世纪 70 年代，美国军方提出的用于解决分时系统的信息安全和保密问题，该模型主要用于防止保密信息被未授权的主体访问。

Bell-Lapadula 安全模型的访问规则是利用不上读/不下写来保证数据的保密性，如图 12-1 所示，即不允许低信任级别的用户读高敏感度的信息，也不允许高敏感度的信息写入低敏感度区域，禁止信息从高级别流向低级别。强制访问控制通过这种梯度安全标签实现信息的单向流通。实现该模型后，它能保证信息不被非授权主体所访问。

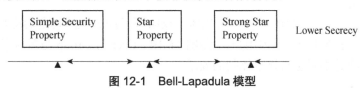

图 12-1　Bell-Lapadula 模型

该模型的缺点是只定义了主体对客体的访问，未说明主体对主体的访问，因此无法应用于网络，不能很好应对隐蔽通道问题。

（2）Biba 模型。Biba 模型是在 Bell-lapadula 模型之后的 1977 由 K.J.Biba 提出的，它跟 Bell-lapadula 模型很相似，被用于解决应用程序数据的完整性问题。Biba 安全模型的访问规则是利用不下读/不上写来保证数据的完整性，如图 12-2 所示。

图 12-2 Biba 模型

该模型的缺点是 Biba 定义的完整性只是一个相对的，而不是绝对的度量；没有使用明确的属性来判断系统是否拥有完整性；没有关于明确的信息分级的标准。

4. 自主访问控制与强制访问控制的区别与联系

在自主访问控制下，用户可以对其创建的文件、数据表等进行访问，并可自主地将访问权授予其他用户；在强制访问控制下，系统对需要保护的信息资源进行统一的强制性控制，按照预先设定的规则控制用户、进程等主体对信息资源的访问行为。通过自主访问控制与强制访问控制的协同运作，安全操作系统的访问控制机制可以同时保障系统及系统上应用的安全性与易用性。

12.1.4 基于角色的访问控制

1. 基本概念

基于角色的访问控制（Role Based Access Control，RBAC）是用于控制用户对角色的任务的访问的安全控制模型，实施面向企业安全策略的一种有效的访问控制方式。

RBAC 认为权限授权实际上是 Who、What、How 的问题。Who、What、How 构成了访问权限三元组，也就是"Who 对 What（Which）进行 How 的操作"。

Who：权限的拥用者或主体（如 Principal、User、Group、Role、Actor 等）。

What：权限针对的对象或资源（Resource、Class）。

How：具体的权限（Privilege，正向授权与负向授权）。

Operator：操作，表明对 What 的 How 操作。

Role：角色，一定数量的权限的集合，是权限分配的单位与载体，目的是隔离 User 与 Privilege 的逻辑关系.

Group：用户组，权限分配的单位与载体。权限不考虑分配给特定的用户而给组。组可以包括组，也可以包含用户，组内用户继承组的权限。User 与 Group 是多对多的关系。Group 可以层次化，以满足不同层级权限控制的要求。

2. RBAC的基本思想

基于角色的访问控制（RBAC）的基本思想是，在用户和访问权限之间引入角色的概念，将用户和角色联系起来，通过对角色的授权来控制用户对系统资源的访问。每种角色对应一组相应的权限，一旦用户被分配了适当的角色后，该用户就拥有此角色的所有操作权限。

3. 特征与安全原则

RBAC 是目前国际上流行的先进的安全管理控制方法，具有两个特征：

（1）由于角色/权限之间的变化比角色/用户关系之间的变化相对要慢得多，从而减小授权管理的复杂性，降低管理开销；

（2）灵活地支持企业的安全策略，并对企业变化有很大的伸缩性。

RBAC 支持三个著名的安全原则：最小权限原则、责任分离原则和数据抽象原则，这些原则必须通过 RBAC 各部件的详细配置才能得以体现。

（1）最小权限原则之所以被 RBAC 所支持，是因为 RBAC 可以将其角色配置成其完成任务所需要的最小的权限集。

（2）责任分离原则可以通过调用相互独立互斥的角色共同完成敏感的任务来体现。

（3）数据抽象可以通过权限的抽象来体现，而不用操作系统提供的典型的读、写、执行权限。

4. RBAC参考模型

RBAC 模型是在 20 世纪 70 年代被提出，90 年代中后期得到重视，先后提出了许多类型的 RBAC 模型，我国的 GB/T 25062—2010《信息安全技术　鉴别与授权　基于角色的访问控制模型与管理规范》的国家标准中规定了 RBAC 参考模型通过四个 RBAC 模型组件来进行定义：核心 RBAC、角色层次 RBAC、静态职责分离关系、动态职责分离关系。

（1）核心 RBAC。基本模型 RBAC 定义了能够完整地实现一个 RBAC 系统所必需的元素、元素集和关系的最小集合，其中包括最基本的用户/角色分配和权限/角色分配关系。核心 RBAC 由四部分构成：

① 用户（User）：人、机器、网络、自主智能代理等，进行资源或服务访问的实施主体。

② 角色（Role）：组织上下文中的一个工作职能，被授予角色的用户将具有相应的权威和责任。

③ 会话（Session）：从用户到该用户的角色集的某个激活角色子集的映射。

④ 许可（Pemission）：允许对一个或多个客体执行的操作。其中许可又包括"操作"和"控制对象"。许可被赋予角色，而不是用户，当一个角色被指定给一个用户时，此用户就拥有了该角色所包含的许可。

一个用户可经授权而拥有多个角色，一个角色可由多个用户构成；每个角色可拥有多种许可，每个许可也可授权给多个不同的角色。每个操作可施加于多个客体（受控对象），每个客体也可以接受多个操作。

用户分配关系（UA）和权限分配关系（PA）如图 12-3 所示。

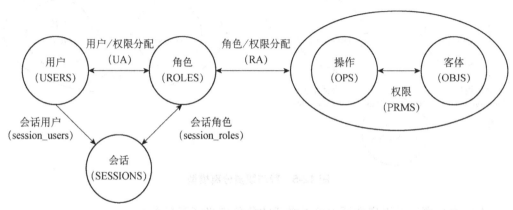

图 12-3　核心 RBAC

（2）角色层次 RBAC。角色层次 RBAC 组件支持角色层次，如图 12-4 所示。角色层次通常被作为 RBAC 模型的重要部分，可以有效地反映组织内权威和责任的结构。在角色中引入了继承的概念，有了继承角色就有了上下级或者等级关系。

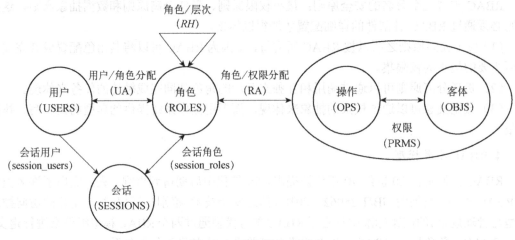

图 12-4　角色层次 RBAC

（3）约束 RBAC。作为一个完整的安全模型，约束机制是非常重要的性能。带约束的 RBAC 模型增加了职责分离关系，主要有两种：静态职责分离 SSD（Static Separation of Duty）和动态职责分离 DSD（Dynamic Separation of Duty）。

静态职责分离针对用户/用户角色分配定义了角色间的互斥关系，也就是说如果一个用户指派给一个角色，那么它将被禁止指派给与这一角色存在互斥关系的任何角色。

SSD 是用户和角色的指派阶段加入的，主要是对用户和角色有如下约束。

①互斥角色：同一个用户在两个互斥角色中只能选择一个。

②基数约束：一个用户拥有的角色是有限的，一个角色拥有的许可也是有限的。

③先决条件约束：用户想要获得高级角色，首先必须拥有低级角色。

静态职责分离模型如图 12-5 所示。

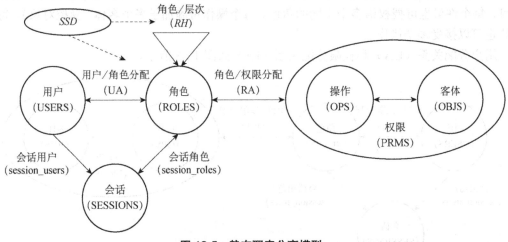

图 12-5　静态职责分离模型

动态职责分离针对用户会话中可以激活的角色定义了互斥关系。

DSD 是会话和角色之间的约束，可以动态的约束用户拥有的角色，使用户可以在不同的时间拥有不同的权限，如一个用户可以拥有两个角色，但是运行时只能激活一个角色。动态职责分离模型如图 12-6 所示。

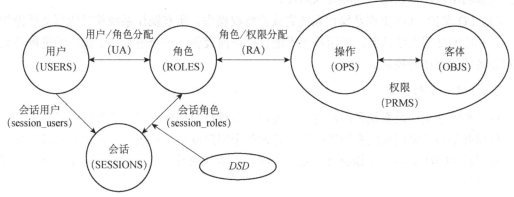

图 12-6　动态职责分离模型

12.2　操作系统安全

12.2.1　操作系统安全机制

为了实现安全体系结构中五大类安全服务，GB/T 9387.2—1995 制定了八种基本安全机制：加密机制（Encipherment Mechanisms）、数字签名机制（Digital Signature Mechanisms）、访问控制机制（Access Control Mechanisms）、数据完整性机制（Data Integrity Mechanisms）、认证交换机制（Authentication Mechanisms）、通信业务填充机制（Traffic Padding Mechanisms）、路由控制机制（Routing Control Mechanisms）、公证机制（Notarization Mechanisms）。

操作系统是连接硬件与其他应用软件之间的桥梁。计算机操作系统安全机制可以防止对计算机系统本地资源和网络资源的非法访问，提供的安全机制主要有硬件安全机制、标识与鉴别、访问控制、最小特权管理、可信通路和安全审计等。

1．硬件安全机制

操作系统是在硬件体系结构的基础上考虑安全问题，必须与硬件安全机制相互配合，才能更好地保证其自身的可靠性和为系统提供基本的安全机制，这些基本的安全机制主要是存储保护、运行保护和 I/O 保护。

（1）存储保护。存储保护就是保护用户在存储器中的数据。保护单元为存储器中的最小数据范围，可为字、字块、页面或段。对于在内存中一次只能运行一个进程的操作系统，存储保护机制能防止用户程序对操作系统的影响；而允许多个进程同时执行的多任务操作系统还需要进一步要求存储保护机制对各个进程的存储空间进行相互隔离。

存储保护与存储器管理使紧密相联的，存储保护是负责保证系统各个任务之间互不干扰，存储器管理则是为了更有效地利用存储空间。操作系统常用界址、界限寄存器、重定位、特征们、分段分页和段页式机制等硬件保护机制进行存储器的安全保护。

（2）运行保护。存储器中的用户数据需要保护，运行中的用户数据也需要保护，避免其他用户进程的干扰和破坏。安全操作系统很重要的一点就是通过对于用户进程运行域进行分层设计，抽象为一个保护环的等级式结构来实现。运行域是进程运行的区域，最内层具有最小号码的环具有最高权限，最外层具有最大号码的环是最小的特权环。一般的系统不少于3～4个环。这种等级域机制保护某一环不被其外层侵入，并且允许在某一环内的进程能够有效地控制和利用该环以及低于该环特权的环。

（3）I/O保护。I/O操作是操作系统完成的特权操作，所有操作系统都对读写文件操作提供一个相应的高层系统调用，应用程序不能直接访问设备，一个进行I/O操作的进程必须受到对设备的读写访问控制。

2. 标识与鉴别机制

标识和鉴别是涉及系统和用户的一个过程，主要是控制外界对于系统的访问。

标识就是用户要向系统表明的身份，并为每个用户取一个系统可以识别的内部名称——用户标识符（UID）。用户标识符必须是唯一的和可辨认的且不能被伪造，防止一个用户冒充另一个用户。

鉴别就是对用户所宣称的身份标识的有效性进行校验和测试的过程，即将用户标识符与用户联系的过程。鉴别过程主要是用特定信息对用户身份、设备和其他实体的真实性进行确认，用于鉴别的信息是非公开的和难以仿造的，任何其他用户都不能拥有它。

以下三类信息用于用户标识与鉴别：

（1）用户知道的信息，如身份证号码、口令和密码等。

（2）用户拥有的物品，如智能卡和钥匙等。

（3）用户的生物特征，如指纹、面部特征扫描、语音和虹膜等。

利用其中的任何一类都可进行身份认证，但若能利用多类信息，或同时利用三类中的不同信息，会增强认证机制的有效性和强壮性。

3. 访问控制机制

操作系统的访问控制机制主要目的是借助访问控制机制来限制登录系统的用户及其进程对文件及系统设备的访问，不同的操作系统提供不同级别的访问控制功能。操作系统的访问控制机制主要有两类：自主访问控制（DAC）和强制访问控制（MAC）两种形式。

（1）自主访问控制：最常用的一类访问控制机制。在自主访问控制机制下，文件的拥有者可以按照自己的意愿精确制定系统中的其他用户对其文件的访问权。另外，自主也指对其他具有授予某种访问权力的用户能够自主地（可能是间接的）将访问权或访问权的某个子集授予另外的用户。

（2）强制访问控制：系统中的每个进程、文件、IPC（进程访问通信，包括消息队列、信号量集合和共享存储区）客体都被赋予了相应的安全属性，这些安全属性不能改变，由管理部门（如安全管理员）或由操作系统自动地按照严格的规则设置。当一进程访问一个客体时，调用MAC机制，根据进程的安全属性和访问方式，比较进程的安全属性和客体的安全属性，从而确定是否允许进程对客体的访问。

实际中常常将二者结合起来使用，用户使用自主访问控制访问其他用户非法入侵自己的文件，强制访问控制则作为更有力的安全保护方式，使用户不能通过意外事件和有意识的误操作逃避安全控制。

4. 最小特权管理机制

最小特权是指要求赋予系统中每个使用者执行授权任务所需的限制性最强的一组特权，即最低许可。最小特权原则是系统安全中最基本的原则之一。最小特权原则一方面给予主体"必不可少"的特权，这就保证了所有的主体都能在所赋予的特权之下完成所需要完成的任务或操作；另一方面，它只给予主体"必不可少"的特权，这就限制了每个主体所能进行的操作。

最小特权管理的思想是系统不应给用户超过执行任务所需特权以外的特权，如将超级用户的特权划分为一组细粒度的特权，分别授予不同的系统操作员/管理员，使各种系统操作员/管理员只具有完成其任务所需的特权，从而减少由于特权用户口令丢失或错误软件、恶意软件、误操作所引起的损失。常见的最小特权管理机制有基于文件的特权机制和基于进程的特权机制两种。

5. 可信通路机制

可信通路是用户能够借以直接同可信计算基（TCB）通信的一种机制，它能够保证用户确定是和安全核心通信，还防止不可信进程如特洛伊木马等模拟系统的登录过程而窃取用户的口令。

可信计算基（Trusted Computing Base，TCB）是计算机系统内保护装置的总体，包括硬件、固件、软件和负责执行安全策略的组合体。它建立了一个基本的保护环境，并提供一个可信计算系统所要求的附加用户服务。通常所指的可信计算基是构成安全计算机信息系统的所有安全保护装置的组合体（通常称为安全子系统），以防止不可信主体的干扰和篡改。可信计算基由操作系统的安全内核、具有特权的程序和命令、处理敏感信息的程序、与 TCB 实施安全策略有关的文件、其他有关的固件和硬件及设备、负责系统管理的人员、保障固件和硬件正确的程序和诊断软件等 7 个部分组成。

6. 安全审计机制

安全审计就是对系统中有关安全的活动进行记录、检查及审核，其主要目的是检测和阻止非法用户对计算机系统的入侵，并显示合法用户的误操作。

安全审计机制是通过对日志的分析来完成的，主要作用有：

（1）能详细记录与系统安全有关的行为，并对这些行为进行分析，发现系统中的不安全因素，保障系统安全。

（2）能够为违反安全规则的行为或企图提供证据，帮助追查违规行为发生的地点、过程以及对应的主体。

（3）对于已受攻击的系统，可以提供信息帮助进行损失评估和系统恢复。

安全审计机制由日志记录器（收集数据——系统日志、应用程序日志、安全日志）、分析器（分析数据）和通告器（通报结果）组成。

12.2.2　操作系统攻击技术

因操作系统的结构和机制的不安全，使得攻击者对操作系统的攻击越来越频繁，采用的攻击技术和攻击手段也多种多样。操作系统攻击技术主要有：

1. 拒绝服务攻击

拒绝服务（DoS）攻击是指采取具有破坏性的方法阻塞目标网络资源，让目标计算机暂时或永久瘫痪，从而使系统无法为正常用户提供服务或资源访问。这些服务资源包括网络带宽、文件系统空间容量、开放的进程或者允许的连接。常见的 DoS 攻击手段有：ping of death（死亡之 ping）、Teardrop（泪滴）、UDP flood（UDP 洪水）、SYN flood（SYN 洪水）、IP Spoofing DoS（IP 欺骗 DoS 攻击）等。

（1）ping of death（死亡之 ping）。由于在早期的阶段，路由器对包的最大尺寸都有限制，许多操作系统对 TCP/IP 栈的实现在 ICMP 包上都规定为 64KB，并且在对包的标题头进行读取之后，要根据该标题头里包含的信息来为有效载荷生成缓冲区。当产生畸形的，声称自己的尺寸超过 ICMP 上限的包也就是加载的尺寸超过 64K 上限时，就会出现内存分配错误，导致 TCP/IP 堆栈崩溃，致使接受方宕机。ping of death 就是故意产生畸形的测试 ping 包，声称自己的尺寸超过 ICMP 上限，也就是加载的尺寸超过 64KB 上限，使未采取保护措施的网络系统出现内存分配错误，导致 TCP/IP 协议栈崩溃，最终接收方宕机。

（2）Teardrop（泪滴）。Teardrop 是基于 UDP 的病态分片数据包的攻击方法，其工作原理是向被攻击者发送多个分片的 IP 包（IP 分片数据包中包括该分片数据包属于哪个数据包以及在数据包中的位置等信息），某些操作系统收到含有重叠偏移的伪造分片数据包时将会出现系统崩溃、重启等现象。

（3）UDP flood（UDP 洪水）。UDP flood 攻击就是攻击者发送大量伪造源 IP 地址的小 UPD 包，不仅使被攻击主机所在的网络资源被耗尽（CPU 满负荷或内存不足），还会使被攻击主机忙于处理 UDP 数据包，而使系统崩溃。

（4）SYN flood（SYN 洪水）。利用服务器的连接缓冲区（Backlog Queue），利用特殊的程序，设置 TCP 的 Header，向服务器端不断地成倍发送只有 SYN 标志的 TCP 连接请求。当服务器接收的时候，都认为是没有建立起来的连接请求，于是为这些请求建立会话，排到缓冲区队列中。而对于某台服务器来说，可用的 TCP 连接是有限的，因为他们只有有限的内存缓冲区用于创建连接，如果这一缓冲区充满了虚假连接的初始信息，该服务器就会对接下来的连接停止响应，直至缓冲区里的连接企图超时。如果恶意攻击方快速连续地发送此类连接请求，该服务器可用的 TCP 连接队列将很快被阻塞，系统可用资源急剧减少，网络可用带宽迅速缩少，长此下去，除了少数幸运用户的请求可以插在大量虚假请求间得到应答外，服务器将无法给用户提供正常的合法服务。

（5）IP Spoofing DoS（IP 欺骗 DoS 攻击）。IP Spoofing DoS 攻击利用 TCP 协议栈的 RST 位来实现，使用 IP 欺骗迫使服务器把合法用户的连接复位，影响合法用户的连接。假设有一个合法用户（10.10.10.10）已经同服务器建了正常的连接，攻击者构造攻击的 TCP 数据，伪装自己的 IP 为 10.10.10.10，并向服务器发送一个带有 RST 位的 TCP 数据段。服务器接收到这样的数据后，认为从 10.10.10.10 发送的连接有错误，就会清空缓冲区中已建立好的连接。这时，合法用户 10.10.10.10 再发送合法数据，服务器就已经没有这样的连接了，该用户就被拒绝服务而只能重新开始建立新的连接。

2. 口令攻击

口令的作用就是向系统提供唯一标识个体身份的机制，只给个体所需信息的访问权，从而在达到保护敏感信息和个人隐私的作用。口令攻击就是获取用户口令，从而取得加密的信息。口令攻击的方式主要有社会工程学、字典攻击、强行攻击、混合攻击等。

3. 缓冲区溢出攻击

缓冲区溢出是指当计算机向缓冲区内填充数据位数时超过了缓冲区本身的容量，溢出的数据覆盖在合法数据上。操作系统所使用的缓冲区，又被称为"堆栈"，在各个操作进程之间，指令会被临时储存在"堆栈"当中，"堆栈"也会出现缓冲区溢出。

缓冲区溢出攻击是指通过往程序的缓冲区写超出其长度的内容，造成缓冲区的溢出，从而破坏程序的堆栈，使程序转而执行其他指令，以达到攻击的目的。

12.2.3 Windows 系统安全体系结构

1. 安全体系结构的含义

一个计算机系统（特别是安全操作系统）的安全体系结构，其含义主要包含如下 4 方面的内容：

（1）详细描述系统中安全相关的所有方面。这包括系统可能提供的所有安全服务及保护系统自身安全的所有安全措施，描述方式可以用自然语言，也可以用形式语言。

（2）在一定的抽象层次上描述各个安全相关模块之间的关系。这可以用逻辑框图来表达，主要用以在抽象层次上按满足安全需求的方式来描述系统关键元素之间的关系。

（3）提出指导设计的基本原理。根据系统设计的要求及工程设计的理论和方法，明确系统设计的各方面的基本原则。

（4）提出开发过程的基本框架及对应于该框架体系的层次结构。其描述确保系统忠实于安全需求的整个开发过程的所有方面。为达到此目的，安全体系总是按一定的层次结构进行描述。

安全体系结构只是一个概要设计，而不能是系统功能的描述。

2. 安全体系结构分类

美国国防部的"目标安全体系"（DoD Goal Security Architecture）中把安全体系划分为 4 种类型：

（1）抽象体系。抽象体系从描述需求开始，定义执行这些需求的功能函数。之后定义指导如何选用这些功能函数，以及如何把这些功能有机组织成为一个整体的原理及相关的基本概念。

（2）通用体系。通用体系的开发是基于抽象体系的决策来进行的。它定义了系统分量的通用类型及使用相关行业标准的情况，它也明确规定系统应用中必要的指导原则。通用安全体系是在已有的安全功能和相关安全服务配置的基础上，定义系统分量类型及可得到的实现这些安全功能的有关安全机制。

（3）逻辑体系。逻辑体系就是满足某个假设的需求集合的一个设计，它显示了把一个通用体系应用于具体环境时的基本情况。逻辑体系与特殊体系的仅有不同之处：特殊体系是使用系统的实际体系，而逻辑体系是假想的体系，是为理解或者其他目的而提出的。

（4）特殊体系。特殊安全体系要表达系统分量、接口、标准、性能和开销，它表明如何

图 12-7　Windows 系统安全架构

把所有被选择的信息安全分量和机制结合起来以满足我们正在考虑的特殊系统的安全需求。这里信息安全分量和机制包括基本原则及支持安全管理的分量等。

3. Windows 系统安全架构

Windows 的安全包括了 6 个主要的安全元素：Audit（审计）、Administration（管理）、Encryption（加密）、Access Control（权限控制），User Authentication（用户认证），Corporate Security Policy（安全策略）。Windows 系统采用金字塔型的安全架构，如图 12-7 所示。

（1）Windows 安全组件。对于 Windows 系统来讲，系统的安全性主要体现在系统的组件的功能上。Windows 提供如下 5 个安全组件，保障了系统的安全性。

访问控制的判断（Discretionary Access Control）：允许对象所有者可以控制谁被允许访问该对象以及访问的方式。

对象重用（Object Reuse）：当资源（内存、磁盘等）被某应用访问时，Windows 禁止所有的系统应用访问该资源，这也就是为什么无法恢复已经被删除的文件的原因。

强制登录（Mandatory Log On）：要求所有的用户必须登录，通过认证后才可以访问系统资源。

审核（Auditing）：在控制用户访问资源的同时，也可以对这些访问作了相应的记录。

对象的访问控制（Control of Access to Object）：不允许直接访问系统的某些资源，必须是该资源允许被访问，然后用户或应用通过第一次认证后再访问。

（2）Windows 安全子系统。Windows 安全子系统包含以下 5 个关键的组件：

安全标识符（Security Identifiers）：就是我们经常说的 SID，每次当我们创建一个用户或一个组的时候，系统会分配给改用户或组一个唯一 SID，当你重新安装系统后，也会得到一个唯一的 SID。

SID 永远都是唯一的，由计算机名、当前时间、当前用户态线程的 CPU 耗费时间的总和 3 个参数决定以保证它的唯一性。例：S-1-5-21-1763234323-3212657521-1234321321-500

访问令牌（Access Tokens）：用户通过验证后，登录进程会给用户一个访问令牌，该令牌相当于用户访问系统资源的票证，当用户试图访问系统资源时，将访问令牌提供给 Windows 系统，然后 Windows 检查用户试图访问对象上的访问控制列表。如果用户被允许访问该对象，系统将会分配给用户适当的访问权限。访问令牌是用户在通过验证的时候有登录进程所提供的，所以改变用户的权限需要注销后重新登录，重新获取访问令牌。

安全描述符（Security Descriptors）：Windows 系统中的任何对象的属性都有安全描述符这部分，用来保存对象的安全配置。

访问控制列表（Access Control Lists）：访问控制列表有任意访问控制列表（Discretionary ACL）和系统访问控制列表（System ACL）两种。任意访问控制列表包含了用户和组的列表，以及相应的权限，允许或拒绝。每个用户或组在任意访问控制列表中都有特殊的权限。而系统访问控制列表是为审核服务的，包含了对象被访问的时间。

访问控制项（Access Control Entries）：包含了用户或组的 SID 以及对象的权限。访问控制项有两种：允许访问和拒绝访问。拒绝访问的级别高于允许访问。

Windows 安全子系统的具体内容如图 12-8 所示。

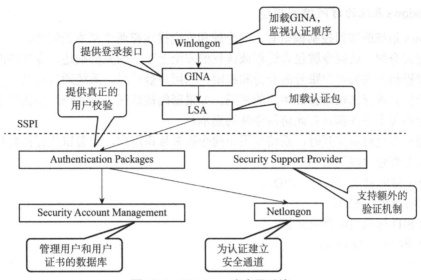

图 12-8　Windows 安全子系统

　　Winlogon and GINA 主要任务是 WinLogon 调用 GINA. DLL，并监视安全认证序列，而 GINA DLL 提供一个交互式的界面为用户登录提供认证请求；WinLogon 在注册表\HKLM\Software\Microsoft\WindowsNT\CurrentVersion\Winlogon，如果存在 GINA DLL 键，Winlogon 将使用这个 DLL，如果不存在该键，WinLogon 将使用默认值 MSGINA.DLL。

　　LSA（Local Security Authority，本地安全认证）的主要任务是调用所有的认证包，检查在注册表 HKLMSYSTEMCurrentControlSetControlLSA 下 AuthenticationPAckages 下的值，重新找回本地组的 SIDs 和用户的权限；创建用户的访问令牌；管理本地安装的服务所使用的服务账号；存储和映射用户权限；管理审核的策略和设置；管理信任关系。

　　SSPI（Security Support Provide Interface，安全支持提供者的接口）主要任务是微软的 Security Support Provide Interface，简单地遵循 RFC 2743 和 RFC 2744 的定义，提供一些安全服务的 API，为应用程序和服务提供请求安全的认证连接的方法。Authentication Package（认证包）可以为真实用户提供认证。通过 GINA. DLL 的可信认证后，认证包返回用户的 SIDs 给 LSA，然后将其放在用户的访问令牌中。

　　Security Support Provider（安全支持提供者）是以驱动的形式安装的，主要任务是能够实现一些附加的安全机制，默认情况下，Windows 安装了 MSNSSPC. DLL（微软网络挑战/反应认证模块）、MSAPSSPC. DLL（分布式密码认证挑战/反应模块）、SCHANNEL. DLL（该认证模块使用某些证书颁发机构提供的证书来进行验证）三种。

　　Netlogon（网络登录）服务必须在通过认证后建立一个安全的通道。要实现这个目标，必须通过安全通道与域中的域控制器建立连接，然后，再通过安全的通道传递用户的口令，在域的域控制器上响应请求后，重新取回用户的 SIDs 和用户权限。

　　Security Account Manager（安全账号管理者），也就是我们经常所说的 SAM，它是用来保存用户账号和口令的数据库，保存了注册表中 HKLMSecuritySam 中的一部分内容。不同的域有不同的 SAM，在域复制的过程中，SAM 包将会被复制。

12.2.4 Windows 系统的访问控制

1. Windows 系统的访问控制模型

Windows 系统的访问控制模型有访问令牌和安全描述符两个基本的组件。

（1）访问令牌。访问令牌包含进程或线程的安全上下文的完整描述。令牌中的信息包括与进程或线程相关联的用户账号的身份和权限。当用户登录时，系统通过将其与存储在安全数据库中的信息进行比较来验证用户的密码。如果密码被认证，则系统产生访问令牌，代表此用户执行的每个进程都具有此访问令牌的副本。

当线程与安全对象交互时，系统使用访问令牌来标识用户，或尝试执行需要权限的系统任务。访问令牌包含以下信息：

- 用户账号的安全标识符（SID）；
- 用户所属组的 SID；
- 登录 SID 标识当前登录会话；
- 用户或组的特权列表；
- 所有者 SID；
- 基本组的 SID；
- 当用户创建安全对象而不指定安全描述符时，系统使用的默认的自主访问控制列表；
- 访问令牌的来源；
- 令牌的类型，是一个主令牌还是一个模拟令牌；
- 限制 SID 的可选列表；
- 当前模拟级别；
- 其他策略。

每个进程都有一个主令牌来描述与进程关联的用户账号的安全上下文。默认情况下，当进程的线程与安全对象进行交互时，系统将使用主令牌。此外，线程可以模拟客户端账号，模拟允许线程使用客户端的安全上下文与安全对象进行交互。模拟客户端的线程具有主令牌和模拟令牌。

（2）安全描述符。一个安全描述符标识对象的所有者，还可以包含以下访问控制列表：

- 对象的所有者和主要组的安全标识符（SID）。
- 一个自主访问控制列表（DACL），指定允许或拒绝特定用户或组的访问权限。
- 一个系统访问控制列表（SACL），指定生成该对象的审核记录的访问尝试的类型。
- 组安全标识，用于限定安全描述符或其各个成员的含义。

其中，安全描述符中的每一个访问控制列表（ACL）都由访问控制项（ACEs）组成，用来描述用户或组对对象的访问或审计权限。ACEs 有三种类型：Access Allowed、Access Denied 和 System Audit，前两种用于自主访问控制，后一种用于记录安全日志。Windows API 提供了在对象的安全描述符中设置和检索安全信息的功能。

2. Windows 系统的访问控制过程

（1）当一个账号被创建时，Windows 系统为它分配一个 SID，并与其他账号信息一起存入 SAM 数据库。

（2）每次用户登录时，登录主机（通常为工作站）的系统首先把用户输入的用户名、口令和用户希望登录的服务器/域信息送给安全账号管理器，安全账号管理器将这些信息与

SAM 数据库中的信息进行比较，如果匹配，服务器发给工作站允许访问的信息，并返回用户的安全标识和用户所在组的安全标识，工作站系统为用户生成一个进程。服务器还要记录用户账号的特权、主目录位置、工作站参数等信息。

（3）本地安全授权机构为用户创建访问令牌，包括用户名、所在组、安全标识等信息。此后用户每新建一个进程，都将访问令牌复制作为该进程的访问令牌。

（4）当用户或者用户生成的进程要访问某个对象时，安全引用监视器将用户/进程的访问令牌中的 SID 与对象安全描述符中的自主访问控制表进行比较，从而决定用户是否有权访问对象。

Windows 系统中共享对象的访问权限是由对象所有者决定的，共享资源的访问权限有完全控制、读取、更改和拒绝访问四种；而本地资源的访问权限则有完全控制、修改、读取及运行、列出文件夹目录、读取、写入共六种，每种权限都可设置为允许或拒绝。

12.2.5　Windows 活动目录与组策略

活动目录（Active Directory）是 Windows Server 系统平台的中心组件之一，是一个分布式的目录服务，用于存储与网络资源有关的信息，并将结构化数据存储作为目录信息逻辑和分层组织的基础，以便于管理员或用户能够轻松地查找和管理这些信息。

活动目录的基本结构块是对象，这是一个代表网络资源的已命名特定属性集。对象属性是目录中对象的特征。对象也可以按类进行分组，类是对象的逻辑分组。用户、组和计算机是不同对象类的例子。

1. 活动目录结构

活动目录的结构可划分为逻辑结构和物理结构两个部分。

（1）逻辑结构。逻辑结构是活动目录的管理核心，一切网络中的实体都划分在不同层次的逻辑单位中方便的实现管理。逻辑层次由低层向上可以为：组织单元、域、域树、域森林。

组织单元是组织、管理一个域内的对象的容器，它能包容用户账号、用户组、计算机、打印机和其他的组织单元。域是活动目录的核心单元，是对象（如计算机、用户等）的容器，这些对象有相同的安全需求、复制过程和管理。在域中，所有的域控制器都是平等的。活动目录以多主复制模型在域控制器间实现目录复制。一个域可以是其他域的子域或父域，这些子域、父域构成了一棵树——域树。域树实现了连续的域名空间，域树上的域共享相同的 DNS 域名后缀。域树的第一个域是该域树的根（Root），域树中的每一个域共享共同的配置、模式对象、全局目录（Global Catalog）。各域树的根域双向可传递信任关系，从而在同一域林中实现双向信任。多棵域树就构成了森林。森林中的域树不共享连续的命名空间。森林中的每一棵域树拥有它自己的唯一的命名空间。在森林中创建的第一棵域树缺省地被创建为该森林的根树（Root Tree），也是全局域控制器。

（2）物理结构。活动目录中，物理结构与逻辑结构有很大的不同，它们是彼此独立的两个概念。逻辑结构侧重于网络资源的管理，而物理结构则侧重于网络的配置和优化。活动目录的物理结构主要着眼于活动目录信息的复制和用户登录网络时的性能优化。物理结构的两个重要概念是站点和域控制器。

① 站点。站点是由一个或多个 IP 子网组成，这些子网通过高速网络设备连接在一起。站点往往由企业的物理位置分布情况决定，可以依据站点结构配置活动目录的访问和复制拓

扑关系，这样能使得网络更有效地连接，并且可使复制策略更合理，用户登录更快速。活动目录中的站点与域是两个完全独立的概念，一个站点中可以有多个域，多个站点也可以位于同一域中。

② 域控制器。域控制器是指运行 Windows Server 版本的服务器上保存了活动目录信息的副本。域控制器管理目录信息的变化，并把这些变化复制到同一个域中的其他域控制器上，使各域控制器上的目录信息同步。域控制器也负责用户的登录过程以及其他与域有关的操作，比如身份鉴定、目录信息查找等一个域可以有多个域控制器。规模较小的域可以只需要两个域控制器，一个实际使用，另一个用于容错性检查；规模较大的域可以使用多个域控制器。

2. 组策略

组策略（Group Policy）是管理员为用户和计算机定义并控制程序、网络资源及操作系统行为的主要工具，提供了在操作系统上运行的操作系统和应用程序的集中配置管理的基础设施。组策略基于活动目录来管理多个计算机或用户，管理的实现是通过对注册表的修改进行的，注册表中的信息是从活动目录中获取的，其改变也会影响到活动目录的信息，从而实现了对相关对象的管理。

在组策略里将系统重要的配置功能汇集成各种配置模块，供管理员或用户直接使用，从而达到方便管理计算机的目的。要配置仅影响本地计算机或用户的组策略设置，可以使用本地组策略编辑器，还可以在 Active Directory 域服务环境中通过组策略管理控制台（GPMC）管理组策略设置和组策略首选项。

（1）组策略架构。组策略使用以文档为中心的方法来创建、存储和关联组策略设置。组策略设置包含在 GPO 中。GPO 是一个虚拟对象，策略设置信息存储在两个位置：GPO 链接到的 Active Directory 容器和域控制器上的 Sysvol。

组策略主要通过使用两个工具进行配置：组策略对象编辑器（Gpedit）和组策略管理控制台（GPMC）。组策略对象编辑器用于配置和修改 GPO 中的设置；GPMC 用于创建、查看和管理 GPO。

组策略架构显示了主要组件如何通过读取或写入访问进行交互，如图 12-9 所示。

（2）组策略管理安全。组策略用于管理用户、客户端、服务器和域控制器的以下类型的安全选项：

① 安全设置。这些组策略设置用于定义各种与安全性相关的操作系统参数的值，例如密码策略、用户权限分配、审核策略、注册表值、文件和注册表 ACL 以及服务启动模式。

② IPSec 策略。这些组策略设置用于配置 IPSec 服务以验证或加密网络流量。IPSec 策略由一组安全规则组成，每个安全规则由具有操作的 IP 过滤器组成。

③ 软件限制政策。这些组策略设置用于通过识别和指定允许运行哪些应用程序来保护计算机免受不受信任的代码的影响。

④ 无线网络策略。这些组策略设置用于配置无线配置服务的设置，无线配置服务是在计算机上安装的每个 IEEE 802.11 无线网络适配器上运行的用户模式服务。

⑤ 公钥策略。这些组策略设置用于指定计算机自动向企业证书颁发机构提交证书请求并安装颁发的证书，创建和分发证书信任列表，建立通用的受信任的根认证机构，添加加密数据恢复代理并更改加密的数据恢复策略设置。

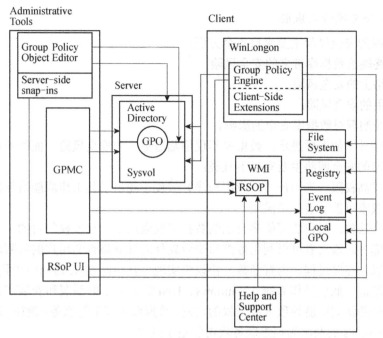

图 12-9　组策略架构

12.3　数据库安全

数据库系统作为信息的聚集体，是计算机技术的一个重要分支。数据库安全事件日益增多，如网站用户数据泄密、电商个人账户金额被盗刷、银行用户数据泄密等。

12.3.1　数据库安全技术

1. 数据库安全的概念

（1）相关概念。数据库安全（DataBase Security）是指采取各种安全措施对数据库及其相关文件和数据进行保护。

数据库系统安全（DataBase System Security）是指为数据库系统采取的安全保护措施，防止系统软件和其中数据不遭到破坏、更改和泄漏。

数据库安全的核心和关键是其数据安全。数据安全是指以保护措施确保数据的完整性、保密性、可用性、可控性和可审查性。

（2）数据库系统安全的内涵。从系统与数据的关系上，也可将数据库安全分为数据库的系统安全和数据安全。数据库系统安全主要利用在系统级控制数据库的存取和使用的机制上，包含：

- 系统的安全设置及管理，包括法律法规、政策制度、实体安全等；
- 数据库的访问控制和权限管理；
- 用户的资源限制，包括访问、使用、存取、维护与管理等；
- 系统运行安全及用户可执行的系统操作；
- 数据库审计有效性；
- 用户对象可用的磁盘空间及数量。

2. 数据库安全风险与威胁

目前数据库的安全风险主要来自 4 个方面：

- 最外围终端给数据库带来的安全风险；
- 来自网络上的安全风险；
- 基于应用的安全风险；
- 操作系统漏洞对数据库安全的影响。

随着数据库技术的发展进步，数据库不仅面临着更多的安全风险，面临的威胁也越来越多。目前数据库的安全威胁主要有以下几类：

（1）滥用过高权限。当用户（或应用程序）被授予超出了其工作职能所需的数据库访问权限时，这些权限可能会被恶意滥用。

（2）滥用合法权。用户还可能将合法的数据库权限用于未经授权的目的。

（3）权限提升。攻击者可以利用数据库平台软件的漏洞将普通用户的权限转换为管理员权限。漏洞可以在存储过程、内置函数、协议中实现，甚至是 SQL 语句中找到。

（4）平台漏洞。底层操作系统（Windows、UNIX 等）中的漏洞和安装在数据库服务器上的其他服务中的漏洞可能导致未经授权的访问、数据破坏或拒绝服务。例如"冲击波病毒"就是利用了 Windows 的漏洞为拒绝服务攻击创造了条件。

（5）SQL 注入。在 SQL 注入攻击中，入侵者通常将未经授权的数据库语句插入（或"注入"）到有漏洞的 SQL 数据信道中。

（6）审计记录不足。自动记录所有敏感的和/或异常的数据库事务应该是所有数据库部署基础的一部分。如果数据库审计策略不足，则组织将在很多级别上面临严重风险。

（7）拒绝服务。利用数据库平台漏洞来制造拒绝服务攻击使正常用户对网络应用程序或数据的访问被拒绝，甚至资源过载使服务器崩溃。

（8）数据库通信协议漏洞。所有数据库通信协议中的安全漏洞都较多，针对这些漏洞可以使攻击者访问未经授权的数据破坏数据以及拒绝服务。

（9）身份验证不足。薄弱的身份验证方案可以使攻击者窃取或以其他方法获得登录凭据，从而获取合法的数据库用户的身份，如暴力攻击、社会工程攻击、直接窃取凭据攻击等。

（10）备份数据暴露。很多情况下，备份数据库存储介质对于攻击者是毫无防护措施的。

3. 数据库系统安全的层次与结构

数据库系统安全一般涉及 5 个层次。

（1）用户层。侧重用户权限管理及身份认证等，防范非授权用户以各种方式对数据库及数据的非法访问。

（2）物理层。侧重保护计算机网络系统、网络链路及其网络节点的实体安全。

（3）网络层。所有网络数据库系统都允许通过网络进行远程访问，网络层安全性和物理层安全性一样极为重要。

（4）操作系统层。操作系统在数据库系统中，与 DBMS 交互并协助控制管理数据库。

（5）数据库系统层。数据库存储着重要程度和敏感程度不同的各种数据，并为拥有不同授权的用户所共享，数据库系统必须采取授权限制、访问控制、加密和审计等安全措施。

为了确保数据库安全，必须在所有层次上进行安全性保护措施。若较低层次上安全性存在缺陷，则严格的高层安全性措施也可能被绕过而出现安全问题。

12.3.2　数据库攻击技术

通常很多数据库的配置都很脆弱，以至于其漏洞很容易被攻击者利用。对数据库的攻击主要有口令入侵、特权提升攻击、漏洞入侵、SQL 注入攻击、隐通道攻击、统计分析攻击和窃取备份等 7 种技术手段。

1. 口令入侵

口令入侵指强力（或非强力）破解弱口令或默认的用户名及口令。较老的数据库版本都存在一个默认口令，如 Oracle 数据库的默认的用户名 Scott，以及默认的口令 tiger；SQL Server 的系统管理员账户的默认口令都是公开的，攻击者可以借此轻松方便地进入数据库。虽然数据库厂商在升级的新版本中都不再让用户保持默认的和空的用户名和口令，但是攻击者可以借助口令破解工具通过猜测或强力破解就能轻易地找到弱口令，登录并进入数据库。

2. 特权提升攻击

特权提升通常与错误的配置有关，如一个用户被误授予超过其实际需要用来完成工作的、对数据库及相关应用程序的访问权限时，就可以轻松地从一个应用程序跳转到数据库，即使他并没有这个数据库的相关访问权限。攻击者有时还可通过破坏操作系统而获得更高级别的特权。

3. 漏洞入侵

不管是操作系统还是数据库都存在不少的未知的和已知漏洞，攻击者利用用户未安装漏洞补丁、数据库管理员未关闭不需要的服务或钩子特性等方法来攻击数据库，如利用数据库系统的某些函数存在缓冲区溢出漏洞进行攻击来获取系统的所有权限。

4. SQL 注入攻击

SQL 注入攻击是数据库攻击中最常用手段之一，而基于 Web 的 SQL 注入攻击又是最常见的攻击方式。SQL 注入攻击的基本原理是利用 Web 应用程序对输入的合法性检测漏洞，执行非法 SQL 语句，达到窃取数据或者修改数据的目的。

5. 隐通道攻击

隐通道是数据库厂商设计的后门，是利用未公开的通道传输信息。这类隐通道很难被发现，如利用 CPU 的利用率、内存利用率等信息表示不同的数值来达到攻击的目的。

6. 统计分析攻击

统计分析攻击是一种较为高级的攻击方式。攻击者构造查询，利用统计信息间接地获取到不能直接查询到的信息，甚至实现更复杂的攻击。

7. 窃取备份

很多用户对数据库备份后的介质或文件疏于管理，也未进行加密处理，攻击者通过技术入侵、人员潜入、买通内部人员等各种手段获取数据库备份介质或者文件，进而进行分析，即可轻易地获得所有的数据。

12.3.3　数据库的安全防范

"雅虎 10 亿级用户账户信息泄露""京东 50 亿用户数据被窃""纽约机场超 750GB 备份数据泄漏"等大数据安全重大事件频发。随着数据资源商业价值的凸显，针对数据的攻击、窃取、滥用、劫持等活动持续泛滥，并呈现出产业化、高科技化和跨国化等特性。做好数据库安全防范已成为大数据时代刻不容缓的事情，在我国《计算机信息安全保护等级划分准则》中将数据库系统的安全级别划分为 5 个等级，但是关于数据库安全的标准，在国内外都没有一个具体的标准。通常情况下，一个数据库如果是安全的，必须要做到以下几个方面：

（1）必须做到数据库中的数据是保密的，能够阻止不合法的用户来访问数据库，能够保证数据库中的数据不被泄露和更改。

（2）必须保证数据的完整性和数据的一致性。数据的完整性是指保证数据库中所有的数据都必须是正确的数据。数据的一致性是指对数据库中的数据进行过若干步操作后，必须保证所有数据都处于一种一致的状态。

（3）必须保证所有的数据都是可用的，也就是要能够阻止非法用户试图对数据库进行破坏，并且能够对已经损坏的数据库进行及时的修复，使得数据库中的数据始终处于一个可用的状况。

（4）必须保证对数据库进行的一切操作进行跟踪记录，以实现对修改和访问数据库的用户进行追踪，从而方便追查并防止否认对数据库进行的操作。

1. 数据库的安全保护

数据库的安全保护功能可以通过 4 个方面实现，即安全性控制、完整性控制、并发性控制和数据库恢复。

（1）数据库的安全性是指保护数据库，以防止因非法使用数据库，造成数据的泄露，更改或者破坏。实现数据库系统安全性的方法有用户标识和鉴定、存取控制、视图定义、数据加密和审计等多种，其中，最重要的是存取控制技术和审计技术。

（2）数据库的完整性是指保护数据中的数据正确性、有效性和相容性，防止错误的数据进入数据库造成无效操作。完整性和安全性是两个不同的概念，安全性措施的防范对象是非法用户和非法操作，完整性措施的防范对象是合法用户的不合语义的数据。这些语义约束构成了数据库的三条完整性规则，即触发条件、约束条件和违约响应。完整性约束条件按使用对象划分，可分为值的约束和结构的约束；按约束对象的状态划分，可分为静态约束和动态约束。

（3）并发性控制是为了防止多个用户同时存取同一数据，造成数据库的不一致性。事务是数据库的逻辑工作状态，并发操作中只有保证系统中一切事务的原子性、一致性、隔离性和持久性，才能保证数据库处于一致的状态。并发操作导致数据库不一致现象主要有丢失更新、误读和不可重读三种。实现并发控制的技术主要是封锁技术，基本的封锁类型有排他锁和共享锁两种，三个级别的封锁协议可以有效解决并发操作的一致性问题。对数据对象施加封锁，会带来死锁或活锁的问题，并发控制机制可以通过采取一次加锁或顺序加锁法预防死锁的产生。死锁一旦发生，可以选择一个处理死锁代价最小的事务将其撤销。

（4）数据库的恢复是指系统发生故障后，把数据从错误状态恢复到某一正确的状态的功能。恢复的基本原理是利用存储在日志文件和数据库后备副本中的冗余数据来重建数据库。

恢复系统提供了生成冗余数据和冗余重建两种类型的功能，而生成冗余数据常用的技术是登记日志文件和数据转储。

2. 数据库的安全防范措施

数据库常用的安全防范措施主要有以下 4 方面。

（1）身份识别。身份识别技术的主要作用是用户登录数据库时，对其身份进行验证。常用的识别方法有三种：一是通过只有被鉴别人自己才知道的信息进行识别，如密码、私有密钥等；二是通过只有被鉴别人才拥有的信物进行识别，如 IC 卡、护照等；三是通过被鉴别人才具有的生理或者行为特征等来进行识别，如指纹、笔迹等。

（2）存取控制。存取控制的任务是在身份识别后控制用户对数据库的访问权限，防止没有访问权限的用户进入数据库。

（3）安全审计。数据库系统的审计功能可以将对数据库进行的一切操作进行记录，不但可以检查数据库的使用情况，还能通过检测分析内外部对数据库的攻击来发现数据库系统的安全隐患。

（4）数据加密。对数据库进行加密，是保证数据库安全的最有效措施之一。数据加密的基本思想就是改变符号的排列方式或按照某种规律进行替换，使得只有合法的用户才能理解得到的数据，其他非法的用户即使得到了数据也无法了解其内容。

12.4　软件系统安全

软件安全就是使软件在受到恶意攻击的情形下依然能够继续正确运行的工程化软件思想。软件系统安全是一种系统级的问题，是完整的软件开发生命周期方法的一部分。

12.4.1　开发安全的程序

开发安全的程序可以保护本地资源和避免应用程序被盗版。在计算机攻击持续升温的大数据和云计算的信息时代，我们要求几乎所有的应用程序都是安全的程序，甚至那些显示或编辑本地文件的应用程序（如字处理器）都必须受到保护，因为有时用户会显示或编辑以电子邮件方式发送给他们的数据。

要开发安全的程序就需要从程序设计的初始阶段把安全考虑进来并且将安全嵌入到 SDLC（系统开发生命周期）中，即安全性需求分析、设计、开发、测试和部署的各个阶段。

1. 安全性需求分析

SDLC 的第一阶段是安全性需求分析，在这个阶段须确定整个项目的范围和目标及安全性需求是什么。事实上，有关安全性的实际问题之一是安全性需求分析会根据不同的程序和不同的环境而迥然不同。如文档查看器或编辑器（如字处理器）可能需要确保查看数据不会使程序运行任意命令；购物程序需要确保顾客不能自己定价，而且顾客不能查看有关其他顾客的信息等。

国际标准 ISO/IEC 15408—1999，也称为"通用标准（Common Criteria，CC）"中描述了安全性需求。

（1）安全性环境。程序实际上不会在真空中工作，也就是说在某个环境中是安全的程序可能在另一个环境中就不安全了。因此，必须确定开发的程序要在什么样的环境（或多种环境）下工作。

首先明白威胁有哪些，谁会进行攻击，他们会如何进行攻击，要设法保护的是什么信息。

然后需要做怎样的假设。例如，用户的系统是否受到保护而免受物理威胁，用户的支持环境（平台和网络）是什么。

最后组织安全性策略。有没有希望程序遵守或实现的法规或法律。例如，某些系统要求对其数据进行保密处理。

（2）安全性目标。典型的安全性目标涉及多个方面，主要有以下几方面。

● 机密性：系统将防止在未授权情况下泄露信息（"不能读"）。

● 完整性：系统将防止在未授权情况下更改信息（"不能更改"）。

● 可用性：系统将持续工作，即使在受攻击时也是如此。能够在所有可能的攻击下继续工作的系统是不存在的，但是系统可以抵御许多攻击或在受攻击后迅速恢复至可用状态。

● 认证：系统将确保用户是可信的。

● 审计：系统将记录重要事件，以允许稍后跟踪所发生的事情。

（3）功能性需求和保证需求。一旦知道了程序的安全性目标，就可以通过更详细地填充其内容来确定安全性需求。"通用标准"确定了两类主要的安全性需求：保证需求和功能性需求。

保证需求是用来确保程序完成它该做的事情，而不做别的事的过程，包括评审程序文档以查看其前后的一致性、测试安全性机制以确保它们按计划工作，或者创建并运行渗透测试。

功能性需求是程序为实现安全性目标所执行的功能，如程序会检查密码以认证用户，或者对数据加密以将它隐藏等。

2. 设计

在设计阶段主要清楚现有的安全模型有哪些，应用程序可能面临哪些安全威胁，攻击途径可能有哪些，实施哪些安全策略和计划会缓解安全攻击的危害性，以及如何去实施这些安全测试，主要体现在架构安全设计、功能安全设计、存储安全设计、通信安全设计、数据库安全设计、数据安全设计六个方面。

（1）架构安全设计。架构的安全性，包括 B/S、C/S 等形式的安全，主要体现在应用数据和用户会话的安全，还应当考虑应用系统自身体系架构内部的安全，以及与外系统接口的安全。针对某些特殊应用，还需考虑恢复、抗攻击等安全机制。

（2）功能安全设计。除了在架构上考虑安全机制，这些安全机制及相关的安全功能也应当分配在软件的各部件中。在开发过程中应该考虑安全审计、通信安全、数据保护、认证与授权和资源保障 5 个方面的安全功能。

（3）存储安全设计。在进行存储安全设计时，应对系统的存储容量、存储介质、存储备份内容、存储备份方式、存储设备功能要求及相关的存储技术统筹进行考虑。

（4）通信安全设计。通信安全设计要求主要有：采用安全通信协议对重要数据进行安全传输（尤其是账号、口令信息）；使用 HTTPS、SFTP、SSH 等安全通信协议；终端应用程序采用加密传输机制对重要信息进行传输；终端应用程序对业务的重要数据或敏感数据进行完整性检查；终端应用程序应采用抗抵赖攻击技术对重要的交互信息进行保护；终端应用程序使用固定的通信端口。

（5）数据库安全设计。数据库安全设计要求主要有：从数据库、应用系统的运行环境、数据库的稳定性和安全性（多级安全）、数据库的容量（最多支持的库的数目、表的数目、记录数目）、数据库的存取速度、是否支持多种备份方式、是否支持数据库的导入和导出等方面进行数据库的选型；明确数据库相关的用户管理、资源管理、特权管理和角色管理，明确各种用户的资源权限，并建立规范的权限文档；数据库的配置应符合相应的基线配置要求；及时修改数据库的默认密码或将默认账号锁定、删除；数据库的账号应根据业务和维护需要进行合理分配，避免账号共用。

（6）数据安全设计。数据库安全设计要求主要有：数据采集安全、数据传输安全、数据处理安全。

3. 开发

写出安全代码首先需要制定安全代码规范，各种语言都有现成的代码安全规范，可以根据实际的情况进行适当修改。确保每行代码都符合安全规范，在提交代码前都应该由安全专业人员对代码进行安全审查，确保代码的安全性。

4. 测试

测试的主要目的是：要抢在攻击者之前尽可能多地找到软件中的漏洞，以减小软件遭到攻击的可能性。测试阶段应该进行大规模的渗透测试，使用静态 SAST 和动态 DAST 及 IAST 进行漏洞扫描，验证所有已知的漏洞是否已经在设计和开发过程被修复。必须对所有模块进行彻底的扫描，条件允许的话可以使用多个扫描工具进行，因为每个扫描工具所扫描的范围不完全一致。安全测试工作既可由项目组成员、技术管理部人员执行，还可由第三方测评机构执行。

5. 部署

在确保没有漏洞后，要将系统部署到生产环境。在部署过程中应该遵守安全部署的原则，不将新的漏洞带入到生产环境中。部署完成后再使用漏洞扫描工具进行扫描，确保没有漏洞。同时要确保环境配置和环境是安全的，操作系统、容器及使用的第三方软件要保持最新的状态。对有等级保护要求的，需要通过信息安全等级测评机构对已经完成等级保护建设的信息系统定期进行等级测评，确保信息系统的安全保护措施符合相应等级的安全要求。

12.4.2　IIS 应用软件系统的安全性

IIS 是 Internet Information Services 的缩写，意为互联网信息服务，是由微软公司提供的基于运行 Microsoft Windows 的互联网基本服务。IIS 作为目前最为流行的 Web 服务器平台，有着丰富而又强大的验证、访问控制和审核功能，同时也存在很多安全漏洞。

（1）保持系统安全。因为 IIS 是建立在操作系统下的，IIS 安全性也应该建立在系统安全性的基础上，因此，保证系统的安全性是 IIS 安全性的基础。确保安全的系统配置的过程并不随着服务器成功配置的完成而结束。为了确保已部署的服务器保持合适的安全性等级，需要确保环境中所有管理系统都应用了最新的 hotfix。

（2）定期更新防病毒软件的防病毒特征文件。

（3）在安全管理计划中加入主动扫描和系统随机审核。

（4）不要在域控制器或备份域控制器上运行 IIS。安装完 IIS 后，会在所安装的计算机上生成 IUSR_Computername 的匿名账户。这个账户会被添加到域用户组中，从而把应用于域用户组的访问权限提供给访问 Web 服务器的每个匿名用户，这样不仅不能保证 IIS 的安全，而且会威胁到主域控制器，还可能危害整个网络。

（5）限制网站的目录权限。目前有很多的脚本都有可能导致安全隐患，因此在设定网站的目录权限时，要严格限制执行、写入等权限。

（6）经常到微软的站点下载 IIS 的补丁程序，保证 IIS 为最新版本。

（7）只安装所需的 IIS 模块，定期删除未使用或不需要的模块和处理程序。IIS 有很多模块，达到 40 多个，如果只安装所需的模块，并定期删除未使用或不需要的模块和处理程序，保持 IIS 外围应用越小越好，可减少公开给潜在攻击的外围应用。

（8）Web 应用程序隔离。内置于 IIS 的账号有 Application PoolIdentity、Network Service、Local Service 和本地系统。将 Web 应用程序进行隔离，使用不同的应用程序池将不同的应用程序分离到不同的站点，不要使用（如 Network Service、Local Service 或 Local System）的内置服务标志。默认的最安全的方法是 Application PoolIdentity。

（9）实现最小特权原则。作为一个特权标志（虚拟应用程序池标志）运行工作进程，该标志是唯一的一个站点，应确保在只允许访问到适当的进程标志的每个站点根上设置 ACL（访问控制列表）。

（10）身份验证。使用 Windows 身份验证，启用扩展保护。扩展保护可在防止凭借中继和网页仿冒欺诈攻击时使用 Windows 身份验证。

（11）请求筛选。启用请求筛选规则，以阻止特定的 HTTP 请求。请求筛选器有助于防止具有潜在危害的请求到达服务器。请求筛选器模块会根据所设置的规则扫描传入的请求并拒绝不需要的请求。

（12）定期备份 IIS 服务器。最好每天执行一个或两个完整的系统状态备份，并且在主要软件升级或配置更改之前执行 IIS 服务器备份。

（13）开启 SSL 和维护 SSL 证书。开启 SSL 可确保数据发送到正确的客户机和服务器；加密数据以防止数据在传输中被窃取；维护数据的完整性，确保数据在传输过程中不被改变。对 SSL 证书维护更新，使过期的证书变为无效，可以防止非法用户访问网站。

12.4.3 软件系统攻击技术

软件漏洞又称为软件脆弱性（Vulnerability），是计算机软件在具体的实现、运行、机制、策略上存在的缺陷与不足。

软件系统攻击通常利用软件漏洞来攻击计算机。攻击者可以利用漏洞获得计算机的权限，针对操作系统的多种软件漏洞攻击技术可以分为两类：直接网络攻击技术和诱骗式网络攻击技术。

1. 直接网络攻击技术

直接网络攻击是指攻击者直接通过网络对目标系统发起主动攻击。针对对外提供网络服务的服务程序漏洞，可通过直接网络攻击方式发起攻击。对于在网络上对外提供网络服务并开放网络访问端口的软件而言，攻击者可以通过网络针对其 IP 地址和端口发送含有漏洞攻击代码和数据包，就可以直接拿到目标主机的远程控制权。

2. 诱骗式网络攻击技术

对于没有开放网络端口且不提供对外服务的文件处理漏洞、浏览器软件漏洞和其他软件漏洞，攻击者无法直接通过网络发起攻击。因为这类漏洞只能在本地执行相关程序才能触发漏洞，所以攻击者只有采用诱骗的方式诱使用户执行漏洞利用代码。

诱骗式网络攻击根据诱骗的方式不同，可分为以下两种：

（1）基于网站的诱骗式间接网络攻击。基于浏览器软件漏洞和其他需要处理网页代码的软件漏洞，在处理网页中嵌入的漏洞利用代码才能实现漏洞的触发和利用。攻击者通常自己搭建网站或者篡改被其控制的网站，将含有漏洞触发代码的文件或脚本嵌入到网页中，诱使用户访问挂马网站，触发漏洞并向用户计算机植入恶意程序。

这种攻击想要成功，需具备两个条件：第一是必须通过第三方的网站服务器，第二是必须诱使用户访问被挂马的网站中的漏洞触发代码。

网站挂马的主要方法有框架挂马、JS 脚本挂马、body 挂马和伪装挂马等。

（2）网络传播本地诱骗下载单击攻击。对于稳健处理软件漏洞、操作系统服务程序中内核模块的漏洞和其他软件漏洞中的本地执行漏洞，需要在本地执行漏洞利用代码才能触发。因此，攻击者往往采用诱骗手段使用户下载被捆绑了病毒的文件（利用文件捆绑技术），待用户将漏洞利用代码运行，攻击者就可以获得权限执行恶意操作，从而实施攻击。

这种攻击也需要具备两个前提条件才能成功攻击：第一是要通过直接网络发送或者间接网络下载的方式，让用户先接收到含有漏洞利用代码的文件，第二是必须诱骗用户运行这个文件才能触发漏洞。

诱骗下载的主要方式有以下几种：多媒体类文件、网络游戏软件和插件（外挂）、热门应用软件、电子书、P2P 种子文件。

文件捆绑技术是将两个或两个以上的文件捆绑成一个可执行文件。在执行捆绑文件时，捆绑在一起的文件都会被执行。目前流行的捆绑技术有多文件捆绑、资源融合捆绑、漏洞利用捆绑。

12.5 信息系统安全

信息系统安全一般应包括计算机单机安全、计算机网络安全和信息安全三个主要方面。

（1）计算机单机安全主要是指在计算机单机环境下，硬件系统和软件系统不受意外或恶意的破坏和损坏，得到物理上的保护。

（2）计算机网络安全是指在计算机网络系统环境下的安全问题，主要涵盖两个方面，一是信息系统自身即内部网络的安全问题，二是信息系统与外部网络连接情况下的安全问题。

（3）信息安全是指信息在传输、处理和存储的过程中，没有被非法或恶意地窃取、篡改和破坏。

信息安全是信息系统安全的核心问题，计算机单机安全和计算机网络安全的实现都是为了确保信息在传输、处理和存储全过程的安全可靠；计算机单机安全和计算机网络安全是确保信息安全的重要条件和保证，信息安全贯穿于计算机单机安全和计算机网络安全的所有环节。

12.5.1　数据的安全威胁

随着网络深刻地融入经济、社会、生活的方方面面，数据泄露事件时有发生。数据安全不仅关系到个人隐私、企业商业隐私，而且直接影响国家安全。

数据安全有两方面的含义：一是数据本身的安全，主要是指采用现代密码算法对数据进行主动保护，如数据保密、数据完整性、双向强身份认证等，二是数据防护的安全，主要是采用现代信息存储手段对数据进行主动防护，如通过磁盘阵列、数据备份、异地容灾等手段保证数据的安全。

数据的安全威胁主要有以下几种。

1．病毒

病毒对数据安全的威胁可能会直接威胁到数据库。例如，获得对数据库未授权访问的那些人可能会浏览、改变，甚至偷窃他们已获得访问权的数据。

2．意外的损失

人为错误、软件和硬件故障引起的破坏、自然灾害，都可能造成数据意外丢失或损坏。

3．偷窃和欺诈

偷窃和欺诈通常是通过电子手段的人为犯罪，对计算机数据进行复制、删除、改变等非法操作。

4．私密性和机密性受损

私密性受损通常意味着对个人数据的保护遭遇失败，而机密性受损通常意味着对关键的组织数据的保护受到损失，这些数据对组织机构可能具有战略价值。信息私密性控制失败可能会导致敲诈勒索、行贿受贿、民事纠纷或用户密码失窃。机密性控制失败可能会导致失去竞争优势。

5．数据完整性受损

当数据完整性受到损害时会使数据库中的数据遭到意外、故意和未授权的移除、插入、修改或破坏。

6．可用性受损

硬件、网络或应用程序遭到破坏可能导致用户无法获得数据，这可能再次导致严重的操作困难。这种类型的威胁包括引入有意要破坏数据或软件或致使系统不可用的病毒。

7．黑客入侵

黑客通过网络远程入侵系统，利用电磁波等技术入侵数据库窃取数据。据统计，在全球范围内，2016 年上半年已曝光的数据泄露事件高达 974 起，数据泄露记录总数超过了 5.54 亿条，而下半年数据泄露事件和数据泄露记录总数分别为 844 起和 4.24 亿条。

12.5.2　数据的加密存储

数据的加密存储是指在存储过程中，通过加密算法和加密密钥将明文数据转变为密文数据。

1. 从加密技术应用的逻辑位置分类

从加密技术应用的逻辑位置可将数据加密分为链路加密、节点加密、端到端加密。

（1）链路加密。对于在两个网络节点间的某一次通信链路，链路加密能为网上传输的数据提供安全保证。对于链路加密（又称在线加密），所有消息在被传输之前进行加密，在每一个节点对接收到的消息进行解密，然后先使用下一个链路的密钥对消息进行加密，再进行传输。在到达目的地之前，一条消息可能要经过许多通信链路的传输。

由于在每一个中间传输节点消息均被解密后重新进行加密，因此，包括路由信息在内的链路上的所有数据均以密文形式出现。这样，链路加密就掩盖了被传输消息的源点与终点。由于填充技术的使用及填充字符在不需要传输数据的情况下就可以进行加密，这使得消息的频率和长度特性得以掩盖，从而可以防止对通信业务进行分析。

链路加密通常用在点对点的同步或异步线路上，它要求先对在链路两端的加密设备进行同步，然后使用一种链模式对链路上传输的数据进行加密。这就给网络的性能和可管理性带来了副作用。

在线路/信号经常不通的海外或卫星网络中，链路上的加密设备需要频繁地进行同步，带来的后果是数据丢失或重传。另一方面，即使仅一小部分数据需要进行加密，也会使得所有传输数据被加密。

在一个网络节点，链路加密仅在通信链路上提供安全性，消息以明文形式存在，因此所有节点在物理上必须是安全的，否则就会泄露明文内容。然而保证每一个节点的安全性需要较高的费用，为每一个节点提供加密硬件设备和一个安全的物理环境所需要的费用由以下几部分组成：保护节点物理安全的雇员开销，为确保安全策略和程序的正确执行而进行审计时的费用，以及为防止安全性被破坏时带来损失而参加保险的费用。

在传统的加密算法中，用于解密消息的密钥与用于加密的密钥是相同的，该密钥必须被秘密保存，并按一定规则进行变化。这样，密钥分配在链路加密系统中就成了一个问题，因为每一个节点必须存储与其相连接的所有链路的加密密钥，这就需要对密钥进行物理传输或者建立专用网络设施。而网络节点地理分布的广阔性使得这一过程变得复杂，同时增加了密钥连续分配时的费用。

（2）节点加密。节点加密给网络数据提供较高的安全性，但它在操作方式上与链路加密是类似的：两者均在通信链路上为传输的消息提供安全性；都在中间节点先对消息进行解密，然后进行加密。因为要对所有传输的数据进行加密，所以加密过程对用户是透明的。

与链路加密不同的是：节点加密不允许消息在网络节点以明文形式存在，它先把收到的消息进行解密，然后采用另一个不同的密钥进行加密，这一过程是在节点上的一个安全模块中进行；节点加密要求报头和路由信息以明文形式传输，以便中间节点能得到如何处理消息的信息。

（3）端到端加密。端到端加密允许数据在从源点到终点的传输过程中始终以密文形式存在。采用端到端加密（又称脱线加密或包加密），消息在被传输时到达终点之前不进行解密，因为消息在整个传输过程中均受到保护，所以即使有节点被损坏也不会使消息泄露。

端到端加密系统的价格便宜些，并且与链路加密和节点加密相比更可靠，更容易设计、实现和维护。端到端加密还避免了其他加密系统所固有的同步问题，因为每个报文包均是独立被加密的，所以一个报文包所发生的传输错误不会影响后续的报文包。此外，从用户对安全需求的直觉上讲，端到端加密更自然些。单个用户可能会选用这种加密方法，以便不影响网络上的其他用户，此方法只需要源和目的节点是保密的即可。

端到端加密系统通常不允许对消息的目的地址进行加密，这是因为每一个消息所经过的节点都要用此地址来确定如何传输消息。

2. 按照实现手段分类

（1）主机软件加密。主机软件加密的优点是：成本低，只要有备份软件，不需要购买额外产品，只需支付服务费用；对现有系统改动小。缺点是：对主机的性能会有影响，对主机和备份的性能也会有影响。

基于备份软件的加密方式目前只支持磁带加密，无法做到磁盘存储加密，同时也没有压缩的功能，对操作系统有一定的依赖性。

（2）加密存储安全交换机。加密存储安全交换机连接在存储设备和主机之间，不改变原有的 IT 结构，本身也可以做光纤交换机使用，同时具有加密功能，也可以同原有交换机互联。

加密存储安全交换机的优点是：扩展性好，目前加密交换机有 16 口到 256 口的不同型号，适合企业客户；高性能，由交换机本身完成加密功能，对主机和存储没有影响，同时又可以提高磁带压缩功能；异构的支持，加密存储交换机支持各个厂商的存储，同时也支持磁盘、磁带、VTL 等各种设备，同时也可以支持原有设备；管理性，加密交换机方式支持单独的统一的密钥管理工具，管理简单。缺点是：对已经有存储交换机的用户来说，需要额外单独购买加密交换机。

（3）嵌入式专门加密设备。嵌入式专门加密设备是单独的一个加密设备，需要连接在存储设备和交换机之间。

嵌入式专门加密设备的优点是：灵活性，此类设备可以提供端口的加密，可以随时一对一连接到存储设备上；对主机性能影响小，设备本身提供加密功能，同主机和存储设备无关；支持异构存储。缺点是：此类设备多是点对点解决方案，如果是单一的一对一加密产品，扩展起来难度大，如果部署在端口数量多的企业环境，或者多个站点需要加以保护，就会出现问题；在企业环境中，如果对多端口的存储设备，需安装多台硬件设备，所需的成本会高得惊人，这给管理增加了沉重负担。

（4）基于存储层的存储设备。基于存储层的存储设备本身加密方式，由存储本身提供加密功能。

基于存储层的存储设备的优点是：扩展性好，由存储设备本身提供的功能扩展性可以得到保障；投资低，存储设备本身具备的功能，不需另外购买设备；对主机的性能没有影响，由存储设备本身完成。缺点是：目前各个存储厂商只推出了具有加密功能的磁带产品；只能保证具有加密功能的设备本身的安全，无法对用户原有环境中的所有存储设备进行加密；各个厂商各有各的密钥管理软件，系统中会出现很多的加密密钥管理软件，无法进行统一管理，而且目前各厂商提供的密钥管理软件都不够成熟；存储设备本身加入加密功能对性能有一定的影响。

12.5.3 数据备份和恢复

只要发生数据传输、数据存储和数据交换，就有可能产生数据故障。如果没有采取数据备份和数据恢复的手段与措施，就会导致数据的丢失，所造成的损失是无法弥补与估量的。

数据备份是容灾的基础，是指为防止系统出现操作失误或系统故障导致数据丢失，而将全部或部分数据集合从应用主机的硬盘或阵列复制到其他的存储介质的过程。

数据恢复是指通过逆向计算机或技术手段，把可能由硬件缺陷导致不可访问或不可获得或由于误操作等各种原因导致丢失的数据还原成正常数据。

1. 数据备份技术

按数据备份技术的策略角度可将数据备份分为完全备份、增量备份、差分备份。

（1）完全备份。完全备份是指对整个系统（如组成服务器的所有卷）或用户指定的所有文件数据进行一次全面的备份。这是最基本也是最简单的备份方式，这种备份方式的好处就是很直观，容易被人理解。如果在备份间隔期间出现数据丢失等问题，可以只使用一份备份文件快速地恢复所丢失的数据。但是它的不足之处也很明显，它需要备份所有的数据，并且每次备份的工作量也很大，需要大量的备份介质，如果完全备份进行得比较频繁，在备份文件中就有大量的数据是重复的。这些重复的数据占用了大量的存储空间，这对用户来说就意味着增加成本。而且如果需要备份的数据量相当大，备份数据时进行读写操作所需的时间也会较长。因此这种备份不能进行得太频繁，只能每隔一段时间才进行一次完整的备份。但是一旦发生数据丢失，只能使用上一次的备份数据恢复到前次备份时数据状况，这期间内更新的数据就有可能丢失。

（2）增量备份。增量备份指备份自从上次备份操作以来新产生或更新的数据，其最大优点是没有重复的备份数据，节省空间，缩短备份时间。缺点在于当数据发生灾难时，恢复数据比较麻烦，必须具有上一次全备份和所有增量备份文件，并且它们必须沿着从全备份到依次增量备份的时间顺序逐个反推恢复，其中任何一个数据环节出了问题，都会导致整个后续数据的瘫痪，同时这也极大地延长了恢复时间。

（3）差分备份。数据管理人员在规定的时间进行一次系统完全备份，然后在接下来的时间里，再将当天所有与前一次不同的数据做备份。差分备份无须每天都做系统完全备份，备份所需时间短，节省空间，数据恢复也很方便。

按数据备份技术的模式角度可将数据备份技术分为逻辑备份和物理备份。

（1）逻辑备份。每个文件都是由不同的逻辑块组成的。每一个逻辑的文件块存储在物理磁盘块上。该方法不需要将欲备份文件运行在归挡模式下，不但备份简单，而且可以不需要外部存储设备，包括导出/导入。这种方法包括读取一系列的数据日志，并写入文件中，这些日志的读取与其所处位置无关。

（2）物理备份。该方法实现数据的完整恢复，但数据必须运行在归档模式下（业务数据在非归档模式下运行），且需要容量极大的外部存储设备，例如磁带库，具体包括冷备份和热备份。冷备份和热备份是物理备份（也称低级备份），它涉及组成数据库的文件，但不考虑逻辑内容。

2. 数据恢复种类及方法

（1）逻辑故障数据恢复。逻辑故障是指与文件系统有关的故障。硬盘数据的写入和读取，都是通过文件系统来实现的。

逻辑故障造成的数据丢失，大部分情况是可以通过数据恢复软件找回的。

（2）硬件故障数据恢复。硬件故障占所有数据意外故障一半以上，常有雷击、高压、高温等造成的电路故障，高温、振动碰撞等造成的机械故障，高温、振动碰撞、存储介质老化造成的物理坏磁道扇区故障，当然还有意外丢失损坏的固件 BIOS 信息等。

硬件故障的数据恢复过程是先诊断，然后修复相应的硬件故障，最后修复其他软件故障，最终将数据成功恢复。

（3）磁盘阵列 RAID 数据恢复。磁盘阵列（Redundant Array of Independent Disks）就是将 N 个硬盘透过 RAID Controller 结合成虚拟单台大容量的硬盘使用，其特色是 N 个硬盘同时读取速度加快及提供容错性。

磁盘阵列的恢复过程也是先排除硬件及软件故障，然后分析阵列顺序、块大小等参数，用阵列卡或阵列软件重组或者是使用 DiskGenius 虚拟重组 RAID，重组后便可按常规方法恢复数据。

3．数据恢复的操作策略

一般地，数据恢复操作通常有以下三种：

（1）全盘恢复，也称为系统恢复，应用于服务器发生意外灾难导致数据全部丢失、系统崩溃或系统升级、重组等情况。

（2）个别受损文件恢复。恢复个别受损文件时只需浏览备份数据库的目录，找到该文件，触动恢复功能，软件将自动恢复指定文件。

（3）重定向恢复。重定向恢复是将备份文件恢复到与备份该文件时原所在位置不同的位置或系统上去。重定向恢复可针对整个系统，也可针对个别文件进行恢复。

12.5.4　信息系统灾备技术

2007 年颁布的《信息系统灾难恢复规范》（GB/T20988—2007）国家标准中，灾难被定义为"由于人为或自然的原因，造成信息系统严重故障或瘫痪，使信息系统支持的业务功能停顿或服务水平不可接受、达到特定的时间的突发性事件"。灾难恢复指的是，为了将信息系统从灾难造成的故障或瘫痪状态恢复到可正常运行状态，并将其支持的业务功能从灾难造成的不正常状态恢复到可接受状态而设计的活动和流程。灾难备份指的是，为了灾难恢复而对数据、数据处理系统、网络系统、基础设施、专业技术支持能力和运行管理能力进行备份的过程。

广义地理解，灾难备份（简称灾备）是指利用技术、管理手段及相关资源确保关键数据、关键数据处理系统和关键业务在灾难发生后可以尽可能多且快地恢复的过程，包括灾难备份和灾难恢复两层含义，不仅包括灾难发生前对数据的备份和日志，信息系统构建过程中容灾体系结构的设计、提前制定的灾难应急预案与恢复计划等，而且涵盖了灾难发生后灾备中心或者备份系统的业务接管，数据、系统、服务迁移过程中的安全管理、系统灾难损失评估等内容。

信息系统灾备技术包含了数据的复制、数据及应用的切换、数据的删除、数据的加密与传输、数据存储等多个主要技术手段。

1．数据复制技术

数据复制技术是信息系统容灾技术中最基本也是最为核心技术之一，主要分为基于数据库/应用的复制、基于主机的数据复制、基于存储网络的数据复制、基于存储的数据复制。

（1）基于数据库/应用的复制。利用数据库自身提供的复制模块，通过本地和远程主机间的日志归档与传递来实现两端的数据一致。其优点是不依赖于其他软件和底层存储平台，有较好的兼容性，无须增加额外硬件设备，可支持异构环境的复制等；缺点是对数据库的版本和操作系统平台有特定要求，不能以一种技术实现多种应用的数据复制。另外，因本地应用程序向远端复制的是日志文件，需要远端应用程序重新执行和应用才能生产可用的备份数据。

（2）基于主机的数据复制。利用生产、灾备中心主机系统通过 IP 网络建立数据传输通道，通过主机数据管理软件实现数据的远程复制。其优点是不依赖于底层存储平台，可提供多种不同的方案，基于网络而没有距离限制；缺点是需要同种主机平台，占用大量的主机的资源，不太适合多个系统、多种应用的灾备等，效率和管理上也存在一定问题。

（3）基于存储网络的数据复制。利用 IP 网络或 DWDM、光纤信道等传输接口连接，将数据以同步或异步的方式从本地的存储系统复制到远端的存储系统。

（4）基于存储的数据复制。由存储系统自身实现数据的远程复制和同步，即只能存储 I/O 操作进行监控，并将数据复制到远端存储。其优点是成本可控，实施和维护简单，对主机性能等没有影响；缺点是不同存储所采用的复制软件也不同，异构存储无法使用，数据复制量大，异步复制复原目标时长比较大。

2. 虚拟化技术

虚拟化是指通过虚拟化技术将一台计算机虚拟为多台逻辑计算机。在一台计算机上同时运行多个逻辑计算机，每个逻辑计算机可运行不同的操作系统，并且应用程序都可以在相互独立的空间内运行而互不影响，从而提高计算机的工作效率。虚拟化一般可分为服务器虚拟化、数据虚拟化、桌面虚拟化、存储虚拟化等。

3. 切换技术

切换是指在早前运行系统故障或异常终止后，能够自动（通常无须人工干预或警告）切换到冗余或备用信息系统的能力。根据具体突发故障的不同，可以分为网络切换和应用切换。灾备切换是一系列操作的组合，不是单一的技术动作。

4. 重复数据删除技术

该技术通过寻找不同数据块中的冗余数据并删除这些重复的数据来对数据进行压缩。某些重复数据压缩技术甚至实现了 20∶1 的压缩比。通过重复数据删除技术不但能解决单数据中心中多副本占用空间的问题，还可以减少传输备份数据所需要的带宽。重复数据删除技术主要分为基于软件的重复数据删除和基于硬件的重复数据删除两种方式。

5. 数据存储技术

从定义上，存储和灾备不属于同一领域，但灾备技术的发展依托于存储技术的发展，数据备份的过程也必须涉及数据的存储，数据存储技术是信息系统灾备技术的基础手段之一。数据存储技术可分为 DAS 直接附加存储、NAS 网络附加存储、SAN 存储区域技术、OBS 对象存储等。

6. 数据加密与传输技术

数据灾备往往依托于多部门、多单位甚至是跨系统的综合平台。从备份数据存储安全性来说，备份数据如果在介质上以明文方式存储，容易被黑客攻击造成数据泄露；从备份数据传输安全性来说，备份数据如果在网络传输过程中以明文方式传输，容易通过数据包截取等手段造成备份数据泄露。数据加密与传输技术可以分为源端加密和传输加密两类技术。

12.6 实训

1. Windows操作系统安全设置

（1）设置用户账户安全。

（2）文件系统的保护和加密。

（3）配置本地的安全策略和组策略。

2. 攻击与防御

（1）通过端口扫描或其他工具扫描某个网段各台计算机开放的端口，获取弱口令。

（2）SQL注入攻击指定网站，并获取其网站数据库。

（3）在对方机器上种植木马。

（4）提高自己计算机的安全级别，防止被攻击。

（5）开启自己计算机系统的审计功能。

3. 数据备份和恢复

（1）完全备份自己计算机中的用户数据。

（2）利用数据恢复软件工具恢复被损坏的数据。

第13章 数据安全

知识导读

互联网在给用户提供了电子邮件、文件传输、网络新闻、通信联络、论坛博客等信息服务，方便人们生活的同时，各种有害的不良信息也利用互联网所提供的自由流动的环境肆意扩散，甚至出现网络暴力和网络恐怖主义活动等社会安全问题。数据安全作为网络安全中智能信息处理的核心技术，为先进网络文化建设和社会主义先进文化的网络传播，提供了技术支撑，它属于国家信息安全保障体系的重要组成部分。

本章重点介绍数据安全概述、版权保护、内容监管，要求：了解数据安全威胁的因素，了解版权保护的概念，了解数字水印的典型算法，掌握数据安全的技术措施，掌握数据安全的概念，掌握 DRM 技术和数字水印技术，掌握内容监管方法。

职业目标

学习目标：
- 理解数据安全的概念
- 理解数据安全威胁的因素
- 理解版权保护的概念
- 掌握数字水印的典型算法

职业目标：
- 掌握数据安全的技术措施
- 掌握 DRM 技术
- 掌握数字水印技术
- 掌握内容监管方法

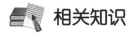

相关知识

13.1 概述

1. 数据安全的概念

数据安全（Content-based Information Security）是研究如何利用计算机从包含海量信息且

迅速变化的网络中，对与特定安全主题相关信息进行自动获取、识别和分析的技术。根据所处的网络环境，数据安全也被称为网络内容安全（Content-based Network Security）。

数据安全是信息安全在政治、法律、道德层次上的要求。要求信息内容在政治上是健康的，在法律上是符合国家法律法规的，在道德上是符合中华民族优良的道德规范的。

2. 数据安全威胁

"互联网+"时代，信息智能化越来越让人们的工作和生活更加高效方便，但由于技术未能跟上网络的发展速度和安全管理的缺失，造成数据安全面临着诸多威胁。

（1）大量信息泄露，如包含工作单位、住址、电话号码等个人隐私的信息被某些公司作为商业信息出售，被有些不法集团或个人取得并利用这些信息进行诈骗。

（2）互联网的开放性和自主性，可使信息由各个组织自发生成，并共享到互联网中。但这也带来了很多欺骗性的威胁。例如，互联网的地址和内容都存在被伪造的可能性。这些是由于互联网运行中无法保证信息的完整性（尤其是信息来源）而造成的。

（3）信息被非法传播。在网络中可以发现，很多具有知识产权的音乐和电影被广泛传播，从而造成了知识产权被侵犯的局面。

（4）信息在传播过程中，也可能被篡改。篡改信息的目的，可能是为了消除信息的来源，使其无法跟踪；也可能是为了伪造信息的内容，影响正常的信息交流。此外，信息篡改后，还会被植入木马等病毒，这些程序代码不仅会对所在的信息载体带来破坏，还会直接危害到软硬件系统的安全。

3. 数据安全的技术

（1）信息获取技术。信息获取技术包括主动获取技术和被动获取技术。

主动获取技术通过向网络注入数据包后的反馈来获取信息，特点是接入方式简单，能够获取更广泛的信息内容，但会对网络造成额外的负担。

被动获取技术则在网络出入口上通过镜像或旁路侦听方式获取网络信息，特点是接入需要网络管理者的协作，获取的内容仅限于进出本地网络的数据流，但不会对网络造成额外流量。

（2）信息内容识别技术。信息内容识别技术是指对获取的网络信息内容进行识别、判断、分类，确定其是否为所需要的目标内容，识别的准确度和速度是其中的重要指标，主要分为文字、音频、图像、图形识别。

目前文字识别技术已得到广泛应用，音频识别技术也在一定范围内使用，但图像识别技术的准确性还有待进一步提高，离实际应用尚有一定的距离。

（3）控制/阻断技术。对于识别出的非法信息内容，阻止或中断用户对其访问，成功率和实时性是其两个重要指标。

从阻断依据上分为基于 IP 地址阻断、基于内容的阻断；从实现方式上分为软件阻断和硬件阻断；从阻断方法上分为数据包重定向和数据包丢弃。

这种技术在垃圾邮件剔除、涉密内容过滤、著作权盗用的取证、有害及色情内容的阻断和警告等方面已经得到应用。

（4）信息内容分级。网络"无时差、零距离"的特点使得不良内容以前所未有的速度在全球扩散，网络不良内容甚至还会造成青少年生理上的伤害。目前部分信息安全产品中已运用了信息内容分级技术。

（5）图像过滤。一些不良网络信息的提供者采取了回避某些敏感词汇，将文本嵌入到图像文件中，或直接以图像文件的形式出现等方法，从而可以轻易地通过网络过滤和监测系统。为此，需要对网页中的图像进行分析和理解以实现网络过滤。

（6）信息内容审计。信息内容审计的目标就是真实全面地将发生在网络上的所有事件记录下来，为事后的追查提供完整准确的资料。通过对网络信息进行审计，政府部门可以实时监控本区域内 Internet 的使用情况，为信息安全的执法提供依据。虽然审计措施相对网上的攻击和窃密行为是有些被动，但它对追查网上发生的犯罪行为起到十分重要的作用，也对内部人员犯罪起到了威慑作用。

13.2　版权保护

版权亦称著作权，是指作者对其创作的文学、艺术和科学技术作品所享有的专有权利。它表现为：第一，享有著作权的作者可以决定是否对他的作品进行著作权意义上的使用；第二，他可以决定是否就他的作品实施某些涉及他的人格利益的行为；第三，他可以在必要时请求有关的国家机关以强制性的协助来保护或实现他的权利。著作权是公民、法人依法享有的一种民事权利，属于无形财产权。

版权保护最终目的不是"如何防止使用"，而是"如何控制使用"。

13.2.1　DRM 技术

DRM（Digital Rights Management，数字版权管理），指的是出版者用来控制被保护对象的使用权的一些技术，采用这些技术保护所有数字化内容（例如：软件、音乐、电影、文档、电子书籍）及硬件和处理数字化产品的某个实例的使用限制。

DRM 是随着电子音频、视频节目在互联网上的广泛传播而发展起来的一种新技术。其目的是保护数字媒体的版权，从技术上防止数字媒体的非法复制，或者在一定程度上使复制操作很困难，最终用户必须得到授权后才能使用数字媒体。

1. DRM技术的工作原理

DRM 技术的工作原理是，首先建立数字节目授权中心，编码压缩后的数字节目内容，可以利用密钥（Key）进行加密保护，加密的数字节目头部存放着 KeyID 和节目授权中心的 URL。用户在点播时，根据节目头部的 KeyID 和 URL 信息，就可以通过数字节目授权中心的验证授权后送出相关的密钥解密，节目方可播放。

2. DRM主要技术

DRM 的技术主要涉及认证技术、密码技术、数字水印技术、防篡改硬件模块和智能卡技术 4 大领域，现在的技术基本是这几种技术的组合或集成。

（1）认证技术。对所有相关设备和存储媒介，如配置点（Point Of Deployment，POD）模块、机顶盒、接收机、DVD 播放/刻录机、硬件、存储卡、PC 机等分配公钥证书，用于在通信或工作前进行身份认证。

（2）密码技术。通过对称/非对称密码、分组密码等各种密码算法来保护数字内容的安全及实现必要的认证。版权保护技术首先将作品以合法使用的条款和场所进行编码，并嵌入到文件中，只有当条件满足，作品才可以被允许使用。通常，被嵌入的信息包括版权管理信息（RMI），如作者、标题、版权和密钥链接。密钥用来对作品进行解密。用户需要授权证书才能访问密钥，授权证书决定了用户的权限。

（3）数字水印技术。数字水印是把作者、发行商信息和使用条款嵌入到数据中，只有当数据被严重破坏时，它才有可能被抹去。即使数据质量降低，只要水印有效，它就可以被识别出来。它能用来给某个作品打上使用者独有的印记，防止其他使用者非法传播和复制。

（4）防篡改硬件模块和智能卡技术。这项技术是通过相关的硬件技术使得所有水印、密码等运算只能在安全模块中进行，为其他安全技术提供硬件的支持。

不同的数字化内容都有相应的 DRM 技术，如对电子书的 DRM 技术主要有 Microsoft DAS 和 ACS，对流媒体的 DRM 技术主要有 Apple 的 FairPlay、Microsoft 的 Windows Media DRM 和 IBM 的 EMMS，对电子文档的 DRM 技术主要有 Microsoft RMS、SealedMedia Enterpris License Server、Authentica Active Rights Management、SEP、CEB，对图像的 DRM 技术主要有 Digimarc Corp 等。

13.2.2 数字水印

数字水印是指嵌入在数字载体（包括多媒体、文档、软件等）中具有可鉴别性的数字信号或模式，而且并不影响原载体的可用性，它可以是图像、文字、符号、数字等所有可以作为标志的信息。

1. 数字水印的特点

（1）安全性。数字水印应当具备难以篡改或伪造的要求，并具有较低的误检测率和对重复添加有较强的抵抗性。当原内容发生变化时，数字水印应当发生变化，从而可以检测原始数据的变更。

（2）不可见性。数字水印作为标志信息隐藏于数字作品中，应不可见，而且应不影响被保护数据的正常使用。

（3）鲁棒性。在经过多种无意或有意的信号处理过程后，数字水印仍能保持部分完整性及检测的准确性。

（4）脆弱性。能直接反映出水印是否遭受篡改等。

2. 工作原理

数字水印的工作原理一般分为编码、解码、水印验证三个过程。

（1）编码。此过程是通过在原始图像中嵌入具备版权标志的水印信息，生成可发布的水印图像。

（2）解码。此过程是通过对具备版权标志水印图像的检测，提取出嵌入的水印信息。

（3）水印验证。此过程是通过对提取的水印信息和用户版权标志信息之间进行对比分析，鉴定该作品的版权用户。

3. 数字水印的分类

（1）按特性划分。按数字水印的特性分为鲁棒数字水印和脆弱数字水印两类。

鲁棒数字水印主要用于在数字作品中标识著作权信息，如作者、作品序号等，它要求嵌入的水印能够经受各种常用的编辑处理；脆弱数字水印主要用于完整性保护，与鲁棒数字水印的要求相反，脆弱数字水印必须对信号的改动很敏感，人们根据脆弱数字水印的状态就可以判断数据是否被篡改过。

（2）按所附载的媒体划分。按数字水印所附载的媒体划分为图像水印、音频水印、视频水印、文本水印和用于三维网格模型的网格水印等。

（3）按检测过程划分。按数字水印的检测过程划分为明文水印和盲水印。

明文水印在检测过程中需要原始数据，而盲水印的检测只需要密钥，不需要原始数据。一般来说，明文水印的鲁棒性比较强，但其应用受到存储成本的限制。

（4）按内容划分。按数字水印的内容划分为有意义水印和无意义水印。

有意义水印是指水印本身也是某个数字图像（如商标图像）或数字音频片段的编码；无意义水印则只对应于一个序列号。有意义水印的优势在于，如果由于受到攻击或其他原因致使解码后的水印破损，人们仍然可以通过视觉观察确认是否有水印。但对于无意义水印来说，如果解码后的水印序列有若干码元错误，则只能通过统计决策来确定信号中是否含有水印。

（5）按用途划分。按数字水印的用途划分为票据防伪水印、版权保护水印、篡改提示水印和隐蔽标志水印。

票据防伪水印是一类比较特殊的水印，主要用于打印票据和电子票据的防伪；版权保护水印主要强调隐蔽性和鲁棒性，而对数据量的要求相对较小；篡改提示水印是一种脆弱数字水印，其目的是标识宿主信号的完整性和真实性；隐蔽标志水印的目的是将保密数据的重要标注隐藏起来，限制非法用户对保密数据的使用。

（6）按水印隐藏的位置划分。按数字水印的隐藏位置划分为时（空）域数字水印、频域数字水印、时/频域数字水印和时间/尺度域数字水印。

时（空）域数字水印是直接在信号空间上叠加水印信息，而频域数字水印、时/频域数字水印和时间/尺度域数字水印则分别在 DCT 变换域、时/频变换域和小波变换域上隐藏水印。

13.2.3 数字水印算法

任何一个数字水印算法通常都由 3 部分组成：水印、编码器（又称嵌入算法）、解码器和比较器（又称验证算法或提取算法或检测算法）。

数字水印算法随着数字水印技术的不断发展也在不断增多，典型的数字水印算法主要有以下几类。

1. 空域算法

空域算法是将数据直接加载在原始数据上，常用有如下几种方法：

（1）最低有效位（LSB）。这是一种典型的空间域数据隐藏算法，是利用原始数据的最低几位来隐藏信息（具体取多少位，以人的听觉或视觉系统无法察觉为原则）。

水印嵌入步骤：

① 先把水印信息转化为二进制比特流。

② 根据二进制比特流的长度生成密钥，并且严格保存。密钥是对图像载体像素位置的一个映射。

③ 把二进制比特流中的每一位依次根据密钥，置换掉原始载体图像中相应位置的像素最后一位。

水印提取步骤：

① 根据严格保存的密钥遍历嵌入了水印的图像中的相应像素，提取出最后一位。

② 将提取出来的每一位重新组合成水印信息。

LSB 方法的优点是有较大的信息隐藏量，但采用此方法实现的数字水印是很脆弱的，无法经受一些无损和有损的信息处理，而且如果确切地知道水印隐藏在几位 LSB 中，数字水印很容易被擦除或绕过。

（2）Patchwork 方法。Patchwork 是一种基于统计的数字水印，其嵌入方法是任意选择 N 对像素点（a_i，b_i），然后将每个 a_i 点的亮度值加 1，每个 b_i 点的亮度值减 1，这样整个图像的平均亮度保持不变。该算法的隐藏性较好，但仅适用于具有大量任意纹理区域的图像，而且不能完全自动完成。为了嵌入更多的水印信息，可以将图像分块，然后对每一个图像块进行嵌入操作。

2. 变换域算法

变换域算法可以嵌入大量比特数据而不会导致可察觉的缺陷，大部分采用了扩展频谱通信（Spread Spectrum Communication）技术来隐藏数字水印信息。常用技术有离散余弦变换（DCT）、小波变换（WT）、傅氏变换（FT 或 FFT）和哈达马变换（Hadamard Transform）等。其中基于分块的 DCT 是最常用的变换之一，现在所采用的静止图像压缩标准 JPEG 也是基于分块 DCT 的。最早的基于分块 DCT 的一种数字水印技术方案是由一个密钥随机地选择图像的一些分块，在频域的中频上稍稍改变一个三元组以隐藏二进制序列信息。选择在中频分量编码是因为在高频编码易于被各种信号处理方法所破坏，而在低频编码则由于人的视觉对低频分量很敏感，对低频分量的改变易于被察觉。该数字水印算法对有损压缩和低通滤波是稳健的。另一种 DCT 数字水印算法是首先把图像分成 8×8 的不重叠像素块，再经过分块 DCT 变换，即得到由 DCT 系数组成的频率块，然后随机选取一些频率块，将水印信号嵌入到由密钥控制选择的一些 DCT 系数中。该算法是通过对选定的 DCT 系数进行微小变换以满足特定的关系，以此来表示一个比特的信息。在提取水印信息时，则选取相同的 DCT 系数，并根据系数之间的关系抽取比特信息。

3. NEC算法

该算法由 NEC 实验室的 Cox 等人提出，该算法在数字水印算法中占有重要地位，其实现方法是：首先以密钥为种子来产生伪随机序列，该序列具有高斯 N（0，1）分布，密钥一般由作者的标识码和图像的哈希值组成，其次对图像做 DCT 变换，最后用伪随机高斯序列来调制（叠加）该图像除直流（DC）分量外的 1 000 个最大的 DCT 系数。该算法具有较强的鲁棒性、安全性、透明性等。由于采用了特殊的密钥，因此可防止 IBM 攻击，而且该算法还提出了增强水印鲁棒性和抗攻击算法的重要原则，即水印信号应该嵌入源数据中对人感觉最重要的部分，这种水印信号由独立同分布随机实数序列构成，且该实数序列应该具有高斯分布 N（0，1）的特征。

4. 生理模型算法

人的生理模型包括人类视觉系统 HVS（Human Visual System）和人类听觉系统 HAS。该模型不仅被多媒体数据压缩系统利用，同样可供数字水印系统利用。利用视觉模型的基本思想均是利用从视觉模型导出的 JND（Just Noticeable Difference）描述来确定在图像的各个部分所能容忍的数字水印信号的最大强度，从而能避免破坏视觉质量。这种基于 HVS 的亮度掩蔽特性和纹理掩蔽特性，折中水印的不可见性和鲁棒性之间的矛盾的方法，不仅具有不可见性和鲁棒性，还具有更好的抗破译性能。

13.3　内容监管

尽管互联网给人们的生活带来了很多的便利，但也带来了很多冲击和污染。除了病毒、恶意代码和恶意网络连接、垃圾邮件等严重干扰人们的正常网络活动，令人担忧的问题还有互联网上流传的色情、赌博、毒品、暴力等不健康的信息，严重毒害了我们的青少年。互联网上也不断出现恐怖、欺诈、盗窃机密信息等行为及危害国家统一、主权和领土完整的；危害国家安全或者损害国家荣誉和利益的；煽动民族仇恨、民族歧视，破坏民族团结的行为；邪教组织也充分利用互联网等高科技手段来"武装"自己，建立非法社区和网站进行宣传。这些都对国家的政治、经济等方面造成了很大的冲击和影响。

由于网络非法信息的传播具有极强的隐蔽性和不确定性、手段多样性和超越时空性，其潜在的发展力和危害力极大，因此，各国政府都不断致力于信息内容监控。

13.3.1　网络信息内容过滤

网络信息内容过滤是指采取适当的技术措施，对互联网不良信息内容进行过滤，阻止不良信息对人们的侵害，适应社会对意识形态方面的要求，同时，通过规范用户的上网行为，提高工作效率，合理利用网络资源，减少病毒对网络的侵害。

1. 网络信息内容过滤部署

（1）个人计算机信息内容过滤。可通过 IE 自带的内容分级审查功能或内容过滤软件实现对网络信息内容的过滤，防止未成年人访问色情、暴力、游戏等不良网站。

内容分级审查是根据互联网内容分级联盟（ICRA）提供的内容分级标准，来允许或禁止访问某些不良的网站。

（2）企业网络信息内容过滤。在每一个互联网访问的网络边缘（企业/学校网络边缘、网吧网络出口），都可以部署内容过滤工具。这些工具一般是分析网络数据流中包含的 HTTP 数据包，对数据包头中的 IP 地址、URL、文件名、HTTPmethods 进行访问控制。

在网络边缘的内容过滤产品有两种表现方式：旁路式（Passby）和穿透式（Passthrough）。旁路式内容过滤产品是独立的，它监听网络上所有信息，并有选择地对基于 TCP 的连接（如 HTTP/HTTPS/FTP/TELNET/POP3/SMTP 等）进行阻断。旁路式过滤的原理是基于 TCP 的连接性，跟踪所有 TCP 连接，阻断时以服务器身份向客户端发送 HTTPFINPUSHACK，同时以客户端身份向服务器发送 HTTPRST。一般情况下，旁路式内容过滤产品可以快速部署，对网络运行不存在影响和风险。穿透式内容过滤产品依赖于其他网络边缘处的基础平台，如 Microsoft ISA、Cisco Cache Engine、Blue Coat ProxySG、Netscreen Firewall 等。穿透式内容过滤产品根据这些网络边缘接入基础平台的访问请求，做出允许或禁止的判断，然后由这些平台执行过滤的动作。

从理论上来讲，最理想的产品能够实时对网页内容进行分析，然后判断是否允许用户访问。例如，用户访问一个色情网站，内容过滤产品分析这个网站中页面的内容，发现其中包含了大量的色情词汇和图片信息，从而判断这是一个不良网站，需要进行过滤。这是一个理想的状态。但是，在具体的生产应用环境当中，实时分析网页内容并进行过滤是不现实的，这个问题主要体现在：对网页内容实时分析给用户浏览体验带来的延时是不可以接受的。对文字内容进行比较分析需要大量的计算资源，更不用说图片信息。试想一下每一个用户每单击一个链接都要等待数十秒钟，这还是比较好的情况。一般的企业网络内每秒钟都会有数个到数十个 HTTP 连接建立，这对实时的内容分析来说是不可完成的任务。

所以，绝大部分厂商采取了一个折中的办法。它们事先对访问量较大、名气较大的网站和网页的内容做分类的工作，然后把 URL、IP 地址和内容分类对应起来，例如 www.playboy.com 属于成人网站，news.google.com 属于新闻网站，www.google.com 属于搜索引擎，sports.sina.com.cn 属于体育网站。当用户访问这些网站上的页面时，内容过滤产品就可以根据事先的分类进行过滤，达到按内容过滤的目的。

因此，内容分类数据库的数量和质量是评价一个内容过滤产品的重要指标。有些厂商组建了专门的内容分析部门，它们专职监控每天新出现的网站，然后将这些网站分类更新到数据库当中。还有些厂商使用人工智能技术，自动进行分析。

（3）互联网骨干信息内容过滤。互联网骨干的主要任务是在保证可连通性的同时，尽可能快速地提供数据交换通道，这就要求网络结构和配置尽可能简单。属于网络高层应用的内容过滤本来不应该在互联网骨干上部署实施。但是，出于国家安全的需要，对一些网站还是需要进行屏蔽的。电信运营商在互联网骨干信息上使用的内容过滤技术主要是 DNS 过滤和 IP 地址过滤：互联网骨干 DNS 服务器拒绝解析指定 URL 列表；通过 ACL 拒绝到指定 IP 地址的连接。这些手段轻微地影响互联网性能，其技术也是可以实现的。

2. 网络信息内容过滤技术

一般来说，网络信息内容过滤技术包括名单过滤技术、关键词过滤技术、图像过滤技术、模板过滤技术和智能过滤技术等，现阶段的网络信息内容过滤技术主要分为基于网关和基于代理两种。

（1）基于网关的网络信息内容过滤。此内容过滤技术一般嵌入专门的安全网关或者防火墙等网关设备中，通过静态和动态内容过滤来进行。

所谓静态过滤，就是可自定义可信站点和禁止站点。比如，静态过滤可以阻塞对"交友社区"的访问，以拒绝访问"交友社区"的网站内容。动态过滤也很重要，因为 Internet 和 Web 都不是静态的。相反，新的网页正以每年数以亿计的速度添加到 Web，每分钟都有新的站点和页面出现。此外，Web 页也不是一个单一的实体，而是由众多独立的组件组成的，每个组件都有它们自己的 URL，浏览器可以单独和独立地获取它们。其中每个组件都可以通过其 URL 直接访问，因此也可能是过滤对象。动态内容过滤可以通过设定 URL 中的关键词来过滤含此关键词的站点以确定用户是否应获取某一请求的 URL，即便该 URL 没有明确定义。比如，动态过滤可以拒绝访问 URL 中含有"Porn"字样的所有站点。理想的防火墙不仅应支持静态内容过滤，还应能让用户选择一个可以自行决定阻塞的广泛类别列表，如拍卖、聊天、就业搜索、游戏、仇恨/歧视、历史、玩笑、新闻、股票、泳衣，等等。这种功能可使办公室管理员和父母允许或阻塞对任何站点类别的访问。而且，由于 Internet 始终都在变化，因此应当定期用被归入站点类型的新 URL 更新类别列表。

（2）基于代理的网络信息内容过滤。此内容过滤技术主要以专用的硬件代理上网设备实现，一般是将设备配置成代理缓存服务器，并部署在企业用户和 Internet 之间，这些优化的专用设备就能够智能地管理用户的内容请求。

当用户请求一个 URL 时，请求首先到达设备相应端口的安全专用设备进行认证和授权。

如果请求的页面中的对象已经在该专用设备的本地缓存中，它们就从本地直接传输给用户，如果不在本地缓存中，安全专用设备就作为用户的代理，通过 Internet 和源服务器通信。当对象从源服务器返回时，就保存在本地缓存中以便为后续的访问请求服务，同时传输一个拷贝给访问的用户。整个过程被全程监控，并作记录，供访问报告统计和为企业计划提供依据。

13.3.2 垃圾邮件处理

电子邮件已成为一种非常重要的通信工具，除了普通用户，营销人员、支持人员、销售组织和各种规模的企业也都广泛使用电子邮件。随着电子邮件的广泛使用，滥发电子邮件的情况也日渐增多。

1. 垃圾邮件的定义

对于垃圾邮件的定义，不同的规定中有不同的解释。一般来说，垃圾邮件是指凡是未经用户许可（与用户无关）就强行发送到用户的邮箱中的任何电子邮件。

中国电信出台的垃圾邮件处理办法中对垃圾邮件的定义为：向未主动请求的用户发送的电子邮件广告、刊物或其他资料；没有明确的退信方法、发信人、回信地址等的邮件；利用中国电信的网络从事违反其他 ISP 的安全策略或服务条款的行为；其他预计会导致投诉的邮件。

中国教育和科研计算机网公布的《关于制止垃圾邮件的管理规定》中对垃圾邮件的定义为：凡是未经用户请求强行发到用户信箱中的任何广告、宣传资料、病毒等内容的电子邮件，一般具有批量发送的特征。

中国互联网协会在《中国互联网协会反垃圾邮件规范》中对垃圾邮件的定义为：本规范所称垃圾邮件，包括下述属性的电子邮件：收件人事先没有提出要求或者同意接收的广告、电子刊物、各种形式的宣传品等宣传性的电子邮件；收件人无法拒收的电子邮件；隐藏发件人身份、地址、标题等信息的电子邮件；含有虚假的信息源、发件人、路由等信息的电子邮件。

2. 垃圾邮件的危害

（1）大量占用网络带宽资源。

（2）浪费了服务器的处理资源。

（3）侵犯收件人的隐私权，侵占收件人信箱空间，耗费收件人的时间、精力和金钱。有的垃圾邮件还盗用他人的电子邮件地址做发信地址，严重损害了他人的信誉。

（4）严重影响 ISP 的服务形象。在国际上，频繁转发垃圾邮件的主机会被上级国际因特网服务提供商列入国际垃圾邮件数据库，从而导致该主机不能访问国外许多网络。而且收到垃圾邮件的用户会因为 ISP 没有建立完善的垃圾邮件过滤机制，而转向其他 ISP。一项调查表明：ISP 每争取一个用户要花费 75 美元，但是每年因垃圾邮件要失去 7.2%的用户。

（5）大量反动政治、诈骗和传播色情等内容的垃圾邮件，给社会带来了极大的负面影响和危害。

3. 垃圾邮件处理方法

（1）保护好邮件地址。不要轻易把自己的邮箱地址泄露给他人；不在 BBS、论坛、新闻组等网上公开场合留下自己真实的 E-mail 地址。

（2）不要随便回应垃圾邮件。收到来历不明的邮件，不要轻易打开并回复，尤其是带附件的不明邮件，因很多病毒和木马程序都是通过邮件附件来进行传输的。

（3）使用垃圾邮件过滤系统。一般邮件服务器都采用了关键词过滤和黑白名单等反垃圾邮件技术实现垃圾邮件过滤，可以使用垃圾邮件过滤系统建立过滤规则来阻止垃圾邮件。

（3）借助反垃圾邮件软件。反垃圾邮件软件对所有接收到的邮件进行处理，阻挡垃圾邮件进入邮件系统的一套系统。一个良好的反垃圾邮件软件不仅可以阻断垃圾邮件，而且可以保护邮件服务器不受其他形式的攻击。

（4）采用邮件转发。申请一个转发信箱地址，结合地址过滤和字符串特征过滤，转发到真实信箱中。地址过滤可以设定只有当真实收件人地址为当前信箱地址才转发到真实信箱中，这对于很多垃圾邮件发送者同时发送至成千上万的用户时很有效果；设置当邮件主题为空或者主题中包含"赚钱""致富""美金"等特定内容字符的邮件拒收或者直接丢弃。

第14章　信息安全管理及法律法规

 知识导读

进入21世纪，经济全球化浪潮席卷各国，以计算机和网络通信为代表的信息技术的迅猛发展，信息化已经成为经济全球化的倍增器。随着现代政府部门、金融机构、企事业单位和商业组织对信息系统的依赖日益加重，信息化在国家发展中的重要性和地位不断上升，但是由于管理不善、操作失误等原因导致的信息安全事件数量不断增多，造成的后果也越发严重。唯有做好适当的信息安全管理工作，才能使各机构和单位实现信息安全目标，因此信息安全的概念不断发展深化，人们对信息安全的认识也逐步重视。

 职业目标

学习目标：
- 了解信息安全管理的法律法规
- 了解信息安全风险管理

职业目标：
- 掌握不同种类计算机病毒的感染机制
- 能够分析计算机病毒程序和一般程序的联系与区别
- 能够判断计算机是否感染了病毒，并采取相应策略解决问题

 相关知识

14.1　信息安全基本概念

信息安全管理（Information Security Management，ISM），是组织的管理者为实现信息安全目标而进行的有计划、有组织、有协调和有控制的一系列活动。信息安全管理的主要对象是指组织的信息及相关的资产，其中包括组织的相关信息、组织的人员和组织的相关软硬件等。

信息安全管理体系，有狭义和广义之分。狭义的信息安全管理体系（Information Security Management Systems，ISMS），是指依照ISO 27001标准定义的，并且使用基于业务风险的方法，建立、实施并保持改进的信息安全体系，包括信息安全组织架构、信息安全方针、信息

安全规划活动、信息安全职责，以及信息安全相关的实践、规程、过程和资源等要素。广义的信息安全管理体系泛指任何一种有关信息安全的管理体系。

信息安全管理要求识别资产，并且进行资产分类、识别威胁和脆弱性，并以分级的方式实施安全控制。信息安全管理同其他管理问题一样，也需要解决组织、制度和人员这三方面的问题，要建立信息安全管理组织机构并明确责任，制定健全的信息安全管理制度体系、增强人员的安全意识，并进行相关的安全培训和教育，这样才能实现包括信息安全规划、风险管理、应急计划、意识培训、安全评估和安全认证等多方面内容的信息安全目标。

1. 信息安全管理方法

目前有两种基本方法可以用于信息安全管理，一种是风险管理方法，另一种是过程方法。这两种基本方法不仅可以应用于组织信息安全管理的各个阶段，而且可以同时应用，并且可贯穿于信息安全管理全生命周期。

2. 信息安全管理实施

实现组织的目标需要有体系化的方式来实施信息安全管理工作，而管理体系则是为实现组织目标的策略、程序、指南和相关资源的框架。

3. 信息安全管理关键成功因素

相关的经验显示，组织成功实施信息安全管理的关键因素通常包括：
- 组织的信息安全方针和活动能够反映组织的业务目标。
- 组织实施信息安全的方法和框架与组织的文化相一致。
- 组织所有级别的管理者能够给予信息安全实质性的、可见的支持和承诺。
- 组织的管理者对信息安全需求、信息安全风险、风险评估及风险管理有正确深入的理解。
- 向所有管理者、员工和其他相关方提供有效的信息安全宣传，并贯彻信息安全方针、策略和标准。
- 管理者为信息安全建设提供足够的资金。
- 建立有效的信息安全事件管理过程。
- 建立有效的信息安全测量体系。

14.2　信息安全风险管理

无论何种类型和规模的组织，在实现其目标时，都会受到一些内部和外部因素的影响，这对于组织来说，目标是否可以实现，以及何时才能实现，存在着一定的不确定性。而这种不确定性的影响对于组织来说，就是风险。一个组织需要发展和壮大，就要利用其拥有的资产来实现发展目标。而目前组织的业务运营基本依靠于信息资产，因此信息资产安全的相关风险在组织的整体风险中所占的比例日益趋重。如何缓解并且平衡这一矛盾？这便是信息安全风险管理的目的，将风险控制到可接受的程度，保护信息及其相关资产，最终保障组织能够完成使命。

信息安全风险是人为或自然的威胁，利用信息系统及其管理体系中存在的脆弱性，可能导致安全事件发生，并对组织造成影响。信息安全风险会破坏组织信息资产的保密性、完整性或可用性等属性。

信息安全风险管理是信息安全管理的基本方法，主要体现在风险评估和风险控制两个方面。其中，风险评估是信息安全管理的基础，风险控制是信息安全管理的核心。

14.2.1　风险评估

信息安全风险评估是信息安全风险管理工作中的重要环节，它不仅是确定安全需求的科学方法和手段，而且是信息安全管理的重要保证。如果没有准确及时地进行风险评估，各个组织机构将无法对其信息安全的状况做出准确的判断。

信息安全风险评估是识别、分析和评价信息安全风险的一项实践活动，它从风险管理的角度出发，采用科学的方法和手段，系统地分析和鉴定组织的信息及相关资产，评估信息资产所面临的各种威胁和资产自身存在的脆弱性，评估安全事件一旦发生后造成的危害程度，同时评判已有的安全控制措施，提出有针对性的抵御威胁的防护对策和整改措施，防范和化解信息安全风险，将风险控制在可接受的水平，最大限度地保障网络和信息安全。

确定信息安全需求，是组织实施信息安全管理并建立信息安全管理体系的首要任务。通过风险评估活动，组织可以全面了解其所面临的信息安全风险，从而导出信息安全需求。因此，风险评估是组织获取信息安全需求的主要手段，而没有信息安全需求，信息安全管理的实施和管理体系的建立就没有依据。所以，风险评估是信息安全管理的基础。

14.2.2　风险控制

风险控制是对风险评估活动识别出的风险进行决策，它依据风险评估的结果，采取适当的控制措施处理不能接受的风险，将风险控制在可按受的范围。风险评估活动只能揭示组织面临的风险，不能改变风险状况。只有通过风险处理活动，组织的信息安全能力才会提升，信息安全需求才能被满足，才能实现其信息安全目标。因此，风险控制是信息安全管理的核心。

1. 风险控制的过程

风险控制的过程一般包括 4 个阶段：判断现存风险、确定处理目标、确定处理措施和执行处理措施。

● 判断现存风险。本阶段需要组织根据自身情况来确定可接受的风险等级，并且判断现存的风险是否可以接受。如果组织对现存的风险可接受，则不再进行风险控制的后续过程，否则继续进行风险控制的后续过程。

● 确定处理目标。该阶段需要组织分析风险处理需求并且确定风险处理的目标，并且给出相应的分析报告和风险处理目标列表。

● 确定处理措施。通过组织依据自身的风险处理需求报告和风险处理目标列表，来确定风险处理的方法和措施，形成入选风险处理方式说明报告。

● 执行处理措施。组织依照上一阶段的风险处理方式说明报告，来制定风险处理的实施计划，并且执行相应的处理措施。

2. 风险控制的方式

周期性的风险评估与风险处理活动即形成对风险的动态管理，动态的风险管理是维持并提高信息安全水平的根本方法，而风险控制的方式主要有以下 4 种：

● 规避风险。组织选择资产时避免使用有风险的资产。

● 转移风险。组织将有风险的资产进行转移至更安全的地方来避免风险。

● 降低风险。组织对有风险的资产采用相应的保护措施来降低风险。

● 接受风险。组织对于某些不需要进一步采取保护措施的资产，采用接受的方式，这需要组织对风险的可能性和影响进行了全面的成本效益分析后才能确定。

3. 风险控制的措施

管理风险的具体手段是控制措施，在进行风险处理时，需要选择并确定适当的控制目标和控制措施，只有落实适当的控制措施，那些不可接受的高风险才能降低到可以接受的水平之内。

因此，控制措施是管理风险的具体手段和方法。在本质上，风险处理的最佳集合就是信息安全管理（体系）的控制措施集合。各项风险控制目标的确定，以及控制措施的选择确定和落实的过程，也就是信息安全管理的实施过程和管理体系的建立过程。控制措施有多种类别，从手段来看，可以分为技术性、管理性、物理性和法律性等控制措施；从功能来看，可以分为预防性、检测性、纠正性和威慑性等控制措施；从影响范围来看，控制措施常被分为安全方针、信息安全组织、资产管理、人力资源安全、物理和环境安全、通信和操作管理、访问控制、信息系统获取开发和维护、信息安全事件管理、业务连续性管理和符合性 11 个类别。

14.3　信息安全标准

标准化是在一定范围内获得最佳秩序，对现实问题或潜在问题制定共同重复使用的条款的活动（GB/T 20000.1—2002《标准化工作指南第 1 部分标准化和相关活动的通用词汇》）。标准化工作的任务是制定标准、组织实施标准及对标准的实施进行监督。标准化的主要作用在于为了其预期的目的改进产品、过程或服务的适用性，防止贸易壁垒并促进技术合作。

当某项的研究成果在纳入相应的标准之后，便可以迅速得到推广和应用。因此，世界上的大部分国家都已经将标准化工作当作一项具有战略意义的重要工作来开展，而信息安全标准化工作不仅是构建信息安全保障体系的重要要素，还是信息安全的科学管理的基础。

14.3.1　信息安全标准基础

我国标准化领域的主要法规文件有《中华人民共和国标准化法实施条例》《中华人民共和国标准化法》《中华人民共和国标准化法条文解释》等。

国家标准是由国家标准机构通过并公开发布的标准。由国务院标准化行政主管部门制定的《中华人民共和国标准化法》（中华人民共和国主席令 1988 年 WII 号）规定，对需要在全国范围内统一的技术要求，应当制定国家标准。

行业标准是针对没有国家标准而又需要在全国某个行业范围内统一的技术要求而制定的标准。根据《中华人民共和国标准化法》的规定，由我国各主管部、委（局）批准发布、在该部门范围内统一使用的标准，称为行业标准。

地方标准是针对没有国家标准和行业标准而又需要在省、自治区、直辖市范围内统一的工业产品的安全、卫生要求而制定的标准。

14.3.2　信息技术安全性通用评估标准

为满足信息化和经济全球化发展的需要，国际标准化组织早在 20 世纪 90 年代初就开始着手研制评估信息技术产品和系统安全特性的基础性通用准则，以作为全球统一的信息技术安全性量度，并于 1999 年 12 月正式颁布国际标准 ISO／IEC15408《信息技术安全技术评估准则》。我国对应的国家标准为 GB/T 18336《信息技术安全性评估准则》。通常称为 CC 标准，是测评标准类中的测评基础标准子类中的重要标准。

1. 评估标准概述

《信息技术安全性评估准则》是国际通行的信息技术产品安全性评价规范，它使各个独立的安全评估结果具有可比性，它为安全评估提供了一套信息技术（IT）产品和系统安全功能及其保证措施的评估准则。

《信息技术安全性评估准则》定义了保护轮廓（Protection Profile，PP）和安全目标（Security Target，ST）这两种结构来表述 IT 安全功能和保证要求。所谓的保护轮廓（PP），就是为了满足特定用户需求的一系列的安全目标而提出的一整套相对应的功能和保证需求。一个 PP可以重复使用于一些不同的应用中，PP 可以创建一些普遍可重复使用的安全要求集合，可以被特定用户用于规范和识别满足其需求的产品及其 IT 安全性。ST 用于阐述安全要求，详细说明一个既定被评估产品或系统即评估对象（Target ofvaluation，TOE）的安全功能。所谓的安全目标（ST），是指针对具体 TOE 而言的，是一款产品对某一 PP 要求的具体实现，它包括该 TOE 的安全要求和用于满足安全要求的特定安全功能与保证措施，ST 包括的技术要求和保证措施可以直接引用该TOE 所属产品或系统类的 PP。所谓评估对象（TOE），即指被评估的产品或系统，包括用于安全评估的信息技术产品、系统或子系统（如防火墙、计算机网络等），以及其相关的管理员指南、用户指南和设计方案等文档。TOE、PP 和 ST 这三者的关系如图 14-1 所示。

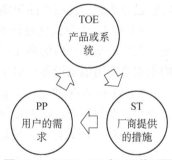

图 14-1　TOE、PP 和 ST 关系图

标准的评估分为安全功能需求和安全保证需求两个方面，它基于风险管理理论，对安全模型、安全概念和安全功能进行了全面系统描绘，强化了保证评估。

《信息技术安全性评估准则》基于保护轮廓和安全目标提出安全需求，具有灵活性和合理性；基于功能要求和保证要求进行安全评估，能够实现分级评估目标，不仅考虑了保密性评估要求，还考虑了完整性和可用性多方面安全要求。此标准致力于保护信息免受未授权的修改、泄露或无法使用，旨在作为评估 IT 产品和系统安全性的基础准则。

2. 评估标准组成

此标准内容由三部分组成，分别是 GB/T18336.1—2008《信息技术安全性评估准则第 1部分：简介和一般模型》（等同采用 ISO/IEC 15408—1：2009）、GB/T18336.2—2008《信息技术安全性评估准则第 2 部分：安全功能要求》（等同采用 ISO/IEC15408—2：2008）、GBT18336.3—2008《信息技术安全性评估准则第 3 部分：安全保证要求》（等同采用 IS0/IEC 15408—3：2008）。

第一部分 GB/T 18336.1—2008，定义了 IT 安全性评估的一般概念和原理，并提出了评估的一般模型。此部分也提出了若干结构，这些结构可用于表达 IT 安全目的，选择和定义 IT 安全要求，以及编写产品和系统的高层规范。

第二部分 GB/ T18336.2—2008，规定了一系列功能组件族和类，作为表达 TOE 保证要求的标准方法。

第三部分 GB/ T18336.3—2008，定义了保护轮廓（PP）和安全目标（ST）的评估准则，提出了评估保证级别，这些级别定义了划分 TOE 保证等级的预定义的评估尺度，通常称为评估保证级（Evaluation Assurance Level，EAL）。其分为 EAL1、EAL2、EAL3、EAL4、EAL5、EAL6 和 EAL7 共 7 个等级，每个等级的内容介绍如下。

● EAL1：功能测试级。适用在对正确运行要求有一定信心的场合，此场合下认为安全威胁并不严重。个人信息保护就是其中一例。

● EAL2：结构测试级。在交付设计信息和测试结果时，需要开发人员的合作。但在超出良好的商业运作的一致性方面，不要花费过多的精力。

● EAL3：系统测试和检查级。在不大量更改已有合理开发实现的前提下，允许一位尽责的开发人员在设计阶段从正确的安全工程中获得最大限度的保证。

● EAL4：系统设计、测试和复查级。它使开发人员从正确的安全工程中获得最大限度的保证，这种安全工程基于良好的商业开发实践，这种实践很严格，但并不需要大量专业知识、技巧和其他资源。在经济合理的条件下，对一个已经存在的生产线进行翻新时，EAL4 是所能达到的最高级别。2002 年，Windows 2000 成为第一种获得 EAL4 认证的操作系统，这表明它已经达到了民用产品应该具有的评价保证级别。

● EAL5：半形式化设计和测试级。开发者能从安全工程中获得最大限度的安全保证，该安全工程是基于严格的商业开发实践，靠适度应用专业安全工程技术来支持的。EAL5 以上的级别是军用信息设备和用于公开密钥基础设施的信息设备应达到的标准。

● EAL6：半形式化验证设计和测试级。开发者通过安全工程技术的应用和严格的开发环境获得高度的认证，保护高价值的资产能够对抗重大风险。

● EAL7：形式化验证设计和测试级。适用于风险非常高或有高价值资产并值得更高开销的地方。

每一级均需评估 7 个功能类，分别是配置管理、分发和操作、开发过程、指导文献、生命期的技术支持、测试和脆弱性评估。

14.3.3　信息安全管理体系标准

随着信息安全所涉及的范围日益广泛，各个组织对信息安全管理的需求越来越迫切，组织通过采用相应的信息安全管理体系标准来进行信息安全的相关管理，便可以控制风险，并减少信息安全事件的发生，保障业务安全运营。

目前，在信息安全管理方面，英国的信息安全管理体系标准（ISO27001）已得到了很多国家的认可，已经成为世界上应用最广泛与典型的信息安全管理体系标准。许多国家的政府机构、银行、证券、保险公司、电信运营商、网络公司及许多跨国公司已采用了此标准对自己的信息安全进行系统的管理，越来越多的行业和组织认识到信息安全的重要性，并把它作为基础管理工作之一开展起来。

1. 信息安全管理体系标准概述

信息安全管理体系标准（ISO27001）可有效保护信息资源，保护信息化进程健康、有序、可持续发展。ISO27001 是信息安全领域的管理体系标准，相当于质量管理体系认证的 ISO9000 标准，表示组织的信息安全管理，已经依据一套科学有效的管理体系作为保障。组织通过认证将可以向其客户、竞争对手、供应商、员工和投资方展示其在同行内的领导地位，通过定期的监督审核，还将确保组织的信息系统不断地被监督和改善，并以此作为增强信息安全性的依据，使利益相关方感受到组织对于信息安全的承诺。

2. 信息安全管理体系标准内容

信息安全管理体系标准（ISO27001）对信息安全管理给出建议，提供给负责在其组织启动、实施或维护安全的人员使用，该标准为开发组织的安全标准和有效的安全管理做法提供公共基础，并为组织之间的交往提供信任。

信息安全管理体系标准（ISO27001）指出"和其他重要业务资产一样，信息也是一种资产"，其对一个组织而言同样具有价值，因此需要加以合适地保护，防止信息受到各种威胁，以确保业务连续性，使业务受到损害的风险减至最小，使投资回报和业务机会达到最大。它包含了 127 个安全控制措施来帮助组织识别在运作过程中对信息安全有影响的元素，组织可以根据适用的法律法规和章程加以选择和使用，或者增加其他附加控制。

14.4　信息安全法律法规及道德规范

在我国信息安全保障体系构成要素中，信息安全法律法规为信息安全保障体系提供必要的环境保障和支撑，是我国信息安全保障体系的顶层设计，对切实加强信息安全保障工作、全面提升信息安全保障能力具有重要意义。而作为信息安全从业人员，在日常工作和生活中，不但要遵守信息安全专业人员道德规范，还需要遵守计算机使用道德规范、互联网使用道德规范等信息技术通行道德规范。

14.4.1　信息犯罪

信息犯罪（Information Crime）是指行为人运用计算机技术，针对信息系统的正常运行或者信息本身进行攻击、破坏或利用而实施的犯罪行为。实际上，目标是针对信息系统的正常运行的犯罪行为，目的仍然是信息本身。信息犯罪的产生可以追溯到远古时代，那时候部落与部落之间或国与国之间为了争夺领地，经常发生战争冲突，战争中往往会派人窃取对方的情报。

1946 年，在美国宾夕法尼亚州诞生的世界上第一台计算机——ENIAC，将信息犯罪带入了计算机犯罪时代。1958 年，在美国硅谷发生了世界上第一例计算机犯罪案例，该犯罪案例直到 1966 年才被发现。我国的第一例计算机犯罪案例发生于 1986 年，犯罪分子利用计算机知识伪造存折和隐形印鉴诈骗存款，到 1990 年，我国有案可查的计算机犯罪案件全国共发生 130 多起。

在当今的互联网时代，让人尤为担忧的是那些以互联网为工具进行的信息犯罪，如黑客攻击、病毒入侵、金融盗窃及诈骗、贩毒走私、恐怖活动等。这些现代信息犯罪所造成的严重后果已经远远超出人们的想象。

1. 信息犯罪的特点

在信息技术日益发达的当今社会里，信息犯罪紧跟时代不断变化犯罪形式，其具有以下

显著特点:

（1）犯罪主体的高智能性。信息犯罪是一个高智能的犯罪，因为现代信息系统一般都非常重视安全保护措施，要破解安全系统和进入网络内部必须具备相当高的专业技能，大多数信息犯罪人员都具有一定的相关专业技术知识和熟练的操作能力。

（2）犯罪行为的隐蔽性强。在现代信息社会，由于信息犯罪大多数都发生在网络环境中，既消除了国境线，也打破了社会和空间界限，犯罪行为人不需要接触受害对象，仅仅通过敲击键盘、单击鼠标对程序和数据进行复制、删除等操作，即可实施犯罪。而且信息系统和数据信息具有无形性，数据量较大，使得其不易被发现。

（3）犯罪行为的时空跨越性。在传统犯罪中，时间和空间往往占有重要的位置，而现代信息犯罪则是超越时空的犯罪。由于现代信息犯罪往往是通过互联网实施的，而互联网的覆盖范围十分广泛，行为人有条件也有时间在网络上寻找适合自己的作案目标，他们可以先后登录不同地区的服务器以掩盖行踪，然后进行异地作案。由于信息的传输速度非常快，行为人可以坐在一台计算机前，在很短的时间内实施数个危害行为。

（4）犯罪数量增长迅速。自计算机和互联网技术产生以来，信息犯罪就以惊人的速度在世界范围广泛蔓延，其发展速度在某些发达国家甚至呈跳跃式的发展。我国的信息犯罪发展速度之快，也令人震撼。据公安部门的统计，利用计算机网络进行的各类犯罪行为在我国每年以30%的速度递增着。例如，自1986年我国发现首例计算机信息犯罪以来，1987年破获7起，1988年增加到20起，到1993年就猛增到了1 000多起，其危害的领域也从以前的金融系统扩展到证券、邮政、电信、教育、科研、生产等几乎所有领域。

（5）犯罪手段的多样性。随着信息技术的发展和网络的全球化，各种信息犯罪分子的作案手段也日益多样化和高技术化，诸如网络钓鱼、偷窃机密、调拨资金、金融投机、剽窃软件、偷漏税款、盗码并机、发布虚假信息、私自解密入侵网络资源等信息犯罪活动层出不穷，手段也日益高科技化，大大增加了案件的侦破难度。

（6）犯罪行为的复杂性。由于信息犯罪具有高智能性、隐蔽性、时空跨越性及多样性等特点，使得信息犯罪的侦破及定罪都变得相当复杂，犯罪分子在实施犯罪后，通过技术手段即可以转移和毁灭犯罪痕迹，从而销毁犯罪的证据，因此，信息犯罪的破案率和定罪率一般都很低。比如在信息技术发达的美国，计算机犯罪的破案率还不到10%，其中定罪的还不到其中的3%。

（7）犯罪后果的严重性。在网络信息社会，尤其在信息技术日益高度发达的今天，信息犯罪产生的危害和破坏力十分惊人，远远超出了人们的想象，而且犯罪分子实施这些犯罪有时只需在键盘上轻敲几下即可完成。一般来说，一起信息犯罪所造成的直接损失要超过普通的刑事案件数十倍，甚至数百倍。

2. 信息犯罪类型

（1）以信息资源为侵害对象的犯罪。在当今的信息社会，信息资源已经成为组织的重要资源，其比物质资产更为重要，是组织重要的财富来源。因此，犯罪分子以信息资源作为重点的侵害对象，在目前种类繁多的犯罪的表现形式中，其中最典型的类型是:

① 信息攻击犯罪。信息攻击是犯罪人非法进入自己无权进入的信息系统并对系统内部的信息进行攻击的犯罪行为。

② 信息破坏犯罪。此类犯罪表现为行为人出于某种动机，故意利用损坏、删除、修改、

增加、干扰等手段，对信息系统内部的硬件、软件和传输的信息进行破坏，从而导致网络信息丢失、篡改、更换等。

③ 信息窃取犯罪。此类犯罪是指未经信息所有者同意，擅自秘密窃取或非法使用其信息的犯罪行为。这类信息犯罪在经济领域表现尤为突出，破坏力强大，且具有瞬时性、犯罪过程短等特点。

④ 信息滥用犯罪。这是指有使用信息权的人违规操作，在信息系统中输入或者传播非法数据信息，毁灭、篡改、取代数据库中储存的信息，给他人造成损害的犯罪行为。

（2）以信息科学和信息技术为犯罪手段实施的犯罪。在现代社会，信息科学和信息技术以扩展人类的信息功能为目标，代表了新技术革命的主流和方向，其成果的应用，能有效地改善人们的认识能力、计算能力和控制能力，并极大地提高社会和经济效益，所以，同样被犯罪分子所看中，将其作为重要的犯罪手段，大肆实施犯罪活动。以信息科学和信息技术为犯罪手段的犯罪表现形式亦多种多样，最典型的类型是：

① 妨害国家安全和社会稳定的信息犯罪。此类犯罪行为是指利用网络信息造谣、诽谤或者发表、传播有害信息，煽动颠覆国家政权、推翻社会制度或煽动分裂国家、破坏国家统一，甚至有的犯罪分子通过计算机网络发布煽动民族仇恨、民族歧视的信息，破坏民族团结。

② 妨害市场秩序和社会管理秩序的信息犯罪。此类犯罪行为是指利用网络信息销售伪劣产品或者对商品、服务作虚假宣传，严重破坏了市场经济秩序和社会管理秩序。

③ 妨害人身权利、财产权利的信息犯罪。此类犯罪行为是指犯罪分子利用网络信息侮辱他人或者诽谤他人，如利用互联网侵犯他人隐私，甚至编造各种丑闻等，达到损害他人的名誉权、隐私权和肖像权的目的。

3. 防治对策

现代化的发展，为信息犯罪的多发创造了必要的社会条件，但只要我们采取一些有针对性的防治对策，信息犯罪发展的势头还是能遏制住的。这些防治对策应包括：

（1）加强道德教育，提高信息安全意识。信息犯罪之所以多发，与人们的信息安全意识淡薄亦是密切相联系的，要遏制信息犯罪多发的势头，必须在加强道德教育的同时，大力强化人们的信息安全意识。因此，加强道德建设对控制信息犯罪具有根本性的意义。社会教育的渗透性极强，它直接涉及社会的方方面面，是社会稳定的重要因素，社会教育应强化规模性、多样性、制度性，在全社会形成强大的舆论氛围。因此，在加强道德建设的过程中，必须树立大教育的观念，重视强化家庭、学校、社会三个教育环节，而大力开展信息安全意识教育，就要把一般教育和重点教育结合起来。

一般教育是指针对全体公民作为对象而开展的信息安全教育，其使全体公民树立正确的信息价值观，自觉地保护知识产权、尊重个人隐私等。

重点教育是指针对组织内部人员（特别是内部的专业技术人员）和青少年进行的信息安全教育。事实证明，当今的信息犯罪都是内部人员或青少年所为，其中大部分人仅把信息犯罪看成是一种娱乐游戏。

（2）加强信息技术投入，堵塞信息犯罪的漏洞。网络犯罪分子往往都是利用计算机技术和网络技术实施的高科技犯罪，因而在侦察与反侦察的战斗中，要威慑罪犯，并对已经实施的信息犯罪加以有效打击，在很大程度上取决于技术上的较量。因此，为了控制日益猖獗的信息犯罪，世界各国都在努力研发并通过采用新的防范技术来防范信息犯罪。这些新技术包括：

① 设置防火墙。防火墙是一种访问控制产品，它在内部网络与不安全的外部网络之间进行把关，通过一组用户定义的规则来判断数据包的合法性，从而决定接受、丢弃或拒绝，防止外界对内部资源的非法访问，确保内部网络和信息资源的安全。

② 建立虚拟专用网。虚拟专用网是在公共数据网络上，通过采用数据加密技术和访问控制技术，实现两个或多个信息网之间的互联。

③ 设立安全服务器。安全服务器主要针对一个局域网内部信息存储、传递的保密问题，其功能包括对局域网资源的管理和控制，对局域网内用户的管理及局域网中所有安全相关事件的审计和跟踪，以弥补信息管理中心不能控制工作站的不足等。

④ 黑客跟踪技术。由上海交通大学密码技术与信息网络安全实验室研制的"基于网络的黑客跟踪技术"，它能够在一个可控的、相对封闭的计算机网络区域内追查到黑客的攻击源头，从而突破了原来只能识别黑客的攻击行为而无法追踪到源头的局限，实现了全网监视。

⑤ 数据加密技术。在计算机信息的传输过程中，存在着信息泄漏的可能，因此需要通过加密来防范。

⑥ 改进通信协议。通过改进通信协议增加网络安全功能，是改善网络措施的又一条途径。

以上所述的这些技术，虽然大大提高了组织防范信息犯罪的能力，但却不能完全地抵挡信息犯罪的入侵，所以，只有不断地研发更新的信息安全防范技术，才能更有效地遏制信息犯罪的发展。

（3）加强行政管理，营造预防信息犯罪的社会氛围。目前，很多组织都缺乏完善的管理制度，或者有管理制度却根本就没有实际执行。而这个原因也给犯罪分子提供了可乘之机，导致了信息犯罪的发生。业界常说：信息安全靠的是七分管理，三分技术。因此，组织应先建立健全的的信息管理机构，再通过完善的管理制度对组织进行管理，这将大大减少信息犯罪的机会，并营造出预防信息犯罪的社会氛围。

（4）加强立法完善，为打击信息犯罪提供法律保障。因为任何法律都是以往经验的总结，所以法律具有滞后性，而这种滞后性，成为信息犯罪不断增多的又一个重要原因。所以，要有效地防治信息犯罪，还必须加强立法完善。目前，世界各国有关信息犯罪的立法完善都是从以下两个方面着手的：

① 修改现行律法，指对原有宪法、刑法、反不正当竞争法等进行修改和补充，使其适用于打击信息犯罪的需要。比如加拿大于 1985 年就通过刑法修正案，将非法使用计算机和损害资料的行为归为犯罪。

② 制定新的律法，指通过单独制定与信息犯罪有关的法律来集中打击信息犯罪活动，以此杜绝犯罪分子逍遥法外。比如美国 1987 年通过了《计算机安全法》；我国所制定的《计算机信息系统安全保护条例》《计算机信息网络国际联网安全保护管理办法》等。

14.4.2 网络信任体系

随着互联网的发展，信息安全的重要性也日益突出，已经上升到国家安全的高度，成为国家安全的重要组成部分。据中国互联网络信息中心《第 38 次中国互联网络发展状况统计报告》，截至 2016 年 6 月底，中国网民规模达 7.1 亿，互联网普及率达 51.7%，其中手机网民规模达 6.56 亿，全国人民代表大会常务委员会于 2016 年 11 月 7 日发布，十二届全国人大常委会第二十四次会议表决通过了《中华人民共和国网络安全法》。《中华人民共和国网络安全法》保障了网络安全，维护网络空间主权和国家安全、社会公共利益，保护公民、法人和其他组织的合法权益，促进经济社会信息化健康发展制定，并自 2017 年 6 月 1 日起施行，有效改善中国网络安全环境，为推进和发展"互联网+"扫清障碍，同时还利于网络安全产业的快速发展，从而促进整个互联网经济的大发展。

1. 网络信任体系概述

我国颁布实施了《电子签名法》后，开展了电子认证服务工作，网络信任体系建设取得初步成效。我国政府一直重视网络信任体系建设，把网络信任体系建设作为推进国民经济和社会信息化的信息安全保障关键环节来抓，先后制定了多项法律法规指导与规范网络信任体系建设。全国人大常委会第十一次会议审议通过了《电子签名法》，为我国网络信任体系的建设提供了法律依据。在组织机制建设方面，工信部根据《电子签名法》的规定，颁布了《电子认证服务管理办法》，组织成立了"电子认证服务管理办公室"，并开展了网络认证体系的建设和管理工作。目前全国已有 19 家电子认证单位，经过法律的授权许可，开始为国民经济和社会发展方面面提供电子认证方面的服务。根据粗略的统计，目前这 19 家电子认证机构已经颁发出了近 260 万张证书，有力地支持了电子商务的发展，推动了我国网络信任体系的建设。

目前，网络信任体系建设仍是信息化工作的重点，主要内容有：建设国家级面向社会公众服务的电子认证中心，实现对国家根证书和电子认证服务机构根证书的管理，为交叉认证、境外证书认证提供管理和服务；建设国家电子认证监管平台，实现对电子认证服务机构的管理，为政府主管部门履行对网络安全管理方面的行政职责服务；支持符合电子认证安全规范要求、具有可控性和高可靠性的安全服务平台建设，为数据电文、电子签名证书在国民经济各领域的应用提供服务。

工信部将积极履行推进国民经济和社会信息化的职责，大力推动《电子签名法》等法律法规的实施，协调、配合国务院有关部门，加快以电子认证服务为核心的网络信任体系建设：

一是继续健全电子认证服务和管理机构，加强对 CA 认证中心的监督集中管理，建立科学、合理、权威、公正的信用服务机构。

二是建立健全相关部门间信用信息资源的共享机制，建设在线信用信息服务平台，规范 CA 认证中心的技术标准，实现全国 CA 认证中心之间信用数据的动态采集、处理、交换。

三是与公安部、文化部、知识产权局、广电总局等部门密切合作，倡导网络文明，规范互联网管理，打击各种利用网络进行欺诈的不法行为。

四是发展和采用具有自主知识产权的加密和认证技术，建立健全安全认证体系为社会提供可靠的电子商务安全认证服务。

五是进一步加强电子商务法制建设，制定电子商务安全认证管理办法，严格信用监督和失信惩戒机制，继续做好对电子签名法律效能的实施确认、电子认证服务规范的监管等的工作，逐步形成既符合我国国情又与国际接轨的网络信任体系。

2. 网络信任体系内容

网络信任体系主要包括三个方面的内容，分别为身份认证、授权管理和责任认定，其中核心内容就是身份认证。身份认证就是对用户和设备等网络主体用密码技术进行认证，确保网络主体身份的真实性和唯一性，确保传输电子文件的完整性、真实性和不可抵赖性，只有在有效身份认证的基础上才能够实现对用户的授权管理和责任认定。围绕着网络身份的认定，基于公开密钥体制（PKI）的 CA 安全认证保障体系，已被国际上普遍认可。

（1）数字签名。数字签名（又称公钥数字签名、电子签章）是一种类似写在纸上的普通的物理签名，但是使用了公钥加密领域的技术实现，用于鉴别数字信息的方法。其方式有：计算机口令、数字签名、生物技术、指纹、掌纹、视网膜纹、声音等。数字签名是一个加密的过程，数字签名验证是一个解密的过程。数字签名有三种优点：保证信息传输的完整性、发送者的身份认证、防止交易中的抵赖发生。

（2）CA 认证。电子商务认证授权机构（Certificate Authority，CA），也称为电子商务认证中心，是负责发放和管理数字证书的权威机构，并作为电子商务交易中受信任的第三方，承担公钥体系中公钥的合法性检验的责任。CA 是负责签发证书、认证证书、管理已颁发证书的机关。它要制定政策和具体步骤来验证、识别用户身份，并对用户证书进行签名，以确保证书持有者的身份和公钥的拥有权。CA 中心为每个使用公开密钥的用户发放一个数字证书，数字证书的作用是证明证书中列出的用户合法拥有证书中列出的公开密钥。

（3）数字证书。数字证书为实现双方安全通信提供了电子认证。在因特网、公司内部网或外部网中，使用数字证书实现身份识别和电子信息加密。数字证书中含有公钥对所有者的识别信息，通过验证识别信息的真伪实现对证书持有者身份的认证。数字证书在用户公钥后附加了用户信息及 CA 的签名。数字证书的类型主要有以下几种：

① 个人数字证书主要用于标识数字证书所有人的身份，包含了个人的身份信息及其公钥，例如，用户姓名、证件号码等，可用于个人在网上进行合同签定、录入审核、支付信息等活动。

② 机构数字证书主要用于标识数字证书中心所有人的身份，包含机构的相关信息及其公钥，例如，企业名称、组织机构代码等，机构可将其用在电子商务、电子政务中，进行合同签定、网上支付、行政审批等活动。

③ 设备数字证书用于在网络应用中标识网络设备的身份，主要包含设备的相关信息及其公钥，例如，域名、网址等，可用于 VPN 服务器、Web 服务器等各种网络设备在网络通信中标识和验证设备身份。

④ 代码签名数字证书是签发给软件提供者的数字证书，包含软件提供者的身份信息及其公钥，主要用于证明软件所发行的程序代码来源于一个软件发布者，可以有效防止程序代码被篡改。

14.4.3 网络文化与舆情控制

1. 网络文化

网络文化是以网络信息技术为基础，并通过虚拟的网络空间形成的文化活动、文化方式、文化产品、文化观念的集合。其是现实社会文化的延伸和多样化的展现，由于网络于全世界流通，各地的自身文化通过虚拟的网络空间而被认识，同时也被融合，甚至衍生成现实世界里迅速传播的文化。

网络文化也有广义和狭义之分。广义的网络文化是指网络时代的人类文化，它是人类传统文化、传统道德的延伸和多样化的展现。狭义的网络文化是指建立在计算机技术、信息网络技术和网络经济基础上的精神创造活动及其成果，反映了人们价值观念和社会心态等。

（1）网络文化的发展条件。

① 新的网络文化思维方式，新的网络美学观念。

② 网络文化的新的创造方式。

③ 网络外的资源和这些资源素材创造的新资源。

④ 新的网络社会出现。

⑤ 网络技术的进步。

（2）网络文化的建设。

① 发展网络文化技术。为了保证我国网络文化的健康发展，必须大力发展网络文化技术，拓宽网络文化发展空间，促进互联网快速健康发展。

② 发展网络文化产业。要做到以先进的优秀文化引领网络阵地，必须要以强大的民族网络文化产业作为支撑，才能不断提高优秀网络文化产品和服务的供给能力。

③ 建设网络文化队伍。网络文化队伍既包括网络文化的建设人才，也包括网络文化的管理人才，如此才能为网络文化发展提供人才支撑。

④ 加强网络文化管理。加强网络文化管理，就是要顺应信息技术的发展和形势的变化，通过积极实施网络文化管理的监督职能、引导职能、规范职能、惩戒职能，加快建立法律规范、行政监督、行业自律、技术保障相结合的网络文化管理体制和机制，推动网络文化健康发展。

党的"十七大"以来，中国特色网络文化事业、文化产业始终保持快速发展势头，各地方和有关部门认真落实"积极利用、科学发展、依法管理、确保安全"的方针，进一步加强网络文化建设和管理，大力推进网络文化的蓬勃发展，为构建社会主义和谐社会和全面建设小康社会的进程中发挥了积极作用。

2．网络舆情

舆情是"舆论情况"的简称，是指在一定的社会空间内，围绕中介性社会事件的发生、发展和变化，作为主体的民众对作为客体的社会管理者及其政治取向产生和持有的社会政治态度，是较多群众关于社会中各种现象、问题所表达的信念、态度、意见和情绪等表现的总和。

随着互联网的发展，网络舆论逐渐在社会舆论中占据重要席位。互联网逐渐成为信息内容的最大载体，大众往往以信息化的方式发表各自看法，多种思想和观点在网络上长期共存和碰撞，最终影响着网民的思想和心态，形成了网络舆情。

做好网络舆情相关工作，不但可以及早发现和应对内容安全威胁，更有助于发挥网络的平台属性，进一步弘扬社会正气、引导社会热点、疏导公众情绪、维护公共利益，为社会稳定提供保障。

3．主要舆情问题

随着网络新媒体的迅速发展，民意表达更为高效，大众间的沟通也更为畅通，但是一些由网络舆情引发的问题也在不断挑战传统社会管理模式，带来舆论引导危机，甚至冲击社会秩序。

（1）网络谣言。网络谣言是指通过网络介质（例如，邮箱、聊天软件、社交网站和网络论坛等）传播的没有事实依据的话语。网络谣言的内容主要涉及突发事件、公共领域、颠覆传统、离经叛道等内容。谣言传播对正常的社会秩序直接造成了不良后果。

（2）网络暴力。网络暴力不同于现实生活中拳脚相加、血肉相搏的暴力行为，它借助网络的虚拟空间用语言文字对人进行讨伐与攻击。网络暴力不仅参与其中的人数众多，而且参与动机和形式更为复杂。

（3）负面舆情。负面舆情是指可能对经济社会的各个方面造成不利影响，围绕着中间性社会事件的发生、发展和变化，民众对社会管理者产生和持有负面的社会政治态度、意见和情绪等表现的总和，其对社会产生的影响往往出乎人们的意料。

4. 网络舆情控制

网络舆情的控制就是需要借助舆情监测平台系统而开展的网络舆情收集、分析，并针对舆情进行研究判断后进行应对的一系列活动。网络舆情的收集任务需要借助一定的舆情监测工作平台完成；分析工作则需要舆情工作者具有相关的知识、经验才能完成。因此，网络舆情工作是智能系统和人工的结合。

（1）网络舆情收集。网络舆情收集，通常是指按照计划的程序和步骤，通过各种渠道，广泛获取、汇集舆情的过程。它是网络舆情工作的基础性环节，主要涉及从哪收集、收集什么、如何收集等问题。通常，网络舆情收集渠道有网络新闻、社交型媒体等，而网络舆情收集方法则有自身监测和委托他人监测两类。

（2）网络舆情分析。网络舆情分析就是针对互联网上的舆情，进行思维加工和分析研究，得到相关结论的过程。舆情是较多群众关于现实社会及社会中各种现象、问题所表达的信念、态度、意见和情绪表现的总和。网络舆情分析方法可以归纳为"三结合"，即定性分析与定量分析相结合，人工分析与软件应用相结合，舆情分析师基础工作与专家委员会舆情研判相结合。

（3）网络舆情应对。在当今的新媒体时代，信息传播环境正由单一的权威发布方式向"众声喧哗"的舆论方式转变，这不仅是媒介介质的一次变革，更是一种软环境的革新。在进行具体的网络舆情应对工作时，可通过以下的原则和方法，培养和提升网络舆情的应对能力：一是加强意识形态建设；二是加强思想政治工作；三是提升主流媒体的引导能力；四是引导新兴媒体发挥积极作用；五是加强国际传播能力建设；六是创新舆论引导组织体系；七是完善舆论引导管理体系。

（4）网络舆情应对方法。利用网络平台，积极进行网络舆情应对，有利于弘扬社会正气、通达社情民意、引导社会热点和疏导公众情绪，主要包括以下方法：

- 进一步增强危机意识，着力提升网络舆情的回应能力。
- 及时公开信息，切实把握舆论导向。
- 加强法治建设，善用法律手段实施监管。
- 畅通民众利益表达渠道，规范网络政治参与者行为。

14.4.4 信息安全道德规范

互联网最大的特点就是开放性和自主性，但是这个特点也有一定的限度，互联网从业人员和网民不仅不能侵犯到国家和他人的利益，还需要遵守计算机使用道德规范、互联网使用道德规范等信息技术通行道德规范。

1. 计算机使用道德规范

由美国华盛顿的计算机伦理协会组织（Computer Ethics Institute，CEI），以圣经旧约（摩西十诫）的形式，为计算机伦理规定了"十诫"，所含内容如下：

- 不应该使用计算机危害他人。
- 不应该干涉他人的计算机工作。
- 不应该窥探他人的计算机文件。

- 不应该使用计算机进行盗窃活动。
- 不应该使用计算机做伪证。
- 不应该复制或使用没有付费的版权所有软件。
- 不应该在未经授权或在没有适当补偿的情况下使用他人的计算机资源。
- 不应该挪用他人的智力成果。
- 应该注意你编写的程序或设计的系统所造成的社会后果。
- 使用计算机时应该总是考虑到他人并尊重他们。

以上戒律不仅适用于使用计算机的人员，还适用于信息安全从业人员。

2. 互联网使用道德规范

中国互联网协会成立于 2001 年 5 月 25 日，它是中国互联网行业及与互联网相关的企事业单位自愿结成的行业性全国性非营利性社会组织。该协会于 2006 年 4 月 19 日发布《文明上网自律公约》，号召互联网从业人员和广大网民从自身做起，坚持文明办网和文明上网。公约全文如下：

- 自觉遵纪守法，倡导社会公德，促进绿色网络建设。
- 提倡先进文化，摒弃消极颓废，促进网络文明健康。
- 提倡自主创新，摒弃盗版剽窃，促进网络应用繁荣。
- 提倡互相尊重，摒弃造谣诽谤，促进网络和谐共处。
- 提倡诚实守信，摒弃弄虚作假，促进网络安全可信。
- 提倡社会关爱，摒弃低俗沉迷，促进少年健康成长。
- 提倡公平竞争，摒弃尔虞我诈，促进网络百花齐放。
- 提倡人人受益，消除数字鸿沟，促进信息资源共享。

此公约适用于互联网从业者（要求互联网从业者文明办网）、广大网民（要求广大网民文明上网），同样也适用于信息安全从业人员。

3. 信息安全从业人员道德规范

信息安全从业人员本身就具备有信息安全相关的知识和技能，其若想从事一些侵犯他人利益、破坏网络系统的相关设施等违法犯罪行为，将会对社会和国家安全造成巨大的威胁。因此，信息安全从业人员不但要遵守普通人员应遵守的基本道德规范，还应遵守信息安全专业人员特有的道德规范。

（1）信息安全从业人员基本道德规范。信息安全从业人员作为一名普通的社会成员，首先应有正确的三观：人生观、价值观、世界观，才能为组织、公众和国家做出应有的贡献。

（2）信息安全从业人员职业道德准则。即使某些人员具备信息安全相关知识和技能，如果不能遵守信息安全从业人员道德准则，仍将无法成为一名合格的信息安全从业人员，更不可能为信息安全保障做出应有的贡献。信息安全从业人员应遵守其职业道德准则：

- 维护国家、社会和公众的信息安全。
- 诚实守信，遵纪守法。
- 努力工作，尽职尽责。
- 发展自身，维护荣誉。

14.4.5　信息安全法律法规

目前，在我国现行法律法规及政策中，有近百部与信息安全有关，它们涉及信息安全系统与产品、信息内容安全、网络与信息系统安全、保密及密码管理、计算机病毒与危害性程序防治、金融等特定领域的信息安全、信息安全犯罪制裁等多个领域。信息安全法律法规的制定和发布,强烈体现出我国已经将重要信息、信息系统视为战略资源进行保护的国家意志。

我国实行多级立法的法律体系，法律、行政法规、地方性法规、自治条例和单行条例、部门规章和地方规章，共同构成了宪法统领下的统一法律体系，在多级立法的体制下，我国已经先后颁布了一些包含信息安全相关内容的法律、法规、规章等。我国信息安全立法的侧重点是从关注通信保密安全到关注计算机系统安全，然后演变为关注网络信息系统安全。

我国信息安全法律主要分为保护国家敏感信息安全、打击网络违法犯罪行为及管理信息安全相关事项三种类型，该法律是指通过制定相关的法规，对于国家秘密、商业秘密以及个人信息进行法制保护。

（1）保护国家秘密相关法律。我国很多法律中都有相应条款明确规定了对泄露国家秘密的犯罪行为的刑事处罚、对危害国家秘密安全的违法行为的法律责任。这些法律构成了我国国家秘密在刑事层面的法律保护体系,任何危害国家秘密安全的行为,都必须依法追究责任。具体来说，危害国家秘密安全的犯罪行为主要包括以下几类。

① 危害国家安全的犯罪行为。涉及国家秘密的危害国家安全的犯罪行为包括以下几种：掌握国家秘密的国家工作人员在履行公务期间，擅离岗位，叛逃境外或者在境外叛逃；参加间谍组织或者接受间谍组织及其代理人的任务，为敌人指示轰击目标；为境外的机构、组织、人员窃取、刺探、收买、非法提供国家秘密或者情报。

② 妨碍社会管理秩序的犯罪行为。涉及国家秘密的妨碍社会管理秩序的犯罪行为包括以下几种：以窃取、刺探、收买方法，非法获取国家秘密；非法持有属于国家绝密、机密的文件、资料或者其他物品，拒不说明来源与用途。

③ 渎职的犯罪行为。涉及国家秘密的渎职犯罪行为包括以下几种：国家机关工作人员、非国家机关工作人员违反保守国家秘密法的规定，故意泄露国家秘密；国家机关工作人员、非国家机关工作人员违反保守国家秘密法的规定，过失泄露国家秘密。

④ 军人违反职责的犯罪行为。涉及国家秘密的军人违反职责的犯罪行为包括以下几种：

- 以窃取、刺探、收买方法，非法获取军事秘密。
- 为境外的机构、组织、人员窃取、刺探、收买、非法提供军事秘密。
- 违反保守国家秘密法规，故意泄露军事秘密（战时有此行为会受到从重处罚）。
- 违反保守国家秘密法规，过失泄露军事秘密（战时有此行为会受到从重处罚）。

危害国家秘密安全的行为，必须依法承担法律责任，包括相应的刑事责任、行政责任和/或其他处分。除了刑事责任，《保密法》还规定了危害国家秘密安全的行为的其他法律责任。

2. 打击网络违法犯罪相关法律

网络违法犯罪网络犯罪，是指行为人运用计算机技术，借助于网络对其系统或信息进行攻击，破坏或利用网络进行其他犯罪的总称。狭义的网络违法犯罪，指以计算机网络为违法犯罪对象而实施的危害网络空间的行为。广义的网络违法犯罪，是以计算机网络为违法犯罪工具或者为违法犯罪对象而实施的危害网络空间的行为，应当包括违反国家规定，直接危害网络安全及网络正常秩序的各种违法/犯罪行为。

3. 信息安全管理相关法律

信息安全事关国家安全和经济建设、组织建设与发展、我国从法律层面明确了信息安全相关工作的主管/监管机构及其具体职权。